教育部高等学校航空航天类专业教学指导委员会推荐教材

科学出版社"十四五"普通高等教育本科规划教材
航空宇航科学与技术教材出版工程

航空维修工程分析

Aviation Maintenance Engineering Analysis

贾宝惠 等 编著

科 学 出 版 社
北 京

内 容 简 介

本书充分融合笔者团队多年的科研成果积累,从民用航空器全寿命周期全流程角度系统论述了航空器维修思想、维修设计、维修规划和维修实施规律研究的基本问题与解决方案,建立了航空维修工程分析的完整理论体系框架。

全书围绕航空维修工程分析的理论方法和工程应用进行论述,共分为13章。第1章介绍航空维修工程分析的基本概念、工作内容、分析流程及发展历史;第2章介绍民机维修规范和行业标准体系;第3~6章分别介绍民用航空器系统、结构、区域和闪电/雷击防护维修工程分析程序和理论应用方法;第7章介绍民用航空器维修大纲和维修方案制定原理与优化方法;第8章介绍适航限制部分,包括适航限制项目、审定维修要求的分析和确定方法;第9章介绍系统故障模式和影响分析程序及排故分析方法;第10章介绍损伤和特殊事件分析方法;第11章介绍维修任务分析程序及维修资源配置优化技术;第12章介绍修理级别分析和优化技术;第13章介绍维修成本分析与控制技术。

本书内容力求突出民航行业特色,强调理论方法、规范标准与工程实践相结合,可作为高等院校航空维修工程相关专业的本科生和研究生教材,同时可供航空维修领域的科技工作者和工程及管理人员参考。

图书在版编目(CIP)数据

航空维修工程分析 / 贾宝惠等编著. — 北京:
科学出版社,2023.4
航空宇航科学与技术教材出版工程
ISBN 978 - 7 - 03 - 073940 - 7

Ⅰ. ①航… Ⅱ. ①贾… Ⅲ. ①航空工程—维修—高等学校—教材 Ⅳ. ①V267

中国版本图书馆 CIP 数据核字(2022)第 221237 号

责任编辑:徐杨峰 / 责任校对:谭宏宇
责任印制:黄晓鸣 / 封面设计:殷 靓

科 学 出 版 社 出版
北京东黄城根北街 16 号
邮政编码:100717
http://www.sciencep.com
南京展望文化发展有限公司排版
广东虎彩云印刷有限公司印刷
科学出版社发行 各地新华书店经销

*

2023 年 4 月第 一 版 开本:787×1092 1/16
2024 年 9 月第三次印刷 印张:20 3/4
字数:476 000
定价:90.00 元
(如有印装质量问题,我社负责调换)

航空宇航科学与技术教材出版工程
专家委员会

航空宇航科学与技术教材出版工程
编写委员会

航空维修工程分析
编写委员会

主　　编　贾宝惠

副 主 编　卢　翔　李耀华

委　　员（按姓名笔画排序）

　　　　　王玉鑫　王毅强　卢　翔　李慧萍　李耀华

　　　　　武　涛　单泽众　耿亚南　贾宝惠

丛书序

我在清华园中出生,旧航空馆对面北坡静置的一架旧飞机是我童年时流连忘返之处。1973 年,我作为一名陕北延安老区的北京知青,怀揣着一张印有西北工业大学航空类专业的入学通知书来到古城西安,开始了延绵 46 年矢志航宇的研修生涯。1984 年底,我在美国布朗大学工学部固体与结构力学学门通过 Ph. D 的论文答辩,旋即带着在 24 门力学、材料科学和应用数学方面的修课笔记回到清华大学,开始了一名力学学者的登攀之路。1994 年我担任该校工程力学系的系主任。随之不久,清华大学委托我组织一个航天研究中心,并在 2004 年成为该校航天航空学院的首任执行院长。2006 年,我受命到杭州担任浙江大学校长,第二年便在该校组建了航空航天学院。力学学科与航宇学科就像一个交互传递信息的双螺旋,记录下我的学业成长。

以我对这两个学科所用教科书的观察:力学教科书有一个推陈出新的问题,航宇教科书有一个宽窄适度的问题。20 世纪 80~90 年代是我国力学类教科书发展的鼎盛时期,之后便只有局部的推进,未出现整体的推陈出新。力学教科书的现状也确实令人扼腕叹息:近现代的力学新应用还未能有效地融入力学学科的基本教材;在物理、生物、化学中所形成的新认识还没能以学科交叉的形式折射到力学学科;以数据科学、人工智能、深度学习为代表的数据驱动研究方法还没有在力学的知识体系中引起足够的共鸣。

如果说力学学科面临着知识固结的危险,航宇学科却孕育着重新洗牌的机遇。在军民融合发展的教育背景下,随着知识体系的涌动向前,航宇学科出现了重塑架构的可能性。一是知识配置方式的融合。在传统的航宇强校(如哈尔滨工业大学、北京航空航天大学、西北工业大学、国防科技大学等),实行的是航宇学科的密集配置。每门课程专业性强,但知识覆盖面窄,于是必然缺少融会贯通的教科书之作。而 2000 年后在综合型大学(如清华大学、浙江大学、同济大学等)新成立的航空航天学院,其课程体系与教科书知识面较宽,但不够健全,即宽失于泛、窄不概全,缺乏军民融合、深入浅出的上乘之作。若能够将这两类大学的教育名家聚集于一堂,互相切磋,是有可能纲举目张,塑造出一套横跨航空和宇航领域,体系完备、粒度适中的经典教科书。于是在郑耀教授的热心倡导和推动下,我们聚得 22 所高校和 5 个工业部门(航天科技、航天科工、中航、商飞、中航发)的数十位航宇专家为一堂,开启"航空宇航科学与技术教材出版工程"。在科学出版社的大力促进下,为航空与宇航一级学科编纂这套教科书。

考虑到多所高校的航宇学科,或以力学作为理论基础,或由其原有的工程力学系改造而成,所以有必要在教学体系上实行航宇与力学这两个一级学科的共融。美国航宇学科之父冯·卡门先生曾经有一句名言:"科学家发现现存的世界,工程师创造未来的世界……而力学则处在最激动人心的地位,即我们可以两者并举!"因此,我们既希望能够表达航宇学科的无垠、神奇与壮美,也得以表达力学学科的严谨和博大。感谢包为民先生、杜善义先生两位学贯中西的航宇大家的加盟,我们这个由18位专家(多为两院院士)组成的教材建设专家委员会开始使出十八般武艺,推动这一出版工程。

因此,为满足航宇课程建设和不同类型高校之需,在科学出版社盛情邀请下,我们决心编好这套丛书。本套丛书力争实现三个目标:一是全景式地反映航宇学科在当代的知识全貌;二是为不同类型教研机构的航宇学科提供可剪裁组配的教科书体系;三是为若干传统的基础性课程提供其新貌。我们旨在为移动互联网时代,有志于航空和宇航的初学者提供一个全视野和启发性的学科知识平台。

这里要感谢科学出版社上海分社的潘志坚编审和徐杨峰编辑,他们的大胆提议、不断鼓励、精心编辑和精品意识使得本套丛书的出版成为可能。

是为总序。

2019 年于杭州西湖区求是村、北京海淀区紫竹公寓

前　　言

　　大型客机研发和生产制造能力是一个国家航空水平的重要标志,也是一个国家整体实力的重要标志。让中国大飞机翱翔蓝天,承载着国家意志、民族梦想、人民期盼。C919 大型客机研制成功,获得型号合格证,标志着我国具备自主研制世界一流大型客机能力,是我国大飞机事业发展的重要里程碑。航空维修工程是大飞机研制并行的一项复杂系统工程,包含飞机的维修设计、维修实施和维修优化三部分内容,是保障飞机安全性、提高运营经济性、形成民机研发国际市场竞争力必争的技术高地。

　　维修设计是飞机维修方案及维修策略的总体设计源头,是连接飞机设计与维修保障支援的重要桥梁和枢纽,是飞机设计取证的重要环节,也是飞机交付运行审定的重要依据。高水平的维修设计是民机研发对标国际先进的重要环节和手段。在我国首个自主知识产权的民机型号 ARJ21 立项前,国内民航飞机主要依赖进口,维修设计核心理论和技术受制于国外制造商。飞机引进时,国外制造商将设计好的维修大纲等相关文件直接交付用户,造成国内用户维修实施“知其然,不知其所以然”,维修能力和技术提升有限,维修方案优化受限,过度维修和维修不足并存,造成维修资源浪费,维修成本占运营成本的比例高出国外发达国家近 50%,迫切需要开展飞机维修设计核心理论和技术研究。

　　维修工程分析是开展维修设计的重要途径。民用航空器维修工程分析是基于飞机设计,结合可能的运行环境,从维修角度,对飞机失效机理及其发展,开展深入研究和系统性的全面分析,以确定飞机的维修标准、程序、任务和资源需求等,从而制定合理的飞机维修总体方案,使维修及时、有效、经济。维修工程分析是与维修相关的所有分析活动的集合,其分析结果给出了保障飞机持续安全运营的所有需要开展的维修任务,包括正常维护任务、故障排除任务、损伤修复任务等,以及每个维修任务的工作内容、工作程序、维修间隔与环境、资源保障等,是飞机编写技术手册、研制工具设备、制定航材计划、确定培训需求等一系列保障工作的重要依据。维修工程分析的研究内容贯穿了民用航空器设计、制造、使用和维修直至报废全寿命周期,是一门新兴的交叉学科,是与国产民机、发动机设计制造同等重要的攻关领域。

　　笔者所在的“民航维修工程领域创新团队”是中国民用航空局民航科技创新人才推进计划重点领域创新团队。多年来,团队一直从事民用航空器维修工程领域的相关理论与关键技术研究,核心成员参与了 ARJ21 - 700 飞机型号合格审查、C919 飞机维修大纲制定、维修审定协调委员会(CMCC)评审等;同时,团队与民航局方、航空公司、维修单位以及国产民机/发动机制造商深入开展产学研用交流合作,取得了多项具有自主知识产权的技术应用成果。团队以科研反哺教学,打造出"基础研究-应用开发-成果转化-人才培养"的创新链条。本书凝聚了团队和项目合作单位的集体智慧和研究成果。

本书旨在以培养担当民族复兴大任的时代新人为目标,将习近平新时代中国特色社会主义思想的基本立场观点方法转化为育人立意和价值导向,以航空报国和当代民航精神为引领,在学习科学知识、培育科学精神、培养科学思维中深刻体悟这一思想强大的真理力量和实践伟力,培养学生国家使命感,提升学生对航空维修工程相关工作的荣誉感和自豪感,将个人理想融入中华民族伟大复兴的中国梦中,充分发挥教材铸魂育人和启智增慧功能。

团队贾宝惠教授负责本书设计、统稿和第 1 章编写,卢翔教授负责第 4、5、6 章编写,李耀华教授负责第 7、13 章编写,王毅强副教授负责第 3、11、12 章编写,王玉鑫讲师负责第 2、9、10 章编写,李慧萍讲师负责第 8 章编写,耿亚南老师负责民航故事部分编写,耿亚南、武涛、单泽众三位老师以及肖海建、高源、刘旭宇、周显达、猴应祺、赵耀斌、杨丽晨、姜番等研究生参与了本书素材整理、成稿、章节校对等工作。业内专家苏茂根、顾新、林小龙、史宏伟、朱俊生、曾家祥、蒋平、冯蕴雯等对本书素材的相关科研工作给予了大量指导。空军工程大学李军教授、刘晓东教授,南京航空航天大学左洪福教授,作为"教育部高等学校航空航天类专业教学指导委员会推荐教材"的评审专家,提出了许多精辟而中肯的意见。笔者在此铭记,深表感谢!

航空维修思想和维修工程分析技术发展日新月异,加上编者水平有限,本书难免存在疏漏与不妥之处,敬请读者批评指正,不胜感激!

贾宝惠

2022 年 12 月于中国民航大学

目　录

第1章
绪　论

本章主要介绍维修相关的基本概念，维修工程和维修工程分析的定义，维修工程分析的主要内容、分析流程，以及航空维修的发展历程。

学习要点：

(1) 掌握维修相关的基本概念；

(2) 熟悉维修工程和维修工程分析的定义；

(3) 了解维修工程分析的主要内容及分析流程。

航空业的发达程度是衡量一个国家科学技术、国防建设和国民经济现代化水平的重要标志之一。民用航空器作为高新技术产品，其全寿命期内涉及设计、制造、使用、维修四个重要环节，有效的维修对于保持航空器持续、安全和可靠运行有着举足轻重的地位。

1.1　基　本　概　念

1.1.1　飞行安全

安全是一个深深扎根于人们头脑的概念。安全的基本定义是"没有危险"。安全与人类的所有行为息息相关，每一个文明社会都应能保障个人或他人活动的安全，这不仅是道德责任，也是现实要求。对人员和财产造成伤害的事故，也将使社会付出代价。因此，要通过法规来控制那些可能伤害人员和损害财产的人类活动。

影响飞行安全的主要因素包括：人、环境和设备。

(1) 人：人是飞机运行的活跃部分，包括飞行员、维修人员、空管人员等。显然，为了避免飞机运行中事故或大灾难的发生，依赖有资质能胜任的人员显得尤为重要。因此应将这些人员置于法定的、有组织的环境中、保证他们进行适当水平的专业训练、技术和规程的更新，以及保证他们的心理和生理健康，为此国家必须委托专门的公共机构来承担这些职责。

(2) 环境：环境涵盖了影响航空器飞行的所有外界因素，包括气象条件、空中交通状况、通信、机场等。为了保证飞行安全,我们应该考虑正确的气象信息、航空器垂直间隔和水平间隔的规定、合适的机场条件等,避免出现可能危及航空器自身安全的情况。

(3) 设备:这里指的是航空器,一个好的项目、完善的设计、优质的制造、良好的使用和有效的维修是保持航空器安全飞行的重要因素。因此,政府要委托专门的公共机构行使职责,保证设备的设计、制造、使用及维修均能满足飞行安全的要求。

这些安全要素的重点在于它们是串联而非并联的关系,可以看作是飞行安全链条的三个环节。

1.1.2 适航的概念

1. 适航性

民用航空器的适航性是指该航空器(包括其部件及子系统)整体性能和操纵特性在预期的运行环境和使用条件限制下的安全性和物理完整性的一种品质,这种品质要求航空器应始终处于保持符合其型号设计和始终处于安全运行的状态,即航空器能在预期的环境中安全飞行(包括起飞和着陆)的固有品质,这种品质可以通过合适的维修而持续保持。

适航性这个词从一开始就与政府机构对民用航空器安全性的控制和管理联系在一起。在民用航空活动的实践中,为达到某种适航性,民用航空器必须符合法定的适航标准和处于合法的受控状态。

2. 适航标准

适航标准是一类特殊的技术性标准,是为保证民用航空器的适航性而制定的最低安全标准。"最低"有两层含义:① 最基本、最起码的;② 经济负担最轻的。适航标准处处体现经济性与安全性的平衡。适航标准与其他标准不同,是国家法规的一部分,必须严格执行。

在 20 世纪 60 年代制定适航规章时,确定了民用航空活动的安全水平应等同于人的自然意外死亡率——百万分之一,即发生灾难性事故的概率为每百万飞行小时(flight hour, FH)小于等于一次。这是一个公众、乘客、飞机设计制造人、运营商都能接受的安全水平,但以公众的态度为主。具体到设计中,假设一架飞机有 100 个主要系统或 100 种可能造成机毁人亡的故障状态,每个系统或每个状态造成灾难性事故的概率为 10^{-9},那么整机由于设计制造原因引起的灾难性事故的概率为 10^{-7},再给运营维修一个犯错误的安全裕度,从而保证整机百万飞行小时的安全水平。

安全水平是无止境的,适航标准要求的安全水平是最低安全水平,现代航空实践(设计、制造、运营、维修)高于适航标准要求的最低安全水平。

3. 适航管理

适航管理就是适航性控制。民用航空器的适航管理是以保障民用航空器的安全性为目标的技术管理,是政府适航部门在制定了各种最低安全标准的基础上,对民用航空器的设计、制造、使用和维修等环节进行科学统一的审查、鉴定、监督和管理。

适航管理按照管理内容分为初始适航管理和持续适航管理。

初始适航管理是在航空器交付使用前,适航部门依据各类适航标准和规范,对民用航空器的设计和制造所进行的型号合格审定和生产许可审定,以确保航空器及其部件的设计、制造是按照适航部门的规定进行的。初始适航管理主要是对设计、制造的控制。

持续适航管理是在航空器满足初始适航标准和规范、满足型号设计要求、符合型号合格审定基础,获得适航证、投入运行后,为保持它在设计制造时的基本安全标准和适航水平,为保证航空器能始终处于安全运行状态而进行的管理。持续适航管理主要是对使用、维修的控制。

1.1.3　维修的概念

一台设备无论设计和制造得多么完善,其在使用过程中都不可避免地由于磨损、疲劳、断裂、变形、腐蚀、老化等原因造成性能下降甚至出现故障,使其不能正常运行,或使运行成本增加,甚至造成灾难性的后果。维修是缓解设备性能下降,减少或避免设备故障的有效手段,任何设备都可以通过维修来保证其在正常寿命期内的工作性能。

1. 维修的定义

维修即维护和修理。设备维修通常包含两层含义: ① 对设备进行维护,使设备保持出厂时设计和制造所赋予的固有状态;② 对设备进行修理,使损坏的东西恢复到原来的形状或作用。

2. 维修的内容

维修是为保持或恢复设备到其规定的技术状态所进行的全部活动,涉及设备的各个组成部分,也贯穿设备从设计到报废的全寿命周期。通过维修可以保持或恢复设备原有的功能与特性,而不能提高它的性能,不能要求和指望通过维修实现设备新增功能或产品达到更高的性能。

维修活动包括维修资源使用和维修任务完成的所有工作,既包括技术性的活动,如润滑保养、检测、故障隔离、拆卸安装、零部件更换、修理或修复、大修、校正、调试、局部改进和改装等;也包括管理性的活动,如使用或储存条件的监测、使用或运转时间及频率的控制等。

1.1.4　航空器维修

1. 航空器维修的定义

航空器维修是指对航空器、发动机及部件进行维护和修理的总称。维护是指通过清洗、润滑、检查及补充燃油等工作,使得这些产品始终保持设计批准时的初始状态。所谓设计批准状态,就是指设备出厂时,由设计制造赋予设备的固有状态。修理是指使得偏离了初始状态的这些产品,通过检查、判断故障、排除故障、排除故障后的测试及翻修等工作,使其恢复到设计批准时的状态。

由维修的概念可以看出,不管进行了怎样的维修,都不可能超越设计。一个好的产品是设计出来的,维修是将其保持或在发生偏离时恢复其到设计的固有水平。

2. 航空器维修的内容

狭义上讲,维修就是及时提供技术状态良好的飞机,以满足客货运输和通用航空训练飞行的需要。通过各级机务人员的维护和修理,保证飞机、发动机和机载系统及设备完好和适航,使飞机能安全、可靠和经济地完成各项飞行任务。

广义上讲,航空器维修是一个大的系统工程,它是对航空器从选型、设计、制造、使用、维护、修理一直到退役全过程所实施的监督与管理,以及与其相适应配套的人员培训、考核和科研工作等,以确保该航空器达到或保持设计水平。它是提供和保障航空运输生产力的重要物质基础之一。

3. 航空器维修的目标

航空器维修的根本目标是以最低的维修成本,尽可能地保持、恢复其可靠性寿命,保证飞行安全,最大限度地提高其利用率。不采取及时、合理的维修,航空器的使用可靠性和安全是无法保障的。

1.1.5 维修工程

维修工程是维修的理论和实践、技术和管理等全部活动的总称,是产品客户服务体系搭建的基础及支柱,是连接产品设计与客户服务的主要桥梁,也是产品维修方案及策略的总体设计源头。

航空维修工程是以设计为导向,以满足飞机使用和维修需求为目标的一项与飞机设计并行的系统工程,包含飞机的维修设计、维修实施和维修优化三部分内容,是保障飞机安全性、提高运营经济性、形成民机研发国际市场竞争力必争的技术高地。

1.1.6 维修性设计和维修设计

现代飞机设计中涉及维修性设计和维修设计两个概念。

维修性设计是指在飞机设计层面,完成"具有保障性的设计",包括建立飞机维修性目标、制定维修性要求、开展维修性分析等,确保飞机具备固有、良好的维修性性能,具体体现为飞机好用、易维护、维修成本低等。

维修设计是指从用户需求角度,协助维修性设计确定维修目标与维修要求,完成"设计的保障资源分析",包括制定维修大纲,开展保障资源分析,为维修类客户服务产品研制提供科学的输入等,明确飞机该如何维护。维修设计是飞机维修方案及维修策略的总体设计源头,是连接飞机设计与维修保障支援的重要桥梁,是飞机设计取证的重要环节,也是飞机交付运行审定的重要依据。

维修性设计解决飞机的可达性、互换性等问题,是维修工程分析的上游和输入;维修设计解决飞机维修任务和维修资源问题,是在维修性设计的基础上,考虑运营环境和维修经济性,确定维修任务和维修资源。

1.2 维修工程分析

1.2.1 维修工程分析的概念

维修工程分析(maintenance engineering analysis, MEA)是以客户需求为出发点,采用全系统、全寿命、全费用的观点,应用现代科学的技术分析手段,基于飞机设计数据,结合可能的运行环境,从维修角度,对飞机开展深入研究和系统性分析,以确定飞机的维修标准、程序、任务和资源需求等,从而制定合理的飞机维修总体方案,使维修及时、有效、经济。维修工程分析是开展维修设计的重要途径,是产品综合保障的基础和核心。

图 1.1 为维修工程分析的总体框架。维修工程分析起到承上启下的作用,上游连着产品设计,下游连着服务产品。一方面,其分析结果给出了保障飞机持续安全运营需要开展的所有维修任务,包括预防性维修任务、修复性维修任务及故障排除任务等,以及每个维修任务的工作内容、工作程序、维修间隔与环境、资源保障等,是编写飞机技术手册、研制地面支持工具设备、制定航材计划、确定培训需求等一系列保障工作的重要依据。另一方面,通过分析工作输出对设计的反馈,优化飞机设计,确保飞机在较低运营成本需求下具备良好的维修性、可靠性、测试性等性能。

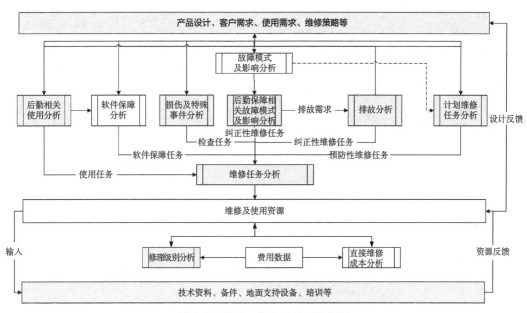

图 1.1   维修工程分析的总体框架

维修工程分析的结果回答了飞机修什么、多长时间修、怎么修、用什么修、在什么地方修、由谁来修、好不好修等一系列的问题。其研究内容贯穿了民用航空器设计、制造、使用和维修直至报废全寿命周期,是与国产民机、发动机设计制造同等重要的攻关领域。

1.2.2   维修工程分析的主要分析活动

维修工程分析是与维修相关的所有分析活动的集合,是一项与飞机研制并行的系统工作。民机维修工程分析的输出结果是飞机维修总体方案,包含了预防性维修任务、排故任务、飞机损伤修复任务及其程序,以及执行这些维修任务所需要的人员、设备、工具、设施、耗材等资源,是飞机维修保障支援的基础与核心。维修工程分析的典型分析活动包括: 计划维修分析(scheduled maintenance analysis, SMA)、综合保障相关的故障模式及影响分析(LSA related failure modes and effects analysis, LSA FMEA)、损伤与特殊事件分析

（damage and special events analysis，DSEA）、保障相关使用任务分析（logistics related operations analysis，LROA）、修理级别分析（level of repair analysis，LORA）和维修任务分析（maintenance task analysis，MTA）。

维修工程分析主要分析活动间的接口关系如图1.2所示。其中，SMA 用于确定计划维修任务，LSA FMEA 和 DSEA 用于确定纠正性维修任务或者非计划维修任务，LROA 用于确定运营相关任务，所有这些任务经过汇总合并后进入到 MTA 和 LORA 中，经过分析后得到每项任务的详细操作步骤及相应的资源需求，为飞机维修手册（aircraft maintenance manual，AMM）、故障隔离手册（fault isolation manual，FIM）等飞机技术出版物的编写提供输入，同时也为航材计划制定、工具设备研制、培训内容确定等飞机客户服务产品提供数据支持。

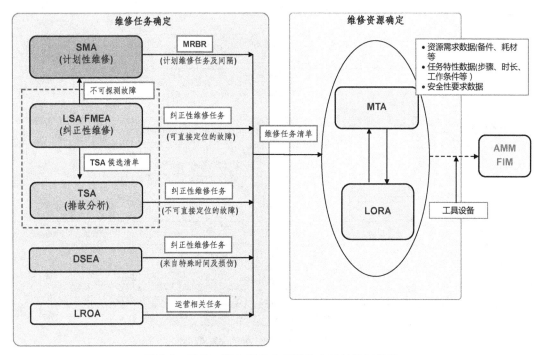

图 1.2 维修工程分析各分析活动之间的接口关系

1. 计划维修分析（SMA）

计划维修分析（SMA）是维修工程分析（MEA）的重要组成部分，目的在于确定预防性维修工作。目前国际主流民用飞机制造商均遵照 MSG-3 逻辑分析方法进行 SMA，通过制定飞机系统、动力装置、结构、区域和闪电高强度辐射场防护系统的初始预定最低维修/检查要求，形成飞机维修审查委员会报告（maintenance review board report，MRBR），经适航管理当局批准后，作为飞机主要的持续适航文件（instructions for continued airworthiness，ICA）之一（ICA 随飞机交付提供给航空运营人，以保证用户正确地使用和维修飞机，确保飞机始终保持设计制造时的安全性水平）。此外，欧洲航空航天与国防工业协会组织编制了 S4000P《预防性维修大纲制定与持续优化国际规范》标准，为工业方确定装备的预防性维修任务要求提供了一种通用的维修分析方法，该标准内容主要包括预防性维修任务分析和优化,其中预防性维修任务分析分为系统分析、结构分析和区域分析(包含 L/HIRF 分析),也可用来确定初始的预订维修大纲要求。

2. 综合保障相关的故障模式及影响分析(LSA FMEA)

综合保障相关的故障模式及影响分析(LSA FMEA)是在航线可更换件层面上开展的、以确认系统修理任务及排故任务清单为目的的分析工作。其中,系统修理任务清单主要通过 LSA FMEA 分析产生,排故任务清单主要通过排故任务分析(trouble shooting analysis, TSA)产生。

LSA FMEA 只对由内因导致的飞机系统/部件故障引发的修复性维修及排故需求进行分析,此处的"由内因导致的故障"仅指可探测的显性故障,不可探测的隐性故障不属于 LSA FMEA 分析的范畴。

LSA FMEA 分析主要包括以下分析步骤:故障模式分组;定义故障模式的故障探测能力及探测方式;定义故障模式的故障定位/隔离能力及方式;分析故障模式的排故需求;对有排故需求的故障模式进行排故任务分析;编制 LSA FMEA 分析报告,并形成 LSA FMEA 分析对设计的评估报告。

3. 损伤与特殊事件分析(DSEA)

损伤是指功能的失效或降低,不包含固有的故障(基于固有可靠性),例如擦伤、裂缝等。特殊事件是在产品生命周期内发生的无法被认作是一种正常操作情形的事件,例如鸟撞等。

DSEA 分析是从损伤与特殊事件发生可能性角度来定义结构修理任务的分析工作。DSEA 主要是为了确定并量化飞机在役期间可能发生的特殊事件和损伤,并将结果作为维修任务分析的输入,用于制定正确、合理的维修任务,从而保证损伤和特殊事件发生时飞机的持续适航能力;同时,通过分析结果,改进飞机系统、子系统、部件的设计方案,使其得到更好的保护,从而优化飞机设计。

DSEA 分析主要包括以下分析步骤:分析并编制相关的特殊事件清单;分析并编制相关的损伤事件清单;针对每一个损伤事件,制定具体的修理任务清单;针对每一个特殊事件,分析并编制可能受影响的飞机机载设备/部件清单;针对特殊事件所有可能受影响的机载设备部件制定具体的修理/排故任务清单;编制 DSEA 分析报告,并形成 DSEA 分析对设计的评估报告。

4. 保障相关使用任务分析(LROA)

除了维护和修理任务外,飞机还应考虑保障相关的使用和操作等相关方面的因素。保障相关使用任务分析(LROA)旨在对介于飞机正常使用和维护任务之间的必要活动进行分析,以满足基于飞机直接使用和维护分析之外的飞机使用手册和维护手册的内容需求。保障相关的使用是一项独立的任务,不能归类到飞机的运行领域或是维修领域。LROA 的目的是确定飞机不能指派给运行或维修的任务,这些任务的完成方便飞机每天的运行和维修(例如牵引、清洗、除冰和系留等)。

LROA 分析工作主要包括以下步骤:分析并编制相关使用任务清单(清洗、校准、系留、特殊使用需求等);针对每一项使用任务制定所有相关的准备/维修任务清单;编制 LROA 分析报告,并形成 LROA 分析对设计的评估报告。

5. 修理级别分析(LORA)

修理级别分析(LORA)是指在装备的研制、生产和使用阶段,对预计有故障的产品,通过考虑技术、商业、运营和环境数据等因素,进行非经济性或经济性的分析,来确定一个合理的、可行的修理或报废的维修级别,包括对故障/损伤部件的修理/报废决策以及对可修件的修理级别分析决策,即决定部件故障是否修、如何修、在哪里修的问题。

开展 LORA 分析的目的是给客户提供选择最佳修理方案的决策指导,并依据 LORA 结果对设计进行优化。

LORA 分析主要包括以下分析步骤: ① 确定 LORA 候选项目清单,包括修理级别分析和更换级别分析两种分析的候选项。② 对各候选项目进行可修理分析,判断候选项目是否可修理,通常将技术上不可修或维修明显不经济的项目判断为不可修,对于不可修的项目采取报废的处理方式。③ 进行修理级别分析,如果依据有限的数据就能得出最优的决策时,可利用简单 LORA 方法进行分析,简单 LORA 通常是定性分析,主要利用最佳工程判断或成本的粗略比较等方法来得出最优决策;如果简单 LORA 不能提供一个最优修理级别的合理建议,则需要进行详细 LORA,即经济性 LORA。经济性 LORA 是定量的分析方法,通过考虑所有影响修理/报废成本的因素来得出合理的决策。④ 编制 LORA 分析报告,并形成 LORA 分析对设计的评估报告。

6. 维修任务分析(MTA)

维修任务分析(MTA)是维修工程分析的核心环节,它为所有的计划维修任务、修复性维修任务、排故任务及后勤相关使用任务确定具体的执行程序,以及执行该任务所需的所有资源要求(包括备件、消耗品、支援设备、人员、设施和任务持续时间等),从而为客户服务产品研制确定主要的保障资源输入,并从维修性、经济性的角度对飞机设计提出优化建议。

MTA 是维修工程分析中处于下游的分析活动,MTA 分析主要是根据 LSA FMEA 分析、DSEA 分析、MSG-3 分析、LROA 分析等基于源数据的分析结果,确定维修、修理、排故、使用任务清单;针对每一项任务定义其任务及子任务清单;对每一项子任务确定其保障资源需求(定性及定量),包括人员资质、工时信息、工具设备设施需求、耗材需求、航材需求、培训需求等;编制 MTA 分析报告,并形成 MTA 分析对设计的评估报告。

1.2.3 维修工程分析的流程

维修工程分析主要工作内容包括工作准备、初步设计维修工程分析、详细设计维修工程分析三个阶段,如图 1.3 所示。

准备阶段的工作包括维修工程分析范围确定、制定维修工程分析指南的确定、维修工程分析软件的开发和维修工程分析方法培训。初步设计维修工程分析工作包括数据需求分析及数据收集、产品树分解及候选项分析、根据初步设计方案对候选项的初步维修工程分析等工作。详细设计维修工程分析工作包括数据收集与整理、详细设计的候选项分析、对详细设计方案的维修工程分析、根据维修工程分析结果开展对详细设计的评估等工作。

图 1.4 为维修工程分析的工作流程,在设计数据(包括可靠性数据、维修性数据、安全性数据、测试性数据等)输入的基础上,结合飞机使用要求、维修要求、飞机运行环境,从维修的角度对飞机进行产品结构分解。制定候选项判断标准,据此选择分析候选项。为了

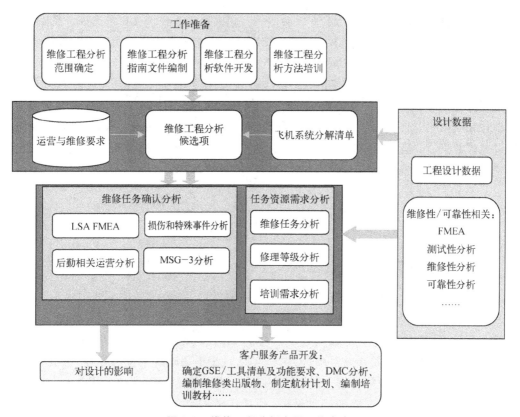

图 1.3　维修工程分析主要工作内容

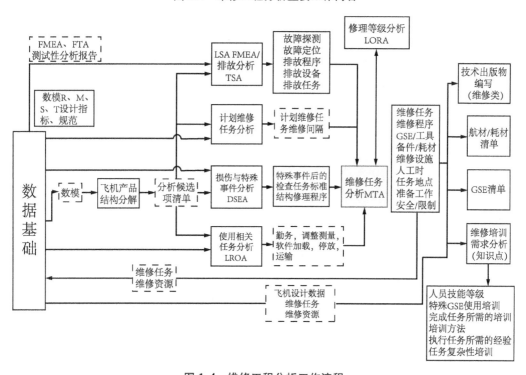

图 1.4　维修工程分析工作流程

降低工作量,将候选项分为完全候选项、部分候选项、候选项集以及非候选项。依据时间、成本、候选项类型,为该候选项选择适当的维修分析活动。维修分析活动可以根据项目特点和研制阶段进行裁剪,如某民用飞机在详细设计阶段后期,选择了计划维修任务分析、修理级别分析、排故分析、损伤与特殊事件分析、后勤相关的使用分析、维修任务综合分析等主要分析活动,确定了维修工具、航材、工时等要素。民机维修工程分析输出直接为维修类技术出版物、航材工程、地面支援设备(ground support equipment, GSE)以及维修培训提供基础数据,包括维修任务、维修程序、维修工具、维修所需航材备件、维修设施要求、维修工时、维修地点、维修间隔等。

1.3 航空维修的发展

1.3.1 国际航空维修发展历程

20世纪90年代后期,计算机网络技术的飞速发展,先进的微传感器层出不穷,智能信息融合算法大量涌现,大容量存储器的出现,使得实时状态监测和空地一体的飞机维修保障成为可能,于是出现了机载和地面一体化的故障预测与健康管理(prognostics and health management, PHM)系统。PHM技术是21世纪提高复杂系统可靠性、安全性、维修性、测试性和保障性以及降低寿命周期费用的一项非常有前途的军民两用技术。PHM技术代表了飞机后勤保障方法的一种转变,即从传统的基于传感器(built-in-test/built-in-test-equipment, BIT/BITE)的诊断向基于智能系统的预测转变,从反应式的通信向在准确时间对准确的部位进行准确维修的主动积极的维修活动转变。目前,飞机发动机原始设备制造商(OEM)正在通过引入云计算,采用物联网、数字孪生和新的数据采集技术来改进发动机监测和维修方式,促进预测性维修的实现。智能维修及健康管理将成为民航维修发展的新的方向和趋势。

1.3.2 中国民航维修发展历程

中国民航维修是伴随着中国民航的发展而逐渐发展起来的,经历了如下四个阶段。

1. 中国民航维修的创立(1949~1978年)

中国民航的发展可以追溯到新中国成立之前,据史料记载,1909年,被誉为民国第一飞行家的冯如自制飞机在美国试飞成功。当时,飞机的制造者就是驾驶员,同时也是维修人员。20世纪20年代以后,飞机构造日益复杂,制造、使用、维修才逐渐分离,出现了专门的飞机维修机构。1930年,中美合作创办的中国航空公司(简称中航)和1934年中德合资经营的欧亚航空公司,都先后将维修专业由单一的机械分化为机械、无线电和仪电。1943年,欧亚航空公司改组为中央航空运输股份有限公司(简称央航),与中航并称"两航",是当时中国的两大骨干航空公司,有相当的机群规模,主要机型为 C-46、C-47、DC-3、CV-240 等美制飞机,沿用美国的维修体制,分外场维护和内场修理,分别负责过站勤务和修理改装。外场只做航前、航后、短停的检查、排故及例行勤务保证;内场做飞机及其附件的修理、定期检查和改装。

1949 年 11 月 9 日,原中国航空公司总经理刘敬宜和中央航空公司总经理陈卓林率领 2 000 多名员工在香港光荣起义,两公司的 12 架飞机胜利飞抵北京、天津,为新中国民航建设提供了一定的物质和技术力量。当时"两航"的许多工程技术人员都在美国学习过,维修能力相当可观。后来,他们大部分参加了著名的"两航起义",成为新中国民用航空器维修队伍的重要组成人员。"两航起义"北飞的 12 架飞机和后来由"两航"机务人员修复的国民党遗留在大陆的 16 架(C-46 型 14 架、C-47 型 2 架)飞机构成了新中国民航初期的机群主体。内运的器材设备,成为新中国民航初期维修飞机所需的主要航空器材来源,并组建了太原飞机修理厂、天津电讯修理厂,而后成为发展我国航空工业和电讯研制工业的技术物质基础。

新中国民航的国内航班运输业务是从 1950 年 8 月 1 日正式开始的,不到一年半的时间内运输飞机从"两航起义"时的 12 架增加到 28 架,大大提高了客货运载能力,增加了飞行安全的机务保证。1952 年 7 月,中国人民航空公司在天津成立,8 月 1 日正式进行航班运输等航空业务。1953 年 6 月,民航局实行政企合一管理体制,中国人民航空公司被取消,北京飞机维护队改由民航局直接领导,负责北京站航班飞机的维护以及民航局所有飞机的高级维护,即飞行 100 小时以上的各级定期维护工作和中修、部分大修、加装、改装工作及零附件的修理。1950 年 3 月 27 日,根据中苏两国签订的协定,于同年 7 月 1 日正式成立了中苏民航股份公司。1954 年 12 月,该公司的苏联股份全部移交中国政府,由中国民航局统一领导和经营管理。此时,公司机务人员已能够顺利接受机务工作并不间断执行全部飞机的维修任务。

从 1955 年起,民航机务工作采用了苏联民航维护与管理分开管理体制,民航局机务处内设维护科和修理科,分管外场维护和内场修理工作。1955 年 1 月,民航局调整了组织机构,分别成立了北京、乌鲁木齐、上海、广州、重庆五个地区管理处。1958 年 11 月,北京修理厂由西郊迁至东郊首都机场,并建立了 6 912 平方米修理机库,加强了飞机修理能力,提高了工组效率。1960 年 11 月,北京飞机修理厂改名为民用航空局 101 厂,负责承修民航各型飞机及其零附件以及 AS-62、AS-68 两型活塞发动机翻修任务。到 1960 年末,全厂工人人数达 1 623 人,民航 101 厂才真正成为民航第一个既能翻修飞机,又能翻修发动机及零附件的初具规模的综合性中小型飞机修理厂。随着客观需要和形势发展的需要,民航局机务处为扩大飞机维修能力提出了新的发展规划,新的飞机修理厂逐步建立起来,如上海民航 102 厂、成都民航 103 厂。

"文化大革命"期间,中国民航各方面都受到了很大的损失,民航机务部门也不例外,造成了机务干部和技术力量极大削弱。民航三个飞机修理厂的生产力都遭到很大的破坏,大修飞机、发动机、零附件及零备件的生产计划,虽一再削减也无法完成;财务支出连年亏损,新产品试修任务无法执行。直到 1976 年 10 月,各飞机修理厂经过改组和调整后,才逐步摆脱动乱局面,逐渐建立企业正常的生产秩序。

2. 中国民航维修业稳步发展(1978~1987 年)

1978 年经国务院批准,民航总局设置了航空工程部,负责全局的机务工程工作,原分设于总局指挥部和后勤部的机务处和工厂管理处改由航空工程部(后改为航空工程局)管辖,恢复了机务系统的内外场维修工作的统一领导。随着航空运输业务的快速发展,民航机务部门通过整顿、恢复而逐渐进入了新的发展时期。

1977~1980 年的短短四年时间内,民航三个飞机修理厂先后完成了子爵、波音 707、安 12、安 24、伊尔 62、安 30 共 6 种新型飞机的大修、结构检修或特修任务,开展了米 8 的试修工作。在发动机方面先后完成了达特 525、斯贝 511、斯贝 512、阿依 24 共 4 种新型发动机的大修、热部件检修、阿依 20K 型发动机的改性实验和飞行鉴定工作。

1980 年 6 月 16 日,民航局在北京首都机场组建了我国第一个维修基地,将原来的机务大队、航修厂(民航 101 厂)、大修厂、航材处、机务处合而为一,从组织结构上实现了外场维护、内场修理的合一,实现了生产、技术、航材保证的合一。新成立的维修基地开始实行维护与修理结合的机务管理体制,成为北京管理局领导下一个实行独立经济核算的维修企业,当时也是中国民航规模最大、修理设备比较齐全的综合性大型航空维修基地。

民航各管理局外场维护部门自进入 20 世纪 80 年代以后,原属空军建制形式的机务大队,经过改革调整变更为维修厂,然后再从整顿组织、实施可持续管理着手,进行了一系列的整改工作,包括建立健全岗位责任制和经济责任制,调整和充实职能机构,强化计划生产管理、技术管理和质量管理,逐步建立专职检验员制度,制定并颁发相应企业管理制度。北京、上海、广州等管理局在维护波音 737、767、空中客车 A310 等新型飞机方面已采用国际上普遍采用的维修方案并推广新的维修方式和方法。同时开始采用微型电子计算机对飞机零附件实施监控使用,不仅提高了工作效率,而且进一步保证了飞行安全,并提高了企业经济效益。民航 102 厂、103 厂也通过整顿改革,提高了企业工作效率,创造了较好的经济效益。

自 1980 年民航开始引进波音 747 宽体客机以来,民航机务系统在改革维修管理体制、试行新维修方式同时,也积极进行了维修基本建设工作。1984 年在北京维修基地建成了一座波音 747 型飞机维修机库。这座新机库是中国当时唯一大型现代化的飞机库,它的建成对于维修大型飞机发挥了积极作用。另外维修基地在 1983 年还新建了 3 093 平方米的非金属制品车间,使维修基地非金属制品生产能力有了明显提高。后来维修基地还建设了从美国引进、具有先进电子计算机控制、性能监测和数据自动收集系统的现代化试车台。经过安装和调试,试车台在 1984 年投产,对提高维修基地涡扇发动机的维修质量与保证飞行安全起了很大的作用。

民航先后引进了美国波音 737、麦道 DC - 9、空中客车 A310 等多种机型,对中国机务维修工作提出了更高要求,也促使机务技术和管理工作有了进一步的提高。为此民航局机务系统趁购置国外飞机的机会,派遣一批批机务人员出国考察和学习维修技术,并订购了一些必要的维修设备,另外还引进技术、引进外资,如 1989 年 8 月,中国国际航空公司与德国汉莎航空公司以北京维修基地为基础,合资成立了北京飞机维修工程公司,使这种组织形式得以完善和深化。接着,广州民航与美国合资成立了广州飞机维修工程公司,各大航空公司先后按新的维修理论调整了维修组织,采用新的维修方式,逐步实现与国际民航接轨。

3. 中国民航维修业快速发展(1987~2002 年)

1987 年,中国政府决定对民航业进行以航空公司与机场分设为特征的体制改革,主要将原民航北京、上海、广州、西安、成都、沈阳 6 个地区管理局的航空运输和通用航空相关业务、资产和人员分离出来,组建了 6 个国家骨干航空公司(中国国际航空公司、中国东方航空公司、中国南方航空公司、中国西南航空公司、中国西北航空公司、中国北方航空公司),实行自主经营、自负盈亏、平等竞争。此外,以经营通用航空业务为主并兼营航空运输业务的中国通用航空公司也于 1989 年 7 月成立。这一阶段中,我国民航运输总周转量、旅客运输量和货物运输量年均增长分别达 18%、16% 和 16%,高出世界平均水平两倍多,随着民航的快速发展,民航维修技术也随着业务量的增长得到有效发展。

从 1987 年起,按照国务院的民航体制改革方案,民航企业政企分开工作逐步实施,各航空公司相继成立。同时,借鉴美国的适航管理体系,全面建立民航业的适航规章体系和机构,并开始严格跟国际接轨,按照国际标准进行民航维修的管理,开始了中国民航维修的国际化步伐。同时,随着国内民航快速发展,国内的维修单位和维修能力也快速成长,到 1999 年底,符合中国民航规章(Chinese Civil Aviation Regulations,CCAR)-145 部要求并取得中国民航局办法的维修许可证的国内维修单位已有 179 家,这些维修单位有国企、中外合资的、外资独资的和民营的,维修能力有了很大的提升。

4. 全寿命周期民航维修体系建立(2002 年至今)

2002 年 3 月开始,中国政府决定对中国民航业再次进行重组,主要内容有:航空公司与服务保障企业的联合重组、民航政府监管机构改革、机场实行属地管理,2004 年 7 月 8 日,随着甘肃机场移交地方,机场属地化管理改革全面完成,也标志着民航体制改革全面完成,随着民航体制改革的进行,国内民航维修业也实现了跨越式的发展,具有维修资质的维修单位、具有强维修技术的专业维修机构等随着机队规模的快速增长也逐渐壮大,维修优化、重大加改装等深度维修技术也快速发展,中国民航也由民航大国向民航强国迈进。

从 2003 年中国自行设计制造的支线飞机 ARJ21 申请取证开始,中国民航进入新的阶段,民航维修也逐步从依赖于国外制造商提供的技术资料进行维修实施转变为"维修设计—维修实施—维修优化"的全寿命周期的民航维修新阶段。中国商飞研制的 ARJ21 支线客机在 2014 年 12 月底取得型号合格证(type certificate,TC),2016 年正式开始载客运行。C919 国产飞机 2007 年立项,2015 年 11 月首架飞机总装下线,2017 年 5 月首架飞机成功首飞。2022 年 9 月 29 日,我国自主研制的大型客机 C919 取得型号合格证,于 2022 年 12 月 9 日正式交付给中国东方航空投入商业运行。这些标志着民航飞机的中国制造的开始,同时标志着全寿命周期维修的实施全面展开。

随着中国民机制造的发展,中国的民航维修不再仅仅简单依赖主制造商提供技术资源和支援,严格按照欧美制造商提供的维修资料进行照章维修,而是开始从设计、制造到使用和维修进行维修设计、实施和优化的全寿命流程维修研究,中国民航维修进入了一个新的迈向民航强国的发展阶段。

思 考 题

(1) 简述维修、维修工程分析的主要内涵。
(2) 简述维修工程分析的主要分析方法及相互关系。
(3) 简述国际航空和中国民航维修发展的主要历程。

民航故事——DC-3与"两航起义"

摘自

（1）百度新闻：https://baijiahao.baidu.com/s？id=1652680048413584418&wfr=spider&for=pc

（2）百度百科：https://baike.baidu.com/item/%E4%B8%A4%E8%88%AA%E8%B5%B7%E4%B9%89/4537555？fr=aladdin

2019年12月6日13时21分，1架有着75年机龄、复古涂装的DC-3运输机，顺利降落在北京大兴机场，圆满完成纪念"两航起义"70周年的飞行任务。

DC-3是美国道格拉斯公司于1935年研制投产的一种固定翼螺旋桨运输机，因其在速度和航程上的优势，极大改变了当时的民航业形态。

第二次世界大战中，DC-3的军用型号C-47也为盟军取得最后胜利作出巨大贡献。DC-3系列共生产1.3万余架，是世界航空史上有代表性的运输机之一。

抗日战争时期，由于日军占领我国沿海并切断滇缅公路，导致外援受阻，盟军使用C-47运输机开辟著名的"驼峰航线"，运送大量作战物资支援中国战场。毛泽东同志第一次乘坐的飞机就是C-47。1945年8月27日，美国驻华大使赫尔利和国民党代表张治中乘C-47运输机到达延安。次日，毛泽东同志等便乘此机离开延安赴重庆，与蒋介石进行谈判。

1949年，随着国民党统治在内地的结束，国民党控制下的中国航空股份有限公司（以下简称"中航"）和中央航空运输股份有限公司（以下简称"央航"）两家民航企业迁往香港。由于和英资航空企业冲突加剧，"两航"处处受"港英"政府非难，已到山穷水尽的境地。我党策划"两航"发动起义的工作早已展开。在党的领导下，"中航"总经理刘敬宜、"央航"总经理陈卓林秘密配合（图1.5），核心小组通过港九民航工会开展工作，工会委员

图1.5 起义回京的刘敬宜（左）与陈卓林（右）

和积极分子成为起义骨干力量。1949 年 10 月底,中共中央书记处正式批准"两航起义"飞机降落地点、起义时间和飞行计划等具体事项。11 月 9 日 6 时,12 架飞机("中航"10 架,"央航"两架)陆续从香港启德机场起飞返回内地,其中便包括两架 C - 47 型运输机。同日,在香港的"中航"和"央航"2 000 多名员工通电起义。

"两航起义"后,气急败坏的国民党在"港英"当局纵容下,采取威胁破坏活动。当时,除参加起义的 12 架飞机外,"两航"仍有 71 架飞机滞留香港。面对险恶形势,党领导广大起义员工展开捍卫起义成果的艰苦斗争。留港员工在军委民航局和民航广州办事处的直接领导下,排除各种阻碍,想方设法将各种飞机零件拆卸装箱,用船运回广州,累计运回约 1.5 万箱器材、3 600 桶燃油和其他设备等。

"两航起义"不仅在经济上给国民党以重大打击,还在军事上切断国民党在西南的空中运输线,为解放大西南创造了有利条件,这次起义被毛泽东同志称赞为"一个有重大意义的爱国举动"。在"两航起义"影响下,资源委员会、招商局和中国银行等 29 个国民党在港重要机构也相继起义。起义北飞的 12 架飞机和后来由"两航"机务人员修复的国民党遗留在大陆的 16 架飞机,构成新中国民航建立初期的主力机群。运回的器材和设备,成为民航初期维修飞机所需的主要航空器材来源,并依此组建太原飞机修理厂、天津电讯修理厂。图 1.6 为"两航起义"人员抵津后的合影。

图 1.6　"两航起义"人员抵津合影

"两航起义"是在中国共产党直接领导下的爱国壮举,是震惊中外的一件大事。"两航起义"是一次爱国行动。毛泽东主席称之为"一个有重大意义的爱国举动",周恩来总理称它是"具有无限前途的中国人民民航事业的起点"。"两航起义"是中国民航史上的一个转折点,我党领导"两航起义"的伟大壮举,是广大"两航"员工在波澜壮阔的革命大潮中,遵循党所指引的方向,发扬爱国主义精神,投向人民祖国怀抱的正义行动,它将永载中国人民解放事业的史册。

士不可以不弘毅,任重而道远。"两航"人员是新中国民航事业的开拓者和奠基人,作为担当民族复兴大任的时代新人,我们要坚持求真务实、敬业奉献,传承好他们的爱国情怀,做到砥砺强国志,实践报国行。

第2章
民用航空器维修思想及规范

本章首先介绍民用航空器可靠性指标、维修性指标和维修要求;其次介绍航空维修的 RCM 原理和 MSG - 3 思想;最后介绍 ASD S 系列与维修工程分析关系最为紧密的 3 个规范。

学习要点:

(1) 掌握民用航空器可靠性指标、维修性指标,了解维修要求;

(2) 理解 RCM 原理和 MSG - 3 基本思想;

(3) 了解 ASD 系列标准概况。

随着我国大飞机事业的推动,国产大飞机已经实现了自主设计和制造,随之而来的问题是维修设计能力日益紧迫的需求。之前国内运营的飞机大多是由波音、空客等国外制造商设计和制造的,所以维修设计也出自国外,我国在民用航空器维修思想方面的研究和应用并不深入。目前,国际上通用的相关规范(如 MSG - 3 逻辑和 ASD 系列规范)都来源于欧美国家,我国需要更加深入地参与其中,从学习到跟随,从跟随到能够提出根本的建设性意见,再到先进技术的引领。只有不断学习,深入研究,在实践中完善和创新才能提升国产飞机的维修设计水平,让中国的大飞机不但能设计制造出来,也能保证良好的可靠性、维修性和经济性,提供更多的增值服务,提高客户服务水平,从而提升我国在世界民航界的竞争力和话语权,实现习近平总书记提出的"全面建设社会主义现代化国家,必须坚持科技为先,发挥科技创新的关键和中坚作用……在一些领域实现并跑、领跑,为加快建设科技强国、实现科技自立自强作出新的更大贡献。"

2.1　民用航空器维修要求

2.1.1　可靠性指标

产品在规定的条件下和规定的时间内,完成规定的功能的能力即为该产品的可靠性。可靠性是反映飞机质量,衡量飞机性能状况的重要特性,也是决定飞机效能和寿命周期费用的重要因素。从应用角度上讲,在产品的设计、研制、制造、使用和维修的全寿命过程中,可靠性分为固有可靠性和使用可靠性。

固有可靠性是在产品的设计、制造过程中赋予的固有属性是在理想的使用及保障条件下的可靠性,它是产品可靠性的设计基准,也是最高可靠性。当具体装备设计、工艺确定后,其固有可靠性是固定的。

使用可靠性是产品在实际使用过程中呈现出来的可靠性。使用可靠性既受固有可靠性的影响,又受使用条件的制约,包括设计、安装、质量、环境、使用、维修的综合影响。一般情况下,使用可靠性总低于固有可靠性,产品的固有可靠性一旦确定,只有提高产品的使用可靠性,才能改善产品在工作中的可靠性水平。

固有可靠性是产品的固有属性,奠定了使用可靠性的基础。而产品在使用期内的失效率与其使用状况密切相关,产品的使用可靠性随使用条件、使用时间而变化。因此,使用过程中的可靠性研究,就成为产品可靠性研究中最重要的环节。

在民用航空器的日常使用和维修过程中了产生大量的飞机系统和部件的可靠性数据,根据航空器制造厂提供的资料表明:部件维修成本占全部营运成本的48%。航空维修业的实践表明:85%以上的系统故障是由部件可靠性低造成的,部件的可靠性水平是影响系统可靠性水平的主要原因。

通常,产品可靠性越高,我们可以认为其工作时间越长,或是在规定时间内完成的规定要求的概率越大。然而,需要采用科学的指标来度量产品可靠性。常用的可靠性指标包括:可靠度、累计失效概率、失效率、概率密度、平均无故障工作时间(mean time to failure, MTTF)、平均故障间隔时间(mean time between failures, MTBF)、有效度等。以下介绍相对常用的特征量及其相互关系。

(1)可靠度(reliability):可靠性的概率度量,即产品在规定条件下和规定时内,完成规定功能的概率,一般记为 R。它是时间的函数,故也记为 $R(t)$,称为可靠度函数。

(2)累积失效概率:产品在规定条件下和规定时间内未完成规定功能(即发生效率)的概率,也称为不可靠度。一般记为 F 或 $F(t)$。

(3)失效率(failure rate):工作到某时刻尚未失效的产品,在该时刻后单位时间内发生失效的概率。一般记为 λ 或 $\lambda(t)$,称为失效率函数,也称为故障率函数或风险函数。

(4)概率密度(probability density function):累积失效概率的导函数,也称为失效密度。不同的统计分布有不同的概率密度函数图形,可以据此判别分布数据的性质。一般记为 $f(t)$。

(5)平均无故障工作时间:不可修复产品的一种基本可靠性参数,表示不可修复的产品在发生故障前的平均工作时间,又称不可修复产品的平均寿命。

(6)平均故障间隔时间:可修复产品的一种基本可靠性参数,表示可修复产品在相邻两次故障间的平均工作时间,又称可修复产品的平均寿命。

以上可靠性特征量中,可靠度 $R(t)$、累积失效概率 $F(t)$、概率密度 $f(t)$ 和失效率 $\lambda(t)$ 是四个基本函数,只要知道其中一个,其余各变量均可求得。这些基本函数间的关系见表 2.1。

表 2.1　可靠性特征量间的关系

特征量	$R(t)$	$F(t)$	$f(t)$	$\lambda(t)$
$R(t)$	—	$1-F(t)$	$\int_t^\infty f(t)\,\mathrm{d}t$	$\mathrm{e}^{-\int_0^t \lambda(t)\,\mathrm{d}t}$
$F(t)$	$1-R(t)$	—	$\int_{-\infty}^t f(t)\,\mathrm{d}t$	$1-\mathrm{e}^{-\int_0^t \lambda(t)\,\mathrm{d}t}$
$f(t)$	$-\dfrac{\mathrm{d}R(t)}{\mathrm{d}t}$	$\dfrac{\mathrm{d}F(t)}{\mathrm{d}t}$	—	$\lambda(t)\,\mathrm{e}^{-\int_0^t \lambda(t)\,\mathrm{d}t}$
$\lambda(t)$	$-\dfrac{\mathrm{d}}{\mathrm{d}t}\ln R(t)$	$\dfrac{\mathrm{d}F(t)}{\mathrm{d}t}\dfrac{1}{1-F(t)}$	$\dfrac{f(t)}{\int_t^\infty f(t)\,\mathrm{d}t}$	—

可靠性特征量在航空维修可靠性分析中有着各自的意义。

可靠度及累积失效概率(不可靠度)是衡量飞机附件性能状况的重要指标。可靠度低,意味着根据同类附件的历史使用数据分析,该附件发生故障的概率已经很大,此时需要采取预防性维修措施,以保障飞机飞行安全,或避免飞行不正常事件的发生。

失效率曲线通常用来描述总体寿命失效率的情况。图 2.1 为失效率曲线的典型情况,有时形象地称之为浴盆曲线。失效率随时间变化分为早期失效期、偶然失效期和耗损失效期三段时期,每个时期都有其特点,导致故障的原因通常都具有一定规律。可靠性分析的工作之一便是针对不同的时期,采取相应的维护措施。

概率密度曲线能直观地表现出飞机附件失效率同使用时间的关系,从而为维修计划的制定提供依据。图 2.2 正是正态分布概率密度曲线的一个范例,通过曲线与横轴之间所围的面积,可以直观地判断在选定的使用时间时附件失效概率的大小。

MTTF 和 MTBF 是判断飞机附件总体使用情况的参数。当比较机队同类附件或同种附件在不同航空公司使用的情况时,MTTF 或 MTBF 是重要的参考依据。

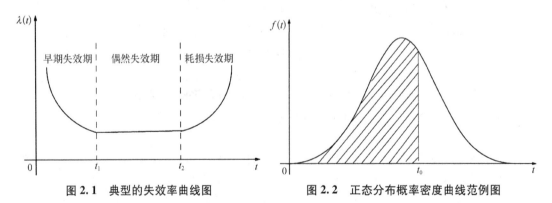

图 2.1　典型的失效率曲线图　　　　图 2.2　正态分布概率密度曲线范例图

2.1.2　维修性指标

维修性是系统在规定的条件下和规定的时间内,按规定程序和方法进行维修时,保持或恢复到规定状态的能力。它是航空器与维修保障密切相关的一种质量属性,是设计赋予航空器的维修保障简便、迅速、经济的维修保障品质。在系统工程中,通常将维修性视作一种设计出来的系统固有特性,正是这种固有的、可量化的特性决定了系统未来的维修工作量和经济成本。

维修性指标包括维修度、可用度、平均修复时间(mean time to repair, MTTR)、恢复能用的任务时间、最大修复时间、平均预防性维修时间、平均维修时间、维修停机时间率、重构时间、维修率、维修工时率等。下面对几种主要的指标进行介绍。

(1) 维修度是指在规定的条件下使用的产品,在规定时间内,按照规定的程序和方法进行维修时,保持或恢复到能完成规定功能状态的概率,用 $M(t)$ 表示。产品的可靠度反映了产品不易发生故障的程度,而维修度反映了当产品发生故障后维修的难易程度。

(2) 可用度表示任一时刻 t 系统处在正常状态的概率,记为 $A(t)$。

(3) 平均修复时间指排除故障所需实际修复时间的平均值。

2.1.3　维修要求

维修要求是为了便于对产品进行维修而对航空器设计、维修和保障所提出的要求,是设计可行性、可用性、可靠性、维修性和经济性等多种因素的权衡,维修要求的顶层来源于使用要求,也是维修工程学要实现的具体要求和指标。

维修要求一般在设计的初期提出,体现了飞机研制阶段具有良好维修特性的指导思想、策略和实施方法,是开展飞机维修工程工作和维修性设计的基础,作为设计目标的输入在飞机设计过程中予以贯彻,以保证飞机交付之后具有良好的可维修性。

维修设计,即面向维修的设计(design for maintenance, DFM),是指在产品设计时,以满足用户需求为前提,通过分析和研究产品寿命周期中各阶段的特征、进行综合评价和权衡,提高产品的维修性及相关特性(可靠性、保障性、测试性等),使得产品能以最小的维修资源(维修时间、维修人力、维修费用、维修设备等)消耗获得最大的可用率的设计原则、方法和技术。

在现代飞机的研制过程中,维修设计的思想一般是通过制定维修要求,并将其转化为详细的维修性要求和相关设计指标,进而将维修目标和要求落实在飞机本体设计与维修支援产品开发整个大体系中,最终保证飞机具有良好的维修性能及维修支援活动的高效运行,从而达到简化维修工作量和降低经济成本的目的。

维修要求必须考虑飞机各研制阶段和整个寿命周期过程的各影响因素,一方面,基于飞机运营人的运营维修需求,切实从用户使用要求和维修能力及飞机运营环境等情况出发,将其转化为相应的维修性和可靠性指标;另一方面,结合飞机设计目标、飞行性能、寿命年限和维修支援等情况,为设计要求和实施,开展维修工程分析,编制持续适航文件,确定服务产品支援要求等工作提供顶层指导和预先规划。

维修要求一般分为如下内容。

(1) 整机级维修要求。整机级维修要求又分为定性要求和定量要求。

定性要求包括:降低系统和部件故障率,延长计划维修间隔,简化维修过程,减少维修工作量,降低维修成本;可达性、标准化、通用性及互换性要求;降低对维修人员的技能要求,设计要有利于减少实施维修计划和维修方法时的人为因素差错;可测试性要求,如要求重要系统和重要机载设备具有机内故障监测能力；要求发动机的主要功能故障具备嵌入式监测、诊断和预测能力等。

定量要求包括：MTTR、每飞行小时维修工时、直接维修费用、过站再次离站时间、往返飞行再次离站时间、出勤可靠度、故障隔离时间和故障检测时间、航线可更换件（line replaceable unit，LRU）更换时间等。

（2）系统和结构的可靠性、维修性要求。系统和结构的可靠性、维修性要求是将上述顶层维修要求涉及飞机的可靠性要求和维修性要求，进一步分解细化成系统、子系统及部件的可靠性和维修性的指标，在产品设计和成品采购中贯彻实施。飞机布局定义、总体设计、详细设计、样机研制等每个阶段结束后，维修工程学的任务则是要采取合适的方法（分析评估或实际验证），对上述指标进行及时的验证和评审，提出修改意见和措施，以确保维修要求的贯彻实施。

（3）维修方案要求。例如，要求采用最新版的 ATA MSG-3 规范、A 检间隔、C 检间隔、非计划拆换率要求等。

（4）维修保障要求。例如，要求备件库存的保障率达到 95%、AOG 件 24 小时到货；要求配备交互式电子手册符合 S1000D 标准等。

2.2　MSG-3 思想

2.2.1　传统维修思想

20 世纪 50 年代末以前，在各国装备维修中普遍的做法是对装备实行定时翻修。早期航空公司的维修方案也是基于预防更换或恢复的理论，在定时维修方式下，航空器的结构和零件在规定的周期内进行大修。这种做法来自早期对机械事故的认识：机件工作就有磨损，磨损则会引起故障，而故障影响安全。所以，装备的安全性取决于其可靠性，而装备可靠性是随时间增长而下降的，必须经常检查并定时翻修才能恢复其可靠性。即：

（1）故障的发生、发展都同时间有关；
（2）任何一个机件出了故障都可能直接危及飞行安全；
（3）通过多做维修工作可以预防故障；
（4）定时维修是进行维修工作的恰当方式。

基于这种认识，人们认为：预防性维修工作做得越多、翻修周期越短、翻修程度越深，装备就越可靠。但是，对于复杂装备或产品来说，传统的做法常常会遇到两个重大问题，一是随着装备的复杂化，无论机件大小都进行定时翻修其维修费用不堪重负；二是有些产品或项目，不论其翻修期缩到多短、翻修程度增到多深，其故障率仍然不能有效控制。

2.2.2　RCM

以可靠性为中心的维修是目前国际上通用的用以确定设（装）备预防性维修需求、优化维修制度的一种系统工程方法。按国家军用标准 GJB 1378-92《装备预防性维修大纲的制定要求与方法》，RCM 定义为："按照以最少的资源消耗保持装备固有可靠性和安全性的原则,应用逻辑决断的方法确定装备预防性维修要求的过程或方法。"它的基本思路是:对系统进行功能与故障分析,明确系统内各故障后果;用规范化的逻辑决断程序,确定各故障后果的预防性对策;通过现场故障数据统计、专家评估、定量化建模等手段在保证安全性和完好性的前提下,以最小的维修停机损失和最小的维修资源消耗为目标,优化系统的维修策略。以可靠性为中心的维修方式是建立在性能数据分析的基础上的,通过收集数据、分析数据,找出数据发展变化趋势,以判断系统、部件的可靠性水平,从而采取动态的控制方式进行有针对性的维修工作,以保持系统和部件固有的安全性和可靠性水平。

20 世纪 60 年代初,美国联合航空公司通过收集大量数据并进行分析,发现航空机件的故障率曲线有 6 种基本形式,符合典型的"浴盆曲线"的仅占 4%,且具有明显耗损期的情况也并不普遍,没有耗损期的机件约占 89%。通过分析得到两个重要结论,即:对于复杂装备,除非具有某种支配性故障模式,否则定时翻修无助于提高其可靠性;对许多项目,没有一种预防性维修方式是十分有效的。在其后近 10 年的维修改革探索中,通过应用可靠性大纲、针对性维修、按需要检查和更换等一系列试验和总结,形成了一种普遍适用的新的维修理论——以可靠性为中心的维修。

1968 年,美国空运协会颁发了体现这种理论的飞机维修大纲制订文件 MSG - 1《手册:维修的鉴定与大纲的制订》(RCM 的最初版本),该文件由领导制订波音 747 飞机初始维修大纲的维修指导小组起草,在波音 747 飞机上运用后获得了成功。按照 RCM 理论制订的波音 747 飞机初始维修大纲,在达到 20 000 h 以前的大的结构检查仅用 6.6 万工时;而按照传统维修思想,对于较小且不复杂的 DC - 8 飞机,在同一周期内需用 400 万工时。这种大幅度减少维修工时、费用,其意义是显而易见的,更重要的这是在不降低装备可靠性的前提下实现的。

1974 年,美国国防部明令在全军推广以可靠性为中心的维修。1978 年,美国国防部委托美国联合航空公司在 MSG - 2 的基础上研究提出维修大纲制订的方法。诺兰(Nowlan)与希普(Heap)合著的《以可靠性为中心的维修》正是在这种情况下出版的。在此书中正式推出了一种新的逻辑决断法——RCM 法,它克服了 MSG - 1/2 中的不足之处,明确阐述了逻辑决断的基本原理。自此,RCM 理论在世界范围内得到进一步推广应用,并不断发展。美国国防部和三军制订了一系列指令、军用标准或手册,推行 RCM 取得成功。进入 20 世纪 90 年代后,RCM 已广泛应用于世界上许多工业部门或领域,其理论又有了新的发展。1991 年,英国的约翰·莫布雷(John Moubray)撰写了新的《以可靠性为中心的维修》(简称 RCM2),并于 1997 年修订后再版。

2.2.3　MSG - 3

随着新技术的应用和飞机系统的日趋复杂和完善,以及飞机使用数据的收集和积累,业界对飞机投入使用后应该完成的维修要求有了更新的认识,提出了更为先进有效的指定维修要求的新思路,即航空运输协会维修指导委员会分析逻辑(ATA MSG Decision Logics)。它是航空运输协会的文件,而不是局方也不是飞机制造厂家的文件。MSG 由航空器制造商、航空公司、FAA 代表和供货商组成。

1968 年创立的 MSG - 1 分析逻辑(维修评估和方案制订文件或维修评审和大纲制定手册)首先应用在早期波音 747 飞机和波音 707 飞机上,用以制定波音 747 飞机的初始最低例行维修要求。那时,波音公司推出了第一个故障诊断树,从此,航空维修业有了维修的理论。在此之前,对于飞机上的每个部件都有使用寿命限制,而 MSG - 1 首次提出部件可以视情更换。MSG - 1 在维修人员中普遍建立起决策树的概念。

1968 年,针对当时最大的民用飞机波音 747,波音公司组织了本公司设计和维修大纲小组、供应商、航空公司以及美国联邦航空局的代表,分为 6 个工业工作小组(industry working group, IWG):结构、机械系统、发动机和辅助动力装置(auxiliary power unit, APU)、电气与航电系统、飞行控制与液压系统、区域。每个小组针对自己所负责的系统,以相同的方法制定出初始维修大纲。在充分掌握有关系统工作,重大维修项目及其有关功能、故障状态、故障影响、故障原因等情况的基础上,工作组(working group, WG)用逻辑树方法分析每一个项目,以便决定各项要求。

这种维修大纲的制定方法过去称为"自上而下"法,因为这种方法把部件看作是设备故障最可能的原因。分析的目的是决定三种维修方法中需要哪一种来修理该项目并返回使用。这三种方法为定时维修、视情维修和状态监控。

MSG - 1 方法在波音 747 飞机上运用很成功,稍加修改后适用于其他的飞机,并被命名为 MSG - 2。在 1972 年,欧洲的飞机制造商对该方法略作修改形成新的方法,称作 EMSG 方法。

根据 MSG - 2 方法制定维修大纲,对飞机的每类组件(系统、部件或设备)采用自"自上而下"的分析方法,为其确定适宜的维修方式定时、视情或状态监控。MSG - 2 是面向过程的维修。

定时维修是一种故障预防维修方法,它要求在规定的时间间隔之前,将一个项目从飞机上拆卸下来,进行大修、部分大修(修复)或者报废。

视情维修是一种故障预防维修程序,它要求按照适当的物理标准(损耗或衰变)对具体项目进行定期的检查或测试,以便确定该项目是否能够继续使用。在视情检查发现故障之后,必须对部件进行大修或修复,至少要更换掉超出容限的那些零件。

状态监控是当定时维修和视情维修都不适用时采用的一种方法。状态监控需要掌握没有固定寿命期或明显磨损周期的部件或系统的故障率、更换等。

在 MSG - 2 使用了 10 年后,在广泛收集飞机系统、结构、发动机和零部件的使用数据,并对其失效方式及对所监控的失效模式和采取的维修措施间形成的相互关系综合分析的基础上,由美国联邦航空局、美国航空运输协会、美国和欧洲的飞机/发动机制造厂家、多国的航空公司联合制定了新的维修决断逻辑和分析程序——MSG - 3。

MSG - 3 又称"航空公司/制造人维修大纲制定文件"。MSG - 3 是针对维修工作的分析逻辑,根据 MSG - 3 制定的维修大纲,主要针对飞机的系统/分系统的维修工作。采用"从上往下"(或称"故障结果")逻辑方法,从飞机系统的最高管理层面而不是在部件层面进行故障分析,确定适合的计划维修任务,以防止故障发生和保证系统的固有可靠性水平。表 2.2 为 MSG - 2 和 MSG - 3 的区别。

表 2.2　MSG－2 和 MSG－3 的区别

MSG－2	MSG－3
分析逻辑的应用： ● 飞机系统 ● 飞机结构	分析逻辑的应用： ● 飞机系统 ● 飞机结构 ● 区域分析
针对维修方式的分析逻辑 自下而上的分析逻辑： ● 飞机 ↑ ● 飞机系统 ● 零部件 ● 组件	针对维修工作的分析逻辑 自上而下的分析逻辑： ● 飞机 ⇓ ● 飞机系统 ● 零部件 ● 组件
从最低的可管理层面开始分析	从最高的可管理层面开始分析
结果：定时/视情/监控维修方式	结果：润滑、勤务、操作检查、目视检查、检查/功能测试、性能恢复和报废等

　　MSG－3 文件的目的是提供一种确定预定维修大纲工作任务和维修间隔的方法。预定维修大纲的工作任务和维修间隔由运营人、制造厂和制造国的管理当局的专家协商共同制订。

　　过去，初始预定维修大纲的工作任务和维修间隔由维修审查委员会报告(Maintenance Review Board Report，MRBR)确定，MSG－3 的目的只是便于制订初始预定维修大纲。其余的维修工作(即非预定维修或是非例行维修)指的是在完成计划维修工作外，在其他非计划性维修工作和正常使用或数据分析中对发现的问题所采取的纠错措施。

　　制订飞机预定维修大纲的组织，应由购买飞机的航空运营人、飞机和发动机的主要制造厂及管理当局的代表们组成。由工业指导委员会(Industry Steering Committee，ISC)领导维修大纲的制订工作，这个委员会由一定数量的运营人代表和飞机机体及发动机制造厂代表组成。其职责是制订方法，编制预定维修检查间隔的初始目标值，指导各工作组的活动和其他活动，联络制造厂和其他运营人，准备最后的大纲建议书并代表运营人与管理当局接触。不论这项工作是否通过 MSG－3 逻辑分析法得来的，工业指导委员会应设法百分之百地利用 MSG－3 方法确定"重要维修项目"(maintenance significant item，MSI)和"重要结构项目"(structural significant item，SSI)。

　　工业指导委员会应该建议维修工作组全面考虑所有供应商的要求。按照 MSG－3 规则，这些要求只能在适用的和有效的情况下予以接受。组织一个或几个工作组。工作组由潜在的运营人、主要制造厂及管理当局的专家代表组成。工业指导委员会亦可以使用其他办法获得制订预定维修大纲每一部分所需的详细技术资料。不论工作组的组织形式如何，它必须向工业指导委员会提供作为建议依据的文字性技术资料。工业指导委员会在批准这些分析和建议后，应综合成一个最后的报告建议书，提交给管理当局。

　　图 2.3 为 MSG 分析逻辑的发展和演变过程。

　　MSG－3 分析是制定维修大纲的方法，它采用自上而下的分析方法，将工作的重点从零部件转移到航空器的各个功能系统，包括系统/动力装置部分、飞机结构部分、区域检查

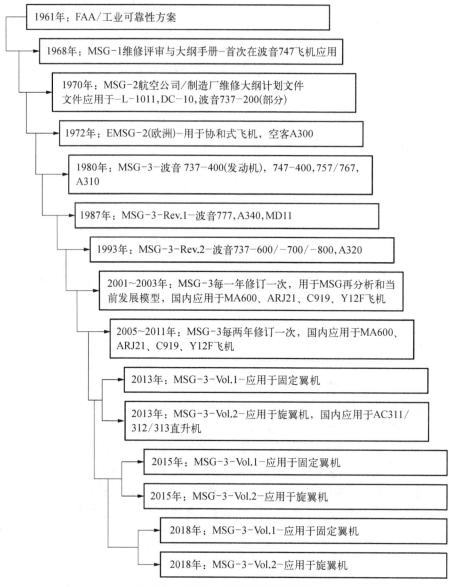

图 2.3 MSG 分析逻辑发展和演变

部分、闪电/高强度辐射场(lightning/high intensity radiated fields，L/HIRF)防护部分，每一部分都有自己的分析过程。

2.3 ASD 系列标准

2.3.1 ASD 简介

ASD 代表欧洲 20 个国家的 32 家行业协会，成员公司超过 800 家。欧洲航空航天与防务工业协会的主要任务是通过与欧洲协会和成员国合作来增强欧洲航空航天和防务工业的竞争发展能力。ASD 代表不同工业领域的企业与机构,涉及军事航空系统、民用航空和军用舰船、装甲车辆及其相关系统等多个领域。

"欧洲航空航天与防务工业协会标准化分会"(ASD - STAN)、"欧洲航空航天与防务工业协会-航空航天产品标准认证中心"(ASD - CERT)和 ASD - EASE 中心及 ASD - PRO 分会共同构成了 ASD 的运作体系。该体系通过欧洲宇航公司在商业领域内的合作来提高质量、降低成本。ASD 的组成如图 2.4 所示。

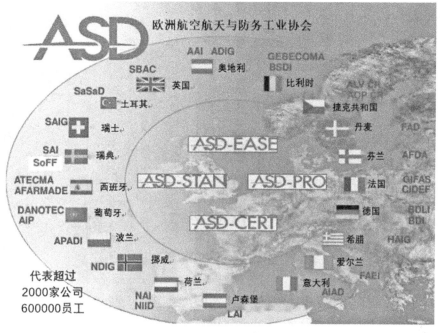

图 2.4　ASD 组成

2010 年 7 月,ASD 和美国航空航天工业协会(Aerospace Industries Association of American, AIA)签署了备忘录,用于促进一个在欧洲和美国航天国防工业上通用的、能共同操作的、国际化的综合后勤保障(integrated logistics support, ILS)系列规范。为了优化使用可用资源,ASD 和 AIA 同意共同开发 ILS 规范的 S 系列。S 系列标准是一个整体,侧重于解决后勤保障信息化方面的问题,为后勤保障中的数据收集、传输、处理、发布等提供依据。按照这些标准产生的数据在不同阶段之间传递和集成,贯穿于整个后勤保障过程。该系列标准已经在欧洲及美军的后勤保障领域,特别是航空领域获得了很好的应用,得到了普遍认可。

目前,ASD 已经建立较为完善的 ASD 综合保障标准体系,已发布的综合保障标准有S1000D(《使用公用资源数据库的技术出版物国际规范》)、S2000M(《军用装备物质管理综合数据处理国际规范》)、S3000L(《后勤保障分析应用指南》)、S4000P(《预防性维修大纲编制程序指南》)和 S5000F(《使用与数据反馈应用指南》)等,ASD 综合保障标准在欧洲乃至世界上都有重要的影响力,包括波音、空客在内的多家航空制造企业纷纷加入该协会,并采用相关的标准编制飞机技术出版物、开展维修工程分析等工作。已发布的 S 系列标准的主要内容如下：

（1）S1000D 规定了技术出版物和训练活动,用于装备全寿命周期所需技术出版物的计划、管理、制作、交换、发布和使用;

（2）S2000M 规定了供应管理中的装备管理活动要求,尤其是承包商与客户之间的接口关系,用于承包商和客户之间规范、快速、有效地交换数据;

（3）S3000L 规定了保障性分析的程序、一般要求和相关的信息交换等方面的内容,用于支持设计具有可靠性、可维修性、可测试性的产品并优化产品寿命周期费用,并确定保障资源;

（4）S4000P 规定了制定预防性维修程序的方法,用于确定初始预防性维修要求;

（5）S5000F 解决各方的运行和维修数据反馈问题;

（6）S6000T 给出了培训分析和设计的方法和规范。

S 系列规范的框架及相互关系如图 2.5 所示。

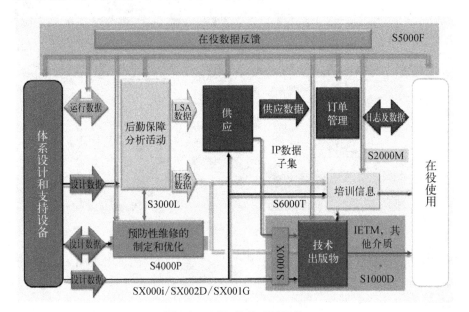

图 2.5　ASD 的 S 系列规范

其中,与维修工程分析关系最为紧密的是 S3000L、S4000P 和 S5000F。下面将对这 3 个规范进行介绍。

2.3.2　S3000L

S3000L 是 ASD 联合飞机主制造商等多方,在总结多年飞机维修工程分析经验的基础上形成的国际规范,它构建了民用飞机维修工程分析的框架与体系,用于指导民机维修工程分析,确定飞机维修总体方案。

S3000L(0.1 版)规范草案于 2009 年 6 月 24 日在 ASD 的布鲁塞尔正式发布,并对 S3000L 草案征求意见,来自不同国家的超过 20 位专家对草案提出了意见。2010 年 4 月形成第一个正式的 S3000L(1.0 版),并于 5 月发布。S3000L 的 1.1 版于 2014 年 7 月发布。

由于欧洲装备综合后勤保障领域缺乏有效的程序规范,导致了 S3000L 的产生。其规定了保障性分析的程序、一般要求和相关的信息交换等方面的内容,用于支持设计具有可靠性、可维修性、可测试性的产品并优化产品寿命周期费用,并确定保障资源。MIL-STD1388-1A《后勤保障分析》和 MIL-STD1388-2B《后勤保障分析记录要求》分别在 1997 年废除,MIL-HDBK-502《采办后勤》(代替 1388-1A)、MIL-PRF-49506《后勤管理信息》(MIL-HDBK-502《采办后勤》的数据部分)、GEIA-0007《后勤产品数据》(基于表格结构的数据部分,代替 MIL-STD-1388-2B)未能得到广泛的推广和应用,将英国国防部 DEF-STAN-00-60《综合后勤保障》作为通用的国际手册也显得太仓促,为了满足工业部门和军方用户研制新型号项目的迫切需要,这就推动了 ASD 和 AIA 携手联合制定通用后勤保障分析(LSA)国际规范。S3000L 主要用途包括确定装备分解结构和保障性分析备选项,确定保障性分析的内容和类型及方法,保障性分析结果的处理,有效费用下实现保障性要求,明确保障性分析与综合后勤保障(如供应保障、技术资料服务、特定工具、测试设备或训练)之间的接口关系、结合系统设计与保障性需求定义详细的保障资源需求,贯穿整个采办周期评估和促使系统设计更改,确定和更新保障资源需求。

S3000L 的具体分析活动包括排故分析、损伤与特殊事件分析、后勤相关的使用分析、计划维修任务分析、修理级别分析、维修任务分析、软件保障分析、寿命周期成本分析、过时产品分析、报废分析、培训需求分析。飞机维修任务总体上可分为正常维修任务、故障排除任务、损伤修复任务。

2.3.3　S4000P

S4000P 的前身是 S4000M,其全称是 International Procedure Handbook for the Development of Scheduled Maintenance Programs(for military aircraft)[《用于制定计划维修大纲的国际程序手册(适用于军用飞机)》],它是在充分借鉴 ATA MSG-3 的基础上增加了适用于军用飞机的部分内容,并进行优化后的产物。S4000M 主要规定了系统和动力装置分析、结构分析、区域分析等,用于新研制飞机的鉴定和重大改装。S4000M 在 MSG-3 基本流程的基础上,总结了项目实施中的经验教训及新流程,主要特点是优化了传统流程,考虑了新的危害类型,融入了新材料(如复合材料)、生态学等方面的因素。然而,S4000M 是 ASD S 系列规范的中间研究版本,从未正式发布,也未实际应用于产品分析。2014 年 5 月 23 日,ASD 发布了 S4000P 用于取代 S4000M,S4000P 的全称是 International Specification for Developing and Continuously Improving Preventive Maintenance[《用于制定和持续改进预防性维修(大纲)的国际规范》]。相较于 S4000M,S4000P 的适用性更广,增加了分析结果协调性、统一性及可溯源性,以及新增了在役维修优化(in-service maintenance optimization, ISMO)流程,用以扩展规范在整个产品生命周期内的适用性。2018 年 8 月,S4000P 2.0 版本发布。

2.3.4　S5000F

S5000F 是收集运营和维修数据反馈的规范,是在役支援最重要的功能之一,它可支持完全分析机队、管理和技术系统制造商能够对运营和维修性能。其分析结果可以作为精进维修和支援概念、通过修改和改型等提高防御系统、完善运营计划的基础,其最终目标是提高机队的有效性,并且使性能最优化。此外,反馈信息也是工业的严格要求,为了管理基于性能的后勤保障(performance-based logistics, PBL)合约和实现其义务。单独使用 S5000F 或结合其他 S 系列规范一起使用是为了获得一种有组织的方式来处理运营商的运营和维修数据反馈。使用 S5000F 的数据模型(以及用于 S 系列的通用数据模型)和产品生命周期支持(product live cycle support, PLCS)处理和交换信息,可以更有效地处理运营和维修数据反馈。

2008 年,AIA/ASD 提出制定 S5000F 的计划。之前已经制定了一些 S 系列规范,并用于综合后勤保障分析。运营商将运营和维修数据反馈给维修商或者原始设备制造商(original equipment manufacturer, OEM),AIA/ASD 提出应制定一套规范来处理运营和维修数据反馈。S5000F 规范应考虑 ISO 10303-239 产品生命周期支持给出的活动模型并支持 PLCS 数据交换集的数据交换;可修正并且包含修正指南;考虑当前 ISO/EN 的底线文件;包含和整套 ASD ILS 规范,即:S1000D、S2000M、S3000L、S4000M 连接的网络接口。S5000F 的使用范围是处理来自在役运营商的信息(由运营商反馈给 OEM 或维修商)。所以,该规范自然集中于运营和维修反馈信息及产品全寿命周期的运营阶段发生的活动。2019 年 10 月,S5000F 2.0 版本发布,之后还更新了数据模型补丁,对一些小的错误和类标记进行修正。

思 考 题

(1) 什么是维修要求? 请列举几个飞机维修要求。
(2) MSG-3 思想的演变过程是什么?
(3) ASD 系列标准都包括哪些内容? 其中有什么联系?

民航故事——中国民航,从依赖到独立

摘自
《中国航空史话》
出版社:北京时代华文书局
作者:沈海军
出版时间:2020.6

中国民航走过了从完全依赖进口客机,到自主研制支线客机,再到自主研制大型客机的自强独立之路。未来,我国的民航客机还将做得更大,飞得更远!

1. 曾经依赖进口的民航客机

(1) 新中国成立前的客运飞机

为了跟上欧美各国兴办航空运输业的步伐,1929 年,国民政府与美国寇蒂斯-莱特飞机公司合资成立了中国航空公司(简称"中航"),几乎同一时期,中国还和德国汉莎航空公司合资成立了欧亚航空公司(后更名为中央航空公司,简称"央航")。

抗战前期,中航和央航承担了中国上空的主要运输任务,随着时局的变化,"两航"的业务量一度惨淡。直到抗战后期,才得以恢复元气。此间,两航除置 C-45、C-46 和 C-47 型等运输飞机外,还购进了一定数量的美制 DC-3 和康维尔 Cy-204 客运飞机。

1949 年 11 月,两航 2 000 多名员工起义,12 架两航飞机投诚中国人民解放军。这12 架飞机,除了 3 架 C-46 型、6 架 C-47 型运输机外,还包括 2 架 DC-3 客机和一架之前提到的美国康维尔 CV-204 客机。加上后来由两航员工修复的国民党遗留在大陆的十余架飞机,构成了新中国民航初期的机队主体。

(2) 新中国成立后购入国外客机

20 世纪 50 年代,我国向苏联陆续购买了伊尔-14 飞机,承担专机和国内客运、货运任务。1959 年,民航局又向苏联购买了伊尔-18 飞机,标志着我国民航从活塞式螺旋桨飞机时代开始过渡到涡轮螺旋桨飞机时代。

1963 年,我国民航从英国订购的"子爵号"飞机到货,并加入航班飞行,改变了苏制飞机国内垄断的状况。1971 年,从苏联订购的伊尔-62 和安-24 飞机也先后投入使用。1972—1973 年,我国又从英国引进了三叉戟飞机。20 世纪 80 年代,我国民航还先后引进了英国生产的肖特-360 飞机、空客的 A310 飞机、苏制的图-154 飞机等等。

1972 年 2 月 21 日,美国总统尼克松乘坐 B707 飞机访华,此后,中国民航"波音时代"的到来。1985 年起,空客飞机进入中国市场。

2. 中国自主研制的支线客机

(1) 运-7 客运型飞机

运-7(Y7)运输机是 20 世纪 60 年代后期中国西安飞机公司在苏联安-24 和安-26 运输机的基础上,仿制和研制生产的双发涡轮螺旋桨发动机中型支线运输机。该飞机机长 23.7 米,高 8.55 米,最大起飞重量 21.8 吨,首架样机于 1970 年年底首飞上天,后因种种原因没有被批准设计定型。

(2) "新舟"系列

吸取了 Y7-100 的经验教训,西飞公司对其重新进行减阻、减重和优化设计,通过先进技术和原材料给结构减重,增加商载,提高经济性。设计了 Y7-200,在发动机、导航通信设备及自动飞行控制系统、驾驶体制、座舱布局等方面都做了重大改进,大量采用国外技术成熟的先进成品。1999 年 1 月,Y7-200A 被正式命名为"新舟 60"。

新舟 60 飞机是中国首次按照中国民航适航条例 25 部进行设计、生产和试飞验证的。2000 年 6 月取得了中国民航适航部门颁发的飞机型号合格证,这标志着国产支线客机的发展迈上了一个新的台阶。现在,除国内民航公司外,新舟 60 已出口印尼、老挝、菲律宾、津巴布韦、缅甸等国家。

新舟 700 是西安飞机工业公司继新舟 60、新舟 600 后系列发展的全新涡轮螺旋桨支线飞机。目前新舟 700 飞机已经获得订单近 200 架。

(3) ARJ21 翔凤客机

ARJ21-700AJ21 翔凤客机系列的基本型,它是中国商用飞机有限责任公司研制的70~90 座级双发动机中、短航程支线客机,是我国首次按照国际民航规章自行研制、具有自主知识产权的中短程新型涡扇支线客机,是中国首次按照联邦航空规章(Federal Aviation Regulation,FAR)25部申请美国联邦航空局型号合格证的飞机。ARJ21客机采用双圆剖面机身、下单翼、尾吊两台涡轮风扇发动机、高平尾、前三点式可收放起落架的基本布局。采用超临界机翼和一体化设计的翼梢小翼。驾驶舱采用两人体制,航电系统采用总线技术、LCD平板显示并综合化。

ARJ21于2008年11月在上海成功首飞。2014年年底,完成适航取证,迈出投入商业运营前的最后一步。2016年6月,ARJ21-700交付成都航空公司,正式投入商业运营。目前,成都航空已经先后接收了5架ARJ21飞机,机队累计安全飞行2 600余小时,安全载客6.5万余人次。

3. 中国自主研制的大型客机

(1) 运-10,中国首款大型客机

1970年7月,上海市试制生产大型客机被纳入国家计划,飞机命名为"运-10"。1975年1月,运-10的图纸设计基本完成;1976年制造出了第一架用于静力试验的飞机;1979年制造出第二架用于飞行试验的飞机,并于1980年9月首次试飞成功。此后还进行了各种科研试飞课目。先后转场北京、合肥、哈尔滨、乌鲁木齐、昆明、成都等地,并先后7次飞抵起降难度最大的西藏。但运10最终还是下马了。

(2) C919大型客机,中国民航工业的里程碑

关于大型客机,长期以来,全球只有美国波音和欧洲空中客车两家公司独领风骚。2006年1月,中国大型飞机项目列入国家中长期科技发展规划重大专项。2008年,我国C919大型客机开始研制。它是我国首款按照最新国际适航标准研制的干线民用飞机。

2015年11月,C919总装下线。2017年5月,在万人瞩目下,国产C919大型客机成功首飞。C919的首飞成功,标志着我国在自主设计、制造大中型商用飞机方面迈出了可喜的一步,具有里程碑式的意义。目前,C919正紧张有序地进行试飞和适航取证工作,尽管如此,该飞机的订单/购买意向已达到800余架,显示了广阔的市场前景。

回顾历史,从运-10到C919,中国的大飞机研制之路走过了一段艰难、坎坷的历程。让中国的大飞机飞上蓝天,既是国家的意志,也是全国人民的意志。习近平总书记指出:"我们最大的优势是我国社会主义制度能够集中力量办大事。这是我们成就事业的重要法宝。"C919的首飞成功,是我国经济、科技等方面集成式创新的硕果之一,也是社会主义制度集中力量办大事的一个生动体现。

中华民族伟大复兴绝不是轻轻松松、敲锣打鼓就能实现的,必须进行具有许多新的历史特点的伟大斗争。新时代新征程,我们必须坚定"四个自信",发挥好坚持全国一盘棋、调动各方面积极性、集中力量办大事的显著优势,推动中华民族伟大复兴的航船乘风破浪、扬帆远航。实践已经证明还将继续证明,中国人民一定能,中国一定行。

第3章
系统/动力装置维修分析

本章主要介绍重要维修项目定义和选择流程,系统/动力装置维修任务分析程序,系统维修间隔确定方法,以及民用飞机发动机系统典型部件的多目标维修间隔确定过程。

学习要点:

(1) 了解重要维修项目选择和分析流程;

(2) 掌握系统/动力装置维修任务分析程序;

(3) 理解基于最小费用的维修间隔确定方法。

坚持系统观念是"十四五"时期我国经济社会发展必须遵循的五项原则之一,也是马克思主义唯物辩证法基本思维方法具体应用。就现代飞机而言,其实就是一个由各个系统综合而成的飞行系统,所有的系统都是服务于飞行安全。各个系统环环相扣,一个系统故障,往往会影响其他系统,因此必须采用系统观念进行研究。

发动机系统是保证飞机飞行的关键系统,而航空发动机被称为"制造业皇冠上的明珠",可以说是名副其实。以现代的喷气发动机为例,其构造非常复杂,一方面要让发动机启动后能够产生数十吨的推力,另一方面还要求发动机部件经受住几千度的高温,目前世界上能够独立制造出航空发动机的国家少之又少,只有五个联合国安全理事会常任理事国拥有独立制造飞机发动机的能力。而在这其中,美、英、俄是飞机技术起步最早的国家,实力也是最强大的。

与之相比,我国的航空发动机实力还有较大的差距,这主要是因为我国发动机制造起步较晚,而航空发动机的发展又需要大量时间,据估计一款成熟的发动机研发时间至少要 15~20 年,美、英、俄等国也是付出了近百年的心血才能达到这个程度。我国在"十三五"期间已经全面启动实施航空发动机和燃气轮机"两机"重大专项,以推动大型客机发动机自主创新研究和产业体系。目前,长江-1000A 和长江-2000 涡扇发动机研究进展顺利,只要中国一步一步进行追赶,随着时间的推进,中国航发技术追赶上其他大国的那一天迟早会到来。

航空发动机不仅研发制造困难,在投入使用后其故障产生的后果也是非常严重的。

根据中国民航科学技术研究院对航空器使用困难报告系统的统计,2019 年国内民航机械类使用困难报告数量第一位的就是动力装置,占总数量的 12.90%。因此,对系统/动力装置进行维修分析,不仅可以保证飞机系统/动力装置的安全运行,而且对我国系统/动力装置的设计研发可以提供维修工作方面的指导,更好地促进我国航空制造业技术水平的提高。

3.1 系统/动力装置维修任务分析程序

系统/动力装置维修任务分析程序中的内容由一组计划维修任务组成,并按指定的时间间隔完成。这些任务的目的是确保飞机达到固有的安全性和可靠性水平,以及在它们发生劣化时恢复到固有安全性和可靠性水平,并实现总成本最低的目标(包括维护成本和故障成本)。在整个分析过程中,首先需要选择重要维修项目,之后评定每一个 MSI 的功能、功能故障、故障影响和故障原因,最后在前面所做工作的基础上针对每一重要维修项目选定合适的维修任务和间隔。

3.1.1 重要维修项目的选择与分析

重要维修项目的认定源于可能的安全、操作或经济问题,或者它们包含隐藏的故障。MSI 的选择和分析要遵循的过程如图 3.1 所示。

1. 重要维修项目的选择

制造厂家需要根据 ATA 2200 或 S1000D 相关标准按照功能模块划分飞机,细分到航线可更换单元为止,再进行 MSI 选择操作,MSI 的故障通常会:① 影响空中或地面的安全性;② 对空勤人员具有隐蔽功能;③ 具有重大的使用性影响;④ 具有重大的经济性影响,以上四点至少满足一条。制造厂家依据上述特点判定得到 MSI。MSI 选择要遵循的过程包括以下基本分析步骤:

(1)将飞机划分为功能模块;

(2)选择重要维护项目,即应用详细分析逻辑的项目;

(3)工业指导委员会批准 MSI 候选名单。

2. 重要维修项目的分析

重要维修项目经选择后,需要根据以下步骤对每一个 MSI 进行分析:

(1)收集基本的 MSI 数据并对 MSI 进行描述;

(2)研究 MSI 的功能、功能故障、故障影响和故障原因;

(3)根据故障影响对功能失效进行分类;

(4)根据严格的选择标准确定任务;

(5)确定所选任务的时间间隔;

(6)如果可行或者有效,则对任务进行组合;

(7)收集任务规划和执行任务的数据;

(8)维修工作组审查制造商提供的数据资料;

(9)工业指导委员会审查和批准维修工作组提供的数据资料。

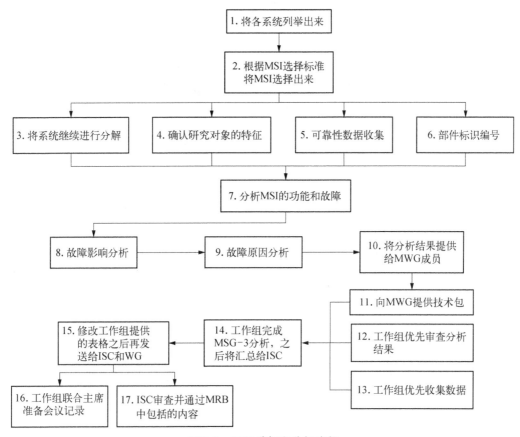

图 3.1　MSI 选择和分析流程

将 MSG – 3 逻辑图应用于一个维修项目之前,应该建立数据表以清楚地定义 MSI,对应的功能、功能故障、故障影响、故障原因及任何附加功能与该项目有关的数据。例如,ATA 章节参考、机队适用性、制造商的部件号、简要说明该项目、预期故障率、隐蔽功能、主最低设备清单(master minimum equipment list, MMEL)等。

3.1.2　维修任务确定

1. 确定故障影响类别(上层分析)

逻辑决断图的上层分析是通过考虑每个重要维修项目功能故障的后果,最终将功能故障分为五种故障影响类别,如图 3.2 所示。

2. 选择维修任务类型(下层分析)

经过上层分析,MSI 的故障影响类别已被确定,接下来需要进行下层分析,通过问题5、6、7、8、9 的"A"到"F"的回答(如果适用的话),得到合适的维修任务类型。图 3.3~图3.6 是所有故障影响类别的具体分析流程。

1) 明显的安全性影响(故障影响类别为 5)

由图 3.3 可知,对于该类故障影响类别,所有的问题都要进行判断,以确保维修项目

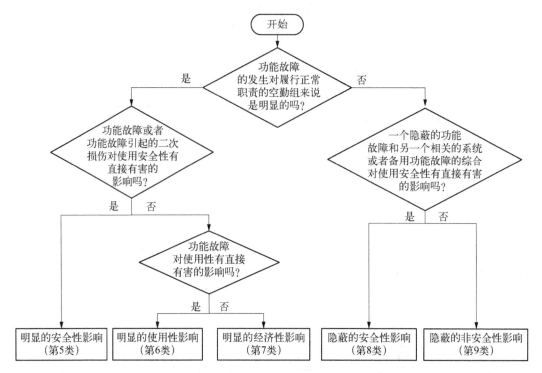

图 3.2　MSG‐3 系统/系统/动力装置部分维修工作上层分析逻辑流程

能安全使用,如果依次分析得不到合适的维修方式,则必须进行重新设计。

2）明显的使用性影响(故障影响类别为 6)

图 3.4 即为第 6 类故障影响类别,从图中可以看到,对于该故障影响类别,首先需要进行润滑/勤务工作判断,无论是否有效,都要继续问其他问题,即必须采取润滑/勤务工作;接下来进行检查/功能检查(functional check, FNC)等问题分析,依此类推,如果有回答为"是"的维修工作,即采取该类任务类型,并结束逻辑判断,反之,如果所有的问题都得到了"否"的答案,那么可以要求对该维修项目进行重新设计。

3）明显的经济性影响(故障影响类别为 7)

对于该故障影响类别,如果故障发生后,工作费用低于修复费用,则选择这项维修工作,分析逻辑流程图和第 6 类故障影响类别类似。

4）隐蔽的安全性影响(故障影响类别为 8)

由图 3.5 可知,该故障影响类别对于空勤组是隐蔽的,且如果发生故障则会影响飞机的安全性,所以逻辑分析图中所有的问题都要进行判断,从而得到一系列完整的维修工作方式,但是如果经过逻辑判断,发现没有一种或综合的工作是适用且有效的,则必须选择重新设计。

5）隐蔽的非安全性影响(故障影响类别为 9)

由图 3.6 可知,该故障影响类别和第 8 类故障影响类别相比,虽然对于空勤组是隐蔽的,但是故障发生并不会对飞机的安全性造成威胁,只是会影响使用性和经济性,因此在

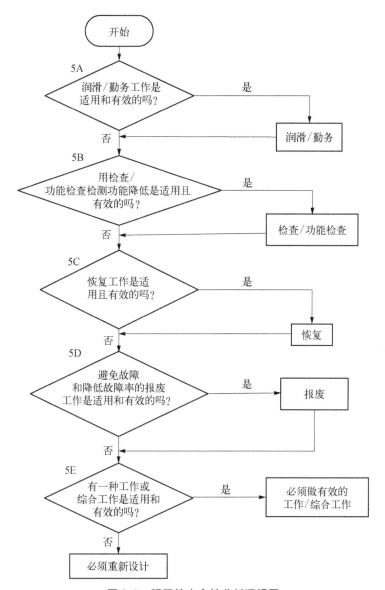

图 3.3　明显的安全性分析逻辑图

进行逻辑判断时,首先分析润滑/勤务工作,之后对接下来的问题进行判断,只要得到"是"的回答,那么就停止分析,反之,继续分析直到找到合适的维修任务,但是如果最终都没有得到"是"的判断,就可以提出重新设计的要求。

综上所述,维修任务被分为 6 种类型,对于明显的故障影响类别来说,是为了预防故障的发生;而对于隐蔽类故障来说,是为了防止其与相关的或者备用的功能故障结合起来形成多重故障,以致造成更加严重的危害。各类维修任务的适用范围和作用各不相同,下面简单介绍下各任务情况。

(1)润滑/勤务(适用于所有故障)。该维修任务是为了保证维修项目的固有设计能力,其功能是降低恶化速度和故障发生的危害性。

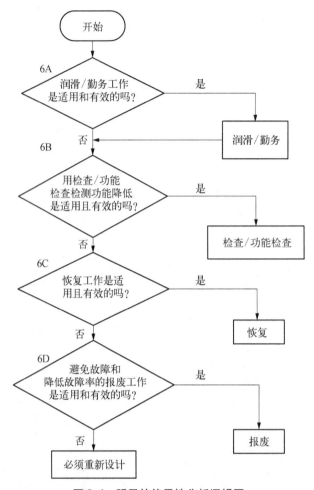

图 3.4　明显的使用性分析逻辑图

（2）操作检查/目视检查（仅适用于隐蔽类功能故障）。操作检查/目视检查是为了确定某一维修项目能否完成其期望的功能而来检查故障，这两种检查都不是一种定量的检查，而是一种发现故障的工作。

（3）检查/功能检查（所有故障影响类别都适用）。此类维修任务是一种定量的检查，以确定维修项目的功能是否在规定限度之内，并防止发生功能故障。

（4）恢复（所有故障影响类别都适用）。该项维修任务可以把某一维修项目通过清洗、更换或者翻修恢复到规定的标准。

（5）报废（所有故障影响类别都适用）。该项维修任务需要依照寿命限制强制报废维修项目。

（6）综合（仅适用于安全类故障影响类别）。该维修任务要求必须判断所有与可能的工作方式相关的问题。然而在选择维修任务时，需要考虑到维修任务的适用性和有效性，此外，还需要保证在选择维修任务时具有一定的合理性，所以判断时需要注意：① 目视检查是通过观察某一维修项目是否能完成预定的工作，不是定量的检查而是发现故障

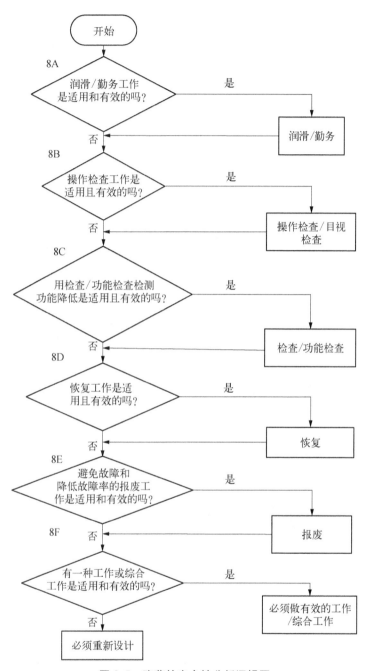

图 3.5　隐蔽的安全性分析逻辑图

的工作;② 操作检查是通过完成某种操作工作来确定维修项目是否能完成预定的工作,
也非定量的检查而是发现故障的工作;③ 一般目视检查(general visual inspection, GVI)是
对内部或外部区域进行目视检查,来寻找明显的损伤或不正常的迹象,该维修工作是在可
以接触到的距离(一臂之内)进行的,有时可以借助镜子来检查暴露的表面以提高可达
性;④ 详细检查是通过仔细的目视检查来寻找损伤或者不正常的迹象,该维修工作可以

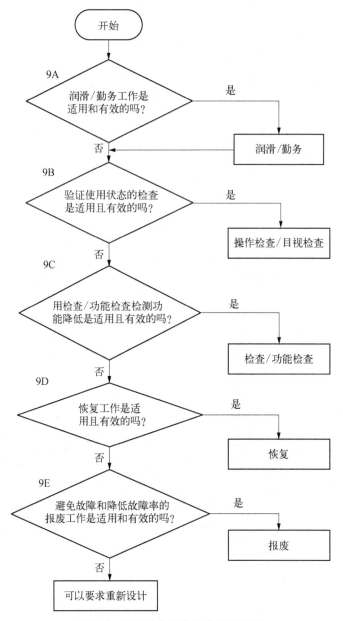

图 3.6　隐蔽的非安全性分析逻辑图

借助镜子或者放大镜等设备,甚至是照明设施;⑤ 特殊详细检查(special detailed inspection, SDI)是探测损伤或不正常情况的特殊仔细检查,该项维修工作需要专门的设备,例如超声波和涡流等,有些特殊情况还需要复杂的清理或者特殊接近;⑥ 功能检查是一种定量的检查,通过检查来确定功能是否在规定的限度之内,通常需要采取数字测量;⑦ 恢复是把一个维修项目通过清洗、更换或者全面地翻修来使其回到原有的工作状态。

3.1.3　系统维修间隔确定

1. 维修间隔的信息来源

维修工作小组需考虑供应商或者制造商提供的针对该维修项目的资料和数据,客户方的要求,结合相似或者相同部件的经验,或者通过工程最优估计法来确定维修项目的维修间隔。

2. 维修间隔参数

对于大多数系统/动力装置,主要采用飞行小时,另外有些维修任务,也可能主要使用日历时间或者飞行循环(flight cycle, FC)参数,也可能多个参数一起使用,个别检查项目所采用的字母检可由工业指导委员会来决定。实际中,确定维修间隔参数时,同一维修任务可能有多个参数,例如 20000FH/6 年,因为该类维修间隔的确定需要考虑该维修项目的使用情况。

3. 维修间隔的选择准则

某一项目的维修间隔是和确定的维修工作类型一一对应的,因为不同的故障影响类别有不同的功能和适用范围,所以,针对各维修任务有如下选择准则。

(1)润滑/勤务。确定维修间隔应考虑到维修项目的使用频率、库存数量和恶化特性(此时需要考虑部件的工作环境)。

(2)操作/目视检查。针对隐蔽故障,需要考虑维修项目在原来的工作环境中暴露的时间和危害性,以及使隐蔽功能处于失效的可能性,还需要考虑一定间隔的维修工作能将关联的多重故障减少至维修工作小组认可的水平范围之内。

(3)检查/功能检查。应该明确维修项目潜在故障的条件,另外故障发展为可探测到开始产生功能故障的时间间隔要比维修项目的工作间隔长,且在潜在故障——功能故障期间,能在功能故障发生前完成维修工作。

(4)拆换/报废。该类维修任务应考虑供应商推荐的类似维修项目的使用数据,当发生故障的概率显著上升时,此维修工作间隔应根据"可识别的役龄"来确定。

4. 维修间隔的确定

为了确保研究对象满足适用性和有效性标准,分析人员必须确定各预防性维护任务需求的间隔,对于每一项维护任务需求,必须选择一个或多个组合,包括:一个最合适的维修间隔类型(例如,日历时间或基于使用率);一个合适的数值间隔。

在分析维修间隔过程中,如果失效率和性能数据等不可用,那么系统预防性维护任务要求的间隔必须在工程/安全分析和类似系统使用经验的基础上确定。对于新研发的产品,由于之前并没有足够可用的信息来确定最优间隔,如果一开始制定的间隔比较保守,那么推荐使用后续的在役维修优化分析方法。如果完成一项任务的工作较少,不应该选择较高的维修频率(即短时间间隔),否则将导致维修差错风险增大,对安全性和可靠性带来不利影响。

需要注意的是,初始维修任务间隔确定必须建立在标准产品使用率的特定环境下。对于偏离了标准使用率的其他使用环境,包括其他任务/运行环境、气候条件恶化或者对外部影响,必须重新评估确定维修任务间隔。如果适用的话,在确定项目的时间间隔时,必须考虑可靠性数据与故障概率统计分布,也要考虑可能产生退化的情况,合适的维修任务间隔必须能够防止功能失效发生概率的增长。

维护任务间隔应该小于最短的潜在故障点发展为功能性故障的时间间隔,如果故障数据有效可用,这个区间可称为 P 到 F 间隔。从发现潜在故障到发展为功能故障的最短时间间隔,应该长到维修人员能够采取措施来避免、消除或者降低功能故障后果的影响。

系统维修任务间隔类型和数值的确定,包括两个方面。

(1) 确定合适的维修间隔类型(例如,运行时间、循环或日历时间)。在一些情况下,对于特定的系统维修任务可能包括多个参数。

(2) 根据间隔类型确定间隔数值。

系统维修任务间隔类型的选择取决于每个故障原因中引起功能恶化的一个或者多个技术参数。典型的间隔类型有:日历时间、飞行小时、产品使用小时、产品使用循环、单一产品/设备的使用小时/循环、相关事件的特定使用率等。责任分析人员必须决定是否可以选定一个间隔类型作为主要的间隔类型。此外分析人员可以建议,两个不同数值的间隔类型同时使用,并且说明系统维修任务需求按照先到的数值间隔进行。对于一些维护任务需求,分析人员制订的重复检查间隔可以不同于初始检查间隔。

3.2　系统维修间隔确定方法

3.2.1　基于案例推理方法

将过去的经验或故事场景进行类比推理,来解决当前问题的方法称为案例推理(case-based reasoning, CBR)。该方法可用"5R"认知模型表示,即案例表示(representation)、案例检索(retrieval)、案例重写(reuse)、案例修改(revision)和案例保存(retention)。以相似度为中心的案例推理技术通过模仿人类利用积累的经验来解决新问题的思路,是人工智能领域中的一种较新的机器学习方法,目前,案例推理在疾病预测与诊断、设计、决策支持等方面有广泛的应用。其中,案例检索是影响推理结果准确性的关键环节之一,也是主要的研究方向,而属性权重的分配会影响案例检索中相似度的大小,进而影响问题求解质量。

1. 确定维修工作的 CBR 流程

第一阶段:案例表示。CBR 的效率和案例表示密切相关,案例表示涉及如下几个问题:选择什么信息存放在一个案例中;如何选择合适的案例描述内容;案例库如何组织和索引。因此,只需要把影响维修工作确定的主要因素提取出来,再采用层次结构存储。维修对象基本信息有:飞机类型、飞机发动机型号、MSI 号、供应商、功能、故障影响类型、维修对象、维修任务等,可用多元组表示为

$$Case = (P_1, P_2, \cdots, P_i, \cdots, P_m; I) \tag{3.1}$$

式中,$P_i = (a_{i1}^P, a_{i2}^P, \cdots, a_{ij}^P, \cdots, a_{in}^P; I_i^P)$ 表示第 i 个案例,由 n 个属性组成,a_{ij}^P 表示第 i 个案例的第 j 个属性值,I_i^P 表示第 i 个案例的维修工作类型。

第二阶段：案例选择。包括检索和选择两部分。目前,比较常用的案例检索方法有：最邻近法、归纳索引法、知识引导法。采用最多的是最邻近法。检索后选择相似度大于设定阈值的一批案例。

（1）定量属性的相似测量 $s(a_i^T, a_i^P)$。

$$s(a_i^T, a_i^P) = 1 - \frac{|a_i^T - a_i^P|}{\max_i - \min_i} \tag{3.2}$$

式中, a_i^T、a_i^P 分别表示目标问题 T 和案例 P 关于属性 i 的属性值; $\max_i$ 和 $\min_i$ 分别表示在所有案例中第 i 个属性的最大值和最小值。

（2）定性/符号属性的相似测量 $s(a_i^T, a_i^P)$。选取的定性属性是用自然语言描述的字符型字段,当目标问题和案例关于同一属性的文本一样时,属性相似性值为 1,否则为 0。定性属性的相似测量公式为

$$s(a_i^T, a_i^P) = \begin{cases} 1, & a_i^T = a_i^P \\ 0, & \text{其他} \end{cases} \tag{3.3}$$

（3）权重确定方法。权重是对属性重要程度的一种主观评价和客观反映的综合度量。考虑到维修大纲的制订是多方协作并且需要深厚经验,决策群体 $K = \{$管理当局,制造商,承运人$\}$。可采用综合决策群体主观权重和客观实际来确定属性权重。

（4）综合相似度。将定性属性和定量属性进行结合得到综合相似度：

$$S(T, C) = \sum_{i=1}^{n} w_i s(a_i^T, a_i^C) \tag{3.4}$$

案例选择就是选择相似度大于一个设定阈值的一批案例,需要根据实际情况确定具体的案例数目,选择出的案例的维修对象必须完全一致,否则忽略该案例。

第三阶段：案例改写和保存。如果完全匹配则不需要修改,这是特殊情况。大多数情况下是不完全匹配,则采取组合改写。计算的结果将作为新的数据被保存,作为数据库的一部分。对于维修工作的确定问题,案例的改写原则是：在第二阶段选择出来的案例中,选择占多数的维修工作类型;如果选择出的案例的维修工作类型没有相同类型的,则选择相似度最高的案例的维修工作类型。

$$\text{Task} = \text{Max}(\text{Task}_i) = \text{Max}(S(T, P_j)) \tag{3.5}$$

2. 应用 CBR 方法确定维修间隔

对于维修间隔的确定问题,如果有完全匹配的案例,则不需要修改,这是个特殊情况,但大多数情况下是不完全匹配的,此时可考虑采用组合改写。

通过以上的案例选择方法把相似的案例选择出来后,可以认为目标问题和案例之间的相似就是目标间隔值和案例间隔值之间的相似。

$$s(a_i^T, a_i^P) = 1 - \frac{a_i^T - a_i^P}{a_i^T} \tag{3.6}$$

$$\begin{cases} I = \dfrac{1}{n} \sum_{j=1}^{n} I_j \\[3mm] I_j = \dfrac{I_j^P}{S(T,\ P_j)} \end{cases} \tag{3.7}$$

权重确定中,为使权重分配结果更接近真实值,可将模糊群决策和注水分配算法进行结合,得到组合权重模型。使用组合模型计算出来的查准率和最大相似度值比分别运用模糊群决策和注水分配算法得到的值都高,因此该组合模型可以比较准确地对权重进行分配。

3.2.2 维修间隔确定与优化工具

目前,波音公司在 B787 维修大纲制定中采用维修间隔确定与优化工具(maintenance interval determination and optimization tool,MIDOT)系统,以实时服务的数据为基础,辅助分析人员完成系统维修大纲制订过程的间隔确定和优化部分,其具体分析流程如图 3.7 所示。

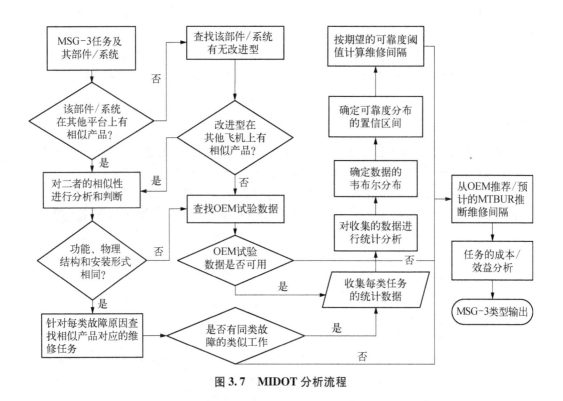

图 3.7 MIDOT 分析流程

该方法以 MSG-3 分析得到的维修任务为研究对象,首先通过相似性判断找到相似的维修任务,并收集相似系统/部件的历史可靠性数据,然后对数据进行韦布尔分析,并求得生存函数的置信区间,选择期望的生存门槛值确定初始维修任务间隔(5、8 类故障、6 类故障和 7、9 类故障分别取相似产品 90%、80%、70%部件有效的寿命时间作为初始维修间隔建议),另外,对于非安全类的维修任务还需进行费用/效益分析。当积累了足够的 B787 服役数据时,MIDOT 还可以用来给出一个区间调整。

通过以上分析可知,波音公司的 MIDOT 方法很值得学习和借鉴,但是该方法是存在原型机的情况下,利用相似机型的大量运营数据确定新机型维修任务间隔的方法(例如,利用 B777 的运营数据确定 B787 的维修任务间隔),因此对于新研制机型是不适用的。另外,出于知识产权保护等方面的因素,波音公司只公开了间隔确定的大体思路和简单流程,因此该类方法确定维修间隔具有一定的局限性。

3.2.3　基于最小费用的维修间隔确定方法

基于最小费用的维修间隔确定方法是将可靠性、安全性、经济性等目标与 MSG-3 分析融合,对系统维修间隔进行研究,最大化降低维修成本,提升运营人盈利空间。同时对供应商来说,提供合理的维修间隔也是保持其行业竞争力的有效途径。

1. 明显类任务维修间隔确定方法

对于明显类任务(5、6、7 类),即部件故障的发生对正在履行正常职责的空勤组来说是明显的。假设部件的故障分布函数 $F(t)$ 服从两参数韦布尔分布,η 和 β 分别为尺度参数和形状参数,用 C_p 表示对该部件执行预防性维修任务所需费用,C_f 表示部件故障所导致的费用,则目标函数为

$$C_e(T) = \frac{C_{av,\,T}}{T} \tag{3.8}$$

通过求解目标函数最低值时的时间来确定最优的维修间隔 T^*。式中,$C_{av,\,T}$ 为平均费用;$C_e(T)$ 是显性任务的单位时间总费用。

$$C_{av,\,T} = C_p + C_f \sum_{i=1}^{\infty} \lambda_i(t) \tag{3.9}$$

式中,$\sum_{i=1}^{\infty} \lambda_i(t)$ 是 T 内部件故障的次数。所以,

$$C_e(T) = \frac{C_p + C_f \sum_{i=1}^{\infty} \lambda_i(t)}{T} = C_f \bar{\lambda}(T) + \frac{C_p}{T} \tag{3.10}$$

式中,$\bar{\lambda}(T)$ 是 T 内平均故障率。对上式求导,并令 $dC_e(T)/dT = 0$,得

$$(\beta - 1)\left(\frac{T}{\eta}\right)^{\beta} = \frac{C_p}{C_f} \tag{3.11}$$

(1) 若 $\beta \leqslant 1$,则 $T^* = \infty$,部件可以一直工作到故障后才做维修,此部件的维修间隔可在满足安全性的前提下选择。

(2) 若 $\beta > 1$,则存在唯一的有限最优解 T^*,满足

$$T^* = \eta \left(\frac{C_p}{(\beta - 1) C_f} \right)^{\frac{1}{\beta}} \tag{3.12}$$

且最小费用为 $C_e(T^*)$。

2. 隐蔽类任务维修间隔确定方法

对于隐蔽类任务（8、9 类），即部件故障的发生对正在履行正常职责的空勤组来说是不明显的。如果部件发生故障，且没有引起额外的故障，那么仅对部件进行修理。如果部件故障产生了额外的故障，那么也需要对相应额外故障进行修理。

假设部件的故障分布函数 $F(t)$，用 C_p 表示对该部件执行预防性维修任务所需费用，C_r 表示单个故障所导致的费用，C_f 表示部件组合故障所导致的费用，则目标函数为

$$C_h(T) = \frac{C_{av, T}}{T} \tag{3.13}$$

通过求解目标函数最低值时的时间来确定最优的维修间隔 T^*。式中，$C_{av, T}$ 为平均费用，$C_h(T)$ 是隐性任务的单位时间总费用。

$$C_{av, T} = C_p + F(T) C_r + P(T) C_f \tag{3.14}$$

式中，$P(T)$ 是部件故障并引起额外故障的概率，它必须考虑安全限制条件。所以，

$$C_h(T) = \frac{C_p + F(T) C_r + P(T) C_f}{T} \tag{3.15}$$

对上式求导，并令 $dC_h(T)/dT = 0$，可得 T^*。但由于解方程较烦琐，可采用图解法。令 $C_1(T) = \frac{C_p}{T}$，$C_2(T) = \frac{F(T) C_r + P(T) C_f}{T}$，则 $C_h(T) = C_1(T) + C_2(T)$，在图像中分别画出 $C_h(T)$、$C_1(T)$、$C_2(T)$，如图 3.8 所示，找出曲线 $C_h(T)$ 最低点对应横坐标即为 T^*，且最小费用为 $C_h(T^*)$。

对经过 MSG-3 分析后，属于隐蔽非安全类故障影响类别，需采取操作检查/目视检查维修任务的部件，可以考虑在可靠寿命约束下，综合费用率和可用度这两个目标得到最优的维修间隔值，以下为该方法的详细步骤。

系统/动力装置某一部件从新件开始工作，经过首次检查（间隔为 kT，$k>0$）后对部件的检查周期为等间隔 T，如果发现部件工作不正常，则立即做故障后更换。如果运行状态良好，那么继续让其进行工作。根据所描述的问题绘制检查时序图如图 3.9 所示（T_v 为检查所花费的时间，T_r 为更换操作所花费的时间，两者相对于相邻两次检查操作的时长均可以忽略不计）。

在研究系统/动力装置部件隐蔽故障维修间隔确定问题中，需要做如下假设：

（1）部件如果出现故障，故障必能被检出；

（2）部件一旦发生故障则进入失效期，直到下一次检查才能被发现；

（3）部件出现故障是独立的，与其他零部件的故障不相关，不考虑由设计制造和突发

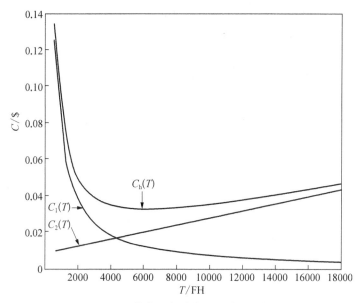

图 3.8 隐蔽类任务维修间隔优化图解法

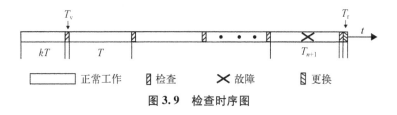

图 3.9 检查时序图

事件引起的故障；

（4）对维修项目进行一次检查后，不影响部件可靠性。

由于系统/动力装置部件故障的发生具有随机性，因此可以用随机变量来描述其故障发生的时刻。另外大部分民机部件故障率随服役时间的推移而变化，所以考虑加入首检期系数 k，即首检间隔是重复检查间隔的 k 倍。选取民机系统/动力装置中故障属于隐蔽类的部件进行研究，维修决策变量有两个：首检期系数 $k(k>0)$ 和重复检查间隔 $T(T>0)$。决策目标为：在隐蔽故障下，满足可靠寿命阈值的基础上，求得使可用度最大、费用率最小的操作检查/目视检查间隔与首检期系数，后者即为两个决策变量。

以下为模型中要用的各参数代表的含义：

C_v：实施一次检查任务所消耗的费用，为定值。

C_r：实施一次故障后更换所消耗的费用，为定值。

C_f：故障发生后单位时间内所消耗的费用。

$\lambda(t)$：部件故障率函数。

$R(t)$：部件可靠度函数。

$F(t)$：部件累积失效分布函数。

$f(t)$：部件失效概率密度函数。

采用可用度这一指标来衡量部件在任意时刻处于可正常工作状态的概率,记为$A(t)$,若故障发生在$[0,kT]$期间,则整个周期长度$L_1 = kT$,故障发生概率$p_1 = \int_0^{kT} f(t)\,\mathrm{d}t = F(kT) - 0 = 1 - R(kT)$,所以部件预期寿命为$kT$的概率为$1 - R(kT)$,部件可工作时间为$\int_0^{kT} tf(t)\,\mathrm{d}t$。

若部件故障发生在检查间隔$[kT,(k+1)T]$内,则整个周期长度$L_2 = (k+1)T$,故障发生的概率$p_2 = \int_{kT}^{(k+1)T} f(t)\,\mathrm{d}t = F(k+1)T - F(kT) = R(kT) - R(k+1)T$,则部件预期寿命为$(k+1)T$的概率为$R(kT) - R(k+1)T$,部件可工作时间为$\int_{kT}^{(k+1)T} t \cdot f(t)\,\mathrm{d}t$。

按照上述逻辑推理,故障发生在检查间隔$[(k+n)T,(k+n+1)]T$内时,整个周期长度$L_{n+2} = (k+n+1) \cdot T$,故障发生概率$p_i = R[(k+n)T] - R[(k+n+1)T]$,则部件预期寿命为$(k+n+1)T$的概率为$R[(k+n)T] - R[(k+n+1)T]$,部件可工作时间为$\int_{(k+n)T}^{(k+n+1)T} t \cdot f(t)\,\mathrm{d}t$。

因此,将所有可能发生的情况进行累加,得到部件整个运行时长为

$$
\begin{aligned}
L(k,T) &= \left\{ kT + \sum_{n=1}^{\infty} [(k+n)T] \right\} \cdot p_n \\
&= kT \cdot [1 - R(kT)] + \sum_{n=1}^{\infty} [(k+n)T_r] \cdot R[(k+n-1)T - (k+n)T]
\end{aligned}
$$

(3.16)

期望周期长度为

$$
EL(k,T) = E\left\{ kT \cdot [1 - R(kT)] + \sum_{n=1}^{\infty} [(k+n)T_r] \cdot R[(k+n-1)T - (k+n)T] \right\}
$$

(3.17)

化简得

$$
EL(k,T) = T \cdot \left\{ k + \sum_{n=0}^{\infty} R[(k+n)T] \right\}
$$

(3.18)

该部件正常工作时间为

$$
T_u(k,T) = \int_0^{kT} t \cdot f(t)\,\mathrm{d}t + \sum_{n=0}^{\infty} \left[\int_{(n+k)T}^{(n+k+1)T} t \cdot f(t)\,\mathrm{d}t \right] = \int_0^{\infty} tf(t)\,\mathrm{d}t
$$

(3.19)

因此可求得部件的平均可用度为

$$
\bar{A}(k,T) = \frac{\int_0^{\infty} tf(t)\,\mathrm{d}t}{T \cdot \left\{ k + \sum_{n=0}^{\infty} R[(k+n)T] \right\}}
$$

(3.20)

当部件在 $[0, kT]$ 期间发生故障, 故障产生的概率为 $\int_0^{kT} f(t)\mathrm{d}t$, 故障后进行一次检查和故障后更换, 则期望费用损失 $E_1 = \int_0^{kT} [C_v + C_r + C_f \cdot (kT - t)] \cdot f(t)\mathrm{d}t$。

若故障发生在 $[kT, (k+1)T]$ 期间, 产生的概率为 $\int_{kT}^{(k+1)T} f(t)\mathrm{d}t$, 则该部件会经历故障后的 2 次检查和 1 次更换, 期望损失 $E_2 = \int_{kT}^{(k+1)T} \{2C_v + C_r + C_f \cdot [(k+1)T - t]\} \cdot f(t)\mathrm{d}t$

同理, 故障若发生在 $[(k+n)T, (k+n+1)T]$ 期间, 故障发生的概率为 $\int_{(k+n)T}^{(k+n+1)T} f(t)\mathrm{d}t$, 该部件会经历 $n+2$ 次检查和一次故障后更换, 则期望的故障损失为

$$E_{n+2} = \int_{(k+n)T}^{(k+n+1)T} \{(n+2)C_v + C_r + C_f \cdot [(k+n+1)T - t]\} \cdot f(t)\mathrm{d}t \tag{3.21}$$

则寿命周期内的期望费用损失可以表示如下:

$$EC(k, T) = A + B \tag{3.22}$$

其中,

$$A = \int_0^{kT} [C_v + C_r + C_f \cdot (kT - t)] \cdot f(t)\mathrm{d}t$$

$$B = \sum_{n=0}^{\infty} \int_{(k+n)T}^{(k+n+1)T} \{(n+2)C_v + C_r + C_f \cdot [(k+n+1)T - t]\} \cdot f(t)\mathrm{d}t$$

因此, 部件的费用率模型为

$$C(k, T) = A + B \tag{3.23}$$

其中,

$$A = \frac{\int_0^{kT} [C_v + C_r + C_f \cdot (kT - t)] \cdot f(t)\mathrm{d}t}{T \cdot \left\{ k + \sum_{n=0}^{\infty} R[(k+n)T] \right\}}$$

$$B = \frac{\sum_{n=0}^{\infty} \int_{(k+n)T}^{(k+n+1)T} \{(n+2)C_v + C_r + C_f \cdot [(k+n+1)T - t]\} \cdot f(t)\mathrm{d}t}{T \cdot \left\{ k + \sum_{n=0}^{\infty} R[(k+n)T] \right\}}$$

如果只考虑单个目标, 可能存在目标值随着维修间隔的大小单调递增或递减的情况, 那么就不存在明显的极值点, 即很难找到合适的维修间隔长度; 但是如果将几个子目标综合起来, 让各个子目标尽可能达到期望值, 这时就可能存在一个维修间隔最优值; 另外, 合理的维修工作需要综合费用率、可靠度和可用度来制定, 因此通过建立多目标(可用度最大和费用率最小)数学模型来确定最优维修间隔。

可靠性是衡量产品在规定条件和时间下完成期望功能的指标,用可靠度 $R(t)$ 量化其概率,在部件使用过程中,要求其可靠性满足一定的阈值,即

$$R(t) \geqslant R_0 \tag{3.24}$$

综合式(3.18)、式(3.23)和式(3.24),得到维修间隔确定模型:

$$
\begin{cases}
\max \overline{A}(k,\ T) = \dfrac{\displaystyle\int_0^\infty t f(t)\,\mathrm{d}t}{T \cdot \left\{ k + \displaystyle\sum_{n=0}^\infty R[(k+n)T] \right\}} \\[6mm]
\min C(k,\ T) = \dfrac{\begin{aligned}&\int_0^{kT} [C_v + C_r + C_f \cdot (kT - t)] \cdot f(t)\,\mathrm{d}t + \sum_{n=0}^\infty \int_{(k+n)T}^{(k+n+1)T} \{(n+2)C_v + \\ &C_r + C_f \cdot [(k+n+1)T - t]\} \cdot f(t)\,\mathrm{d}t\end{aligned}}{T \cdot \left\{ k + \displaystyle\sum_{n=0}^\infty R[(k+n)T] \right\}} \\[6mm]
\mathrm{s.t.}\ R(t) \geqslant R_0
\end{cases}
$$

$$\tag{3.25}$$

参照波音 B787 政策与程序手册(Policy and Procedures Handbook,PPH)提供的方法,当故障影响类别为 5、8 类,可靠度阈值 R_0 取为 0.9;当故障影响类别为 6 类,可靠度阈值 R_0 取为 0.8;当故障影响类别为 7、9 类时,R_0 取为 0.7。式(3.25)即为故障具有隐蔽性特点的系统/动力装置部件采取操作检查/目视检查的维修间隔确定模型。

从已建立的多目标维修间隔确定模型中可以发现,目标函数一个是求极大值,另一个是求极小值,可选择采用极小极大法对该模型进行转化,首先,统一进行极小化处理,将可用度函数取负,费用率模型不变,之后,考虑到两个目标函数的取值不在一个量级上,所以要对目标函数进行量纲统一。

先分别计算出两个目标函数的单目标最优解,假设 $f_1(k,\ T)$ 为可用度函数的相反数,$f_1(k,\ T)$ 的极小值为 A,假设 $f_2(k,\ T)$ 为费用率函数,其极小值为 B,由于 $A \in (-1,\ 0]$,$B \in (0,\ \infty)$,所以两个单目标函数加上 1 后都为正值。都加上 1 之后,$f_i(k,\ T) + 1 > 0 (i = 1, 2)$,令 $r_1 = A + 1$,$r_2 = B + 1$,得到新的两个单目标函数为

$$
\begin{cases}
\min f_1'(k,\ T) = -\max \overline{A}(k,\ T) = \dfrac{1}{r_1}\left(1 - \dfrac{\displaystyle\int_0^\infty t f(t)\,\mathrm{d}t}{T \cdot \left\{ k + \displaystyle\sum_{n=0}^\infty R[(k+n)T] \right\}} \right) \\[6mm]
\min f_2'(k,\ T) = \min C(k,\ T) = \dfrac{1}{r_2}(A + B)
\end{cases}
\tag{3.26}
$$

其中,

$$A = \frac{\int_0^{kT} [C_v + C_r + C_f \cdot (kT - t)] \cdot f(t)\mathrm{d}t}{T \cdot \{k + \sum_{n=0}^{\infty} R[(k+n)T]\}} + 1$$

$$B = \frac{\sum_{n=0}^{\infty} \int_{(k+n)T}^{(k+n+1)T} \{(n+2)C_v + C_r + C_f \cdot [(k+n+1)T - t]\} \cdot f(t)\mathrm{d}t}{T \cdot \{k + \sum_{n=0}^{\infty} R[(k+n)T]\}}$$

以上即为进行量纲统一的过程,完成量纲统一后,需要决策者给各目标函数赋予权重系数 $\omega_i (i = 1, 2)$,其中 $\omega_1 + \omega_2 = 1$,则总的目标函数为

$$\min F = \omega_1 f_1' + \omega_2 f_2' = \frac{\omega_1}{r_1}\left(1 - \frac{\int_0^{\infty} tf(t)\mathrm{d}t}{T \cdot \{k + \sum_{n=0}^{\infty} R[(k+n)T]\}}\right) +$$

$$\frac{\omega_2}{r_2}\left(\frac{\int_0^{kT} [C_v + C_r + C_f \cdot (kT - t)] \cdot f(t)\mathrm{d}t + \sum_{n=0}^{\infty} \int_{(k+n)T}^{(k+n+1)T} \{(n+2)C_v + C_r + C_f \cdot [(k+n+1)T - t]\} \cdot f(t)\mathrm{d}t}{T \cdot \{k + \sum_{n=0}^{\infty} R[(k+n)T]\}} + 1\right)$$

$$\mathrm{s.t.} \ R(t) \geq R_0 \tag{3.27}$$

式(3.27)即为在可靠寿命约束下,综合考虑费用率和可用度目标时,故障具有隐蔽性特点的系统/动力装置部件采取操作检查/目视检查的维修间隔确定模型。可以发现,求极小值函数较复杂,含有微积分项和累加式,没有解析解,而且,在民用飞机维修间隔领域,考虑到部件的可靠性一般比较高,维修间隔值会比较大,这将造成上述求极小值函数的规模很大,所以可以采用智能算法对多目标维修间隔确定模型进行求解。

3.3　案　例　研　究

本节以民用航空发动机反推同步锁为例,介绍其维修间隔确定过程。

1. 反推同步锁修理数据可靠性分析

从某航收集到某机队反推同步锁部分拆换修理数据(单位为飞行小时,FH),并对部件使用数据按照故障时间从小到大升序排列,整理后得到表 3.1,之后按照流程图 3.10 对可靠性数据进行可靠性分析。

用 Minitab 中的 11 种分布对可靠性数据进行拟合,采用最小二乘法进行估计,结果如表 3.2 所示,从表中相关系数可以得出结论:三参数韦布尔分布的相关系数绝对值最大,所以可以定量地说明该分布是最优分布。

表 3.1 B737 NG 反推同步锁故障数据

序 号	故障时间/FH	序 号	故障时间/FH	序 号	故障时间/FH
1	3 663	211	7 606	451	11 029
2	3 682	212	7 805	452	11 219
3	3 771	213	8 356	453	11 277
4	3 778	214	8 527	454	11 666
5	3 835	215	8 715	455	11 763
⋮	⋮	⋮	⋮	⋮	⋮
36	4 302	261	8 736	621	11 792
37	4 347	262	8 904	622	11 911
38	4 360	263	9 039	623	12 037
39	4 464	264	9 183	624	12 747
40	4 548	265	9 531	625	12 883
⋮	⋮	⋮	⋮	⋮	⋮
110	4 554	381	9 543	761	13 361
111	4 647	382	10 108	762	13 380
112	5 202	383	10 228	763	13 411
113	5 264	384	10 400	764	13 555
114	5 283	385	10 768	765	13 696
⋮	⋮	⋮	⋮		

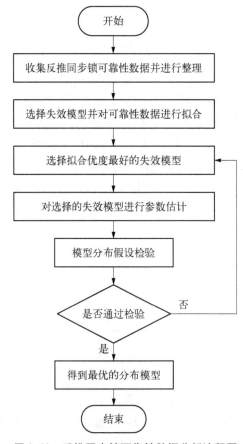

图 3.10 反推同步锁可靠性数据分析流程图

表 3.2　反推同步锁失效分布拟合优度统计表

分　　布	Anderson-Darling(调整)	相 关 系 数
韦布尔	7.236	0.989
对数正态	25.148	0.940
指数	49.581	0
对数 Logistic	24.958	0.940
三参数韦布尔	6.855	0.990
三参数对数正态	7.539	0.983
两参数指数	48.076	0
三参数对数 Logistic	11.413	0.968
最小极值	92.664	0.889
正态	18.777	0.966
Logistic	23.553	0.953

从表 3.2 可以看出,三参数韦布尔分布依然是 11 种故障分布模式中 AD 统计量值最小的,所以可以断定可靠性数据服从的相对最优分布为三参数韦布尔分布。

由于用极大似然估计方法对大样本进行参数估计误差较小,所以在 Minitab 中选择用该方法来进行参数估计,表 3.3 为各参数的估计值。

表 3.3　反推同步锁分布参数估计(95.0% 正态置信区间)

参　　数	估　　计	标 准 误 差	下　　限	上　　限
形状	1.362 86	0.052 317 2	1.264 08	1.469 36
尺度	22 410.5	710.760	21 059.9	23 847.8
阈值	8 658.39	203.161	−529.355	267.020

在三参数韦布尔假设检验下,可以利用 P 值法定量评估假设检验结果。如果 P 值大于 0.05,则可以认为假设是合理的。由于用最小二乘法计算得到的结果精确度比较高,所以采用该方法计算 P 值,取置信度为 0.95,得到的 P 值为 0.609(>0.05),因此,可以认为反推同步锁的可靠性数据服从 $\alpha = 1.362\,86$、$\beta = 22\,410.500\,49$、$\gamma = 8\,658.39$ 的三参数韦布尔分布。由分析结果可得,反推同步锁最小保证寿命为 8658.39 FH,即自新件使用开始到 8658.39 FH 之前该部件发生故障的概率为 0;另外 $\beta > 4$,结合可靠性理论知识可知:该部件会发生快速耗损故障,即故障率会随着服役时间的推移而上升。

2. 反推同步锁可靠寿命的计算与权重确定

失效密度函数为

$$f(t) = \frac{1.362\,86}{22\,410.500\,49} \left(\frac{t - 8\,658.39}{22\,410.500\,49} \right)^{1.362\,86 - 1} \cdot \exp\left[-\left(\frac{t - 8\,658.39}{22\,410.500\,49} \right)^{1.362\,86} \right]$$

$$(3.28)$$

可靠度函数为

$$R(t) = \exp\left[-\left(\frac{t - 8\,658.39}{22\,410.500\,49}\right)^{1.362\,86}\right] \qquad (3.29)$$

参照波音 787 PPH 的方法,由式(3.29)得到如下安全门槛值求解公式:

$$R(t) = \exp\left[-\left(\frac{t - \gamma}{\alpha}\right)^{\beta}\right] \Rightarrow T(R) = \begin{cases} \alpha(-\ln 0.9)^{\frac{1}{\beta}} + \gamma & C = 5,\,8 \\ \alpha(-\ln 0.8)^{\frac{1}{\beta}} + \gamma & C = 6 \\ \alpha(-\ln 0.7)^{\frac{1}{\beta}} + \gamma & C = 7,\,9 \end{cases} \qquad (3.30)$$

将估计得到的参数代入式(3.30)得: $T(0.7) = 8\,659.75$ FH,可知反推同步锁的可靠寿命阈值为 8 659.75 FH。

通过咨询专家意见,得到对应于可用度最大和费用率最小的权重分别为

$$\omega_1 = \omega(x_1) = \frac{a_1}{a_1 + a_2} = \frac{9.35}{9.35 + 8.65} = 0.519,$$

$$\omega_2 = \omega(x_2) = \frac{a_2}{a_1 + a_2} = \frac{8.65}{9.35 + 8.65} = 0.481$$

3. 反推同步锁维修间隔的确定

查阅资料可知,反推同步锁每次检查的平均费用大约为 500 元人民币,故障后更换的平均费用大致为 15 000 元人民币,以及故障后造成的单位时间的平均损失大约为 45 000 元人民币,将相关费用数据代入式(3.23)中,仅考虑单目标情况时,当 $k = 1.3$, $T = 6\,250$ FH,费用率取到最小值为 8 400 000 元人民币;当 $k = 1.5$, $T = 5\,580$ FH 时,可用度取到最大值为 0.95。将 ω_1、ω_2 和计算得到的单目标极值及用 Minitab 估计出来的三参数韦布尔代入维修间隔确定模型中,结合之前计算的可靠寿命为 8 659.75 FH,再采用遗传算法计算得到反推同步锁的检查间隔为 3 815 FH,首检期系数为 1.2,算法部分运行过程如图 3.11 所

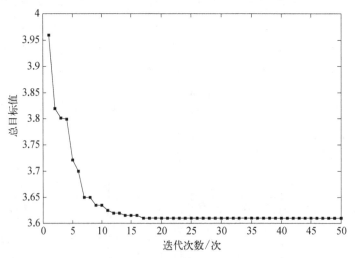

图 3.11 遗传算法求解过程

示(图中总目标值没有单位)。查阅与采用部件对应的维修计划文件(maintenance plan document, MPD)后,发现部件对应的维修间隔信息与通过计算得到的反推同步锁维修间隔理论值相差不大,可说明本方法在一定程度上是有效的。综上所述,这种模型和算法可以为制造商确定发动机部件维修间隔提供理论参考。

<h1 align="center">思 考 题</h1>

(1) 如何判断一个维修项目是否为重要维修项目?

(2) 系统/动力装置维修任务有哪些类型?

(3) 如何选择系统/动力装置维修任务?

<h2 align="center">民航故事——民机的贴身医生:综合健康管理系统</h2>

摘自

大飞机报:http://www.comac.cc/xwzx/gzdt/201609/19/t20160919_4290380.shtml

故障预测与健康管理(prognostics and health management, PHM)概念于 20 世纪 90 年代由美国国家航空航天局提出,通过在空间飞行器及飞机上采用该技术加强飞行器自身的故障诊断能力,提高飞行器的安全性及可靠性。随着健康管理技术的迅速发展,已经涉及多个领域,尤其是在现代大型客机中,该系统是大型客机确保安全性、提高经济性的重要保障。

民机综合健康管理系统就像是飞机的"健康检测仪",综合运用先进的传感技术、通信技术、计算机技术、诊断与预测技术等,通过在飞机结构和系统内部最重要、最易受损的位置上布置相当于神经元的各类微小传感器,实时监测结构、系统等方面的各种信息,实时获知每一架飞机的损伤及故障等"疾患伤痛",实现全机健康状态的集成化管理。通过相当于人类神经网络的各类连接线路传递到健康管理系统进行运算分析,及时诊断发生的故障和损伤,从而提前获知飞机的某些指标是处于可控的"亚健康"状态,还是处于临界损伤的"带病"危险状态,相当于给民机配备了一位"贴身医生"。

目前针对飞机的定期检查维护,比如无损检测,都是让飞机被动地接受检查。而通过"民机综合健康管理系统",可以试着让飞机"说话"。该系统通过监测飞机各项"生理"指标,对损伤和故障进行实时原位的诊断。判断是简单且不会影响正常飞行的"感冒发烧",还是可能危及"生命"但又不易察觉的"重疾"。就像病人向医生叙述自身病情一样,当机体处于亚健康状态时第一时间发现故障并发出警告。通过飞机"病人"对于自身"伤病"的"陈述",航空公司和维修中心可以有效地降低飞机"带病"飞行的可能性。

加载了"民机综合健康管理系统"的飞机,可以在日常检修维护中主动提示机体健康状态,为进一步检测提供定位基础。这一看似小小的提示,将大幅度缩小故障的排查范围,缩短检查时间,提高排故维修效率。同时减少非计划维修,避免过度维护,最终实现更加科学的视情维护和预防性维修,并大大降低民机的维护维修成本和运营成本。

飞机健康监测技术的引进将对目前的飞机维修任务制定和优化带来一定的变化,引起维修任务分析方法的改变,一些传统的依靠人工实施的定时检查任务将可能被自动化的计划健康监测取代,还有相当一部分计划维修任务将被取消,取而代之的是视情维修或PHM预测维修模式。

2018年,国际维修审查与政策委员会发布IP180"AHM integration in MSG-3",IP180参考了行业的相关标准规范,如SAE ARP6803、ARP5120、ARP6255等,提出了一个融入PHM的MSG-3系统/动力装置维修任务分析逻辑。IP180从MSG-3逻辑和流程角度考虑融入PHM,在初始维修大纲制定时完成PHM任务分析,即考虑融入PHM技术后的维修任务是作为传统任务的补充或完全取代。

让飞机知道自己哪疼并且告诉我们不容易,让飞机对自身病情说真话更不容易。目前,由于国外航空健康监测技术大多属于保密技术范畴,国内民机综合健康监测技术成熟度和可靠性与民航管理当局规定的适航规章制度、运营法规以及系统要求还有差距。可以说,我国民机综合健康管理技术的发展必须要经历长期而艰苦的奋斗。我们相信,随着相关科学技术的不断成熟和完善,民机健康管理技术早日实现从实验室到市场化过渡,将会在我国民机工业领域得到更加广泛的应用,在提高民机系统安全性和降低维护成本等方面发挥更加重要的作用。

第 4 章
结构维修分析

本章主要介绍基于 MSG-3 思想的航空器结构维修分析基本概念、结构分类和三类损伤源特点,重点介绍结构维修任务分析程序和偶然损伤(accidental damage, AD)/环境损伤(environmental deterioration, ED)/疲劳损伤(fatigue damage, FD)检查间隔确定方法,并给出工程分析应用实例。

学习要点:

(1) 掌握航空器结构维修分析基本概念、结构分类和三类损伤源特点;

(2) 理解基于 MSG-3 思想的航空器结构维修任务分析程序;

(3) 熟悉 AD/ED/FD 分析评级体系和检查间隔确定方法。

根据 MSG-3 思想,对于不同的飞机结构形式、材料构成和结构损伤特点,维修任务与检查间隔确定方式也不同。航空器结构维修任务和检查间隔的确定,是针对环境损伤、疲劳损伤和偶然损伤引起的功能故障和影响后果进行分析,选择合理的工作任务,给出检查间隔。国外主流制造商在多型号设计经验积累和全球机队运营数据统计分析基础上,其航空器维修大纲制定技术较为成熟,但该项技术特别是 MSG-3 规范中缺失的工程判断和逻辑分析技术是民机制造商的核心技术,难以通过技术转让获得。由于我国民机研发起步较晚,缺乏型号运营经验和数据,按照现有欧美规范制定航空器维修大纲还存在诸多技术瓶颈,突出问题是针对新研飞机,在缺乏运营数据的基础上如何制定有效合理的维修大纲。

计划结构维修的主要目标是以经济的方式保持航空器整个运行寿命的固有适航性。制订计划结构维修任务和间隔是基于结构设计信息、疲劳评定、相似结构的使用经验和相关试验结果的评估。本章主要阐述航空器金属结构和非金属结构偶然损伤、环境损伤维修任务分析的工程决断方法和检查间隔确定方法,以及结构维修大纲中疲劳损伤维修任务和检查间隔确定的总体思路,并给出工程应用案例。

4.1 航空器结构耐久性/损伤容限设计思想

4.1.1 安全寿命设计

20 世纪 50 年代以前,在飞机结构设计中,结构疲劳寿命问题没有引起足够的重视。那时,飞机结构是单纯采用静强度设计准则与刚度设计准则进行设计的。

从 20 世纪 50 年代开始,基于以往的经验教训和科学技术的进步,以及飞机使用要求的不断提高,在飞机安全和寿命的设计思想上发生了很大变化。50 年代中期,逐渐发展起以安全寿命为设计准则的设计和评估思想。这是飞机结构设计思想上的一次重大变革。

所谓安全寿命设计是要求飞机结构在一定使用期内不发生疲劳破坏。构件出现裂纹就看作是一种破坏。构件形成可检裂纹的这段时间就是构件的疲劳寿命。到了寿命的构件需进行修理或更换。采用安全寿命设计思想设计飞机结构件,应对其进行安全寿命估算和评定,以使得在构件的使用期内,不大可能出现由于使用中的重复载荷而引起灾难性疲劳破坏事故。

飞机结构的安全寿命需要通过分析和试验来确定。应用安全寿命设计方法的经验表明,理论计算的结构寿命是不可靠的,必须通过全机或部件疲劳寿命试验,确定安全寿命(使用寿命)。考虑到试验寿命的分散性,通常有

$$安全寿命 = \frac{试验寿命}{分散系数} \tag{4.1}$$

我国在民用飞机设计中,机体结构的分散系数一般取为 4.0,起落架和发动机架的分数系数取为 5.0~6.0。

波音飞机公司规定,对采用安全寿命设计的结构件必须做经常性检查,并且禁止在受飞行载荷的安全寿命结构中使用合金钢。

应当指出,安全寿命设计是在静强度设计和刚度设计基础上的一种补充和发展,不能代替飞机结构静强度设计和刚度设计。

如前所述,安全寿命设计思想是以结构无初始缺陷的假设为基础的。事实上,即使在严格的质量控制条件下,在构件中也总有可能出现未被发现的初始缺陷(类裂纹)或裂纹。如果这些裂纹达到了失控性扩展,就会造成结构失效。因此,采用安全寿命设计方法估算的寿命与试验寿命不一致,有的飞机结构甚至在试验中不到一个设计寿命期就出现一些部位的开裂和破坏问题。试验寿命也与实际使用寿命不一致。因此,安全寿命设计方法及相应的规范不能够确保飞机结构的安全性。另外,依靠采用大的分散系数来保证安全性和可靠性,又往往使构件设计得太保守,所以,该种设计方法需要改进。

4.1.2 损伤容限设计

随着断裂力学和其他相关学科的发展,出现了损伤容限和耐久性设计思想。1969

年,美国空军开始规定对飞机结构采用损伤容限和耐久性设计。1978 年,FAA 规定在民用机上采用损伤容限和耐久性设计来代替原来的破损安全与安全寿命设计。损伤容限和耐久性设计思想的核心是:承认结构件中存在初始缺陷的可能性,并设法控制损伤的扩展,从而,使飞机结构在规定期限内具有规范要求的抗破坏能力和经久耐用的品质。损伤容限设计和耐久性设计更是一次变革性质的设计思想发展。

1. 基本概念

1) 裂纹扩展

在该结构部位的载荷谱和环境谱作用下,裂纹长度从可检裂纹尺寸(初始裂纹尺寸)至临界裂纹尺寸之间的裂纹扩展期。

2) 剩余强度

损伤结构的实际承载能力称为剩余强度,即损伤结构在检修周期内不危及安全或降低飞行性能的承载能力。所谓危及飞行安全或降低飞行性能是指飞机结构丧失强度、丧失刚度、过度永久变形、丧失控制及颤振速度降到临界以下等。

损伤结构的剩余强度随着裂纹尺寸的增加降低(图 4.1)。

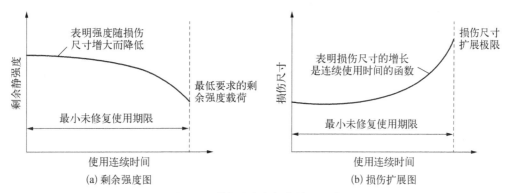

图 4.1　剩余强度和损伤扩展要求

2. 基本思想

损伤容限设计方法是在总结以往飞机设计、使用经验并在断裂力学理论的发展基础上,以设计规范形式确定下来的一种设计准则。其目标是保证含有裂纹的结构在规定的维修使用期内,其承载能力不小于期间可能遭遇到的最大载荷,从而使机体不会由于裂纹存在而发生灾难性破坏,保证机体结构安全。其基本思想是:承认结构中存在着未被发现的初始缺陷、裂纹或其他损伤,使用过程中,在重复载荷作用下将不断扩展。通过分析和试验验证,对可检结构给出检修周期,对不可检结构提出严格的剩余强度要求和裂纹增长限制,以保证结构在给定使用寿命期内,不致因未被发现的初始缺陷的扩展失控造成飞机的灾难性事故。

损伤容限设计的基本出发点就是承认结构中存在着一定程度的未被发现的初始缺陷,然后通过损伤容限特性分析与试验。

(1) 对于可检结构给出检修周期,以确保足够的剩余强度(图 4.2)。

有些结构设计要保证它在整个使用期内不需要修理就能满足寿命要求。另一个用途

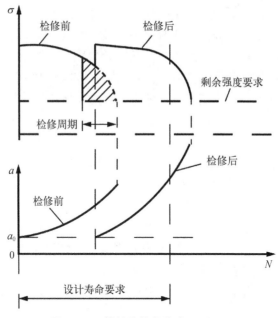

图 4.2　可检结构的损伤容限原理图

是缓慢裂纹扩展不可检结构分析简单而且偏于安全,而判断结构是否具备破损安全条件是个复杂的问题。所以,工程上不管结构是什么类型都作为缓慢裂纹扩展不可检结构设计。

（2）对于不可检结构给出最大允许初始损伤,以确保在给定的使用寿命期限内,不至于由于未被发现的损伤导致灾难性的事故(图 4.3)。

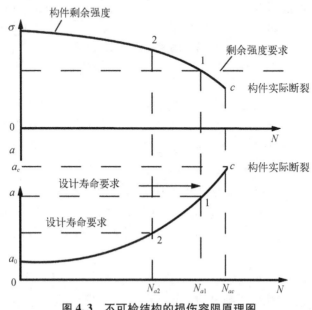

图 4.3　不可检结构的损伤容限原理图

结构在使用中能够被检查、拆卸和更换,还可以利用结构的可检性提高剩余强度。如果主受力构件在尚未达到设计要求寿命时,其剩余强度就已经下降到规定值以下,对结构进行维修更换,从而使整个结构的寿命得以延长。

3. 损伤容限评估

损伤容限设计思想承认飞机结构中存在初始缺陷(裂纹或其他缺陷),允许飞机结构在使用期间出现疲劳裂纹,甚至允许某个主要受力构件破坏。但是,这些疲劳损伤或破坏必须限制在一定的范围内,结构应仍然有足够的强度和刚度,维持正常功能,直到下次检修时发现疲劳损伤,不致造成灾难性事故。因此,进行损伤容限评估的主要目的是确定结构损伤的扩展规律和剩余强度特性,以便提供具有足够安全性所要求的检查水平,即制定出合理的检修周期和检查方式。

4.1.3　耐久性设计

20 世纪 90 年代,基于经济性方面的考虑,研究人员采用基于耐久性的"经济寿命"设计思想代替了原来基于疲劳的"安全寿命"设计思想,建立了耐久性/损伤容限设计思想,以此建立了我国的飞机结构完整性大纲。

耐久性表征了飞机结构在规定的使用条件(载荷/环境)和维修条件下抗裂纹、腐蚀、热退化、磨损和外来损伤等作用的能力,涉及飞机设计、生产、试验、服役到退役的全过程。耐久性所对应的"经济寿命"则代表了一种小裂纹扩展寿命,初始裂纹尺寸按照结构原始疲劳质量确定,终止裂纹以结构在设计使用载荷/环境谱作用下出现影响飞机的使用性能和安全且维修不经济的损伤为标准。

采用耐久性设计的飞机结构,不仅要求能防止由于未被发现的缺陷或损伤的扩展而造成在给定寿命期限内破坏,而且要求飞机主要结构的每一个疲劳危险区的裂纹或其他损伤在数量或尺寸上不能达到临界值,还要避免在设计使用载荷/环境谱作用下的设计使用寿命期间进行昂贵的维护、修理或非计划的构件更换。采用耐久性设计的结构,必须通过损伤容限特性分析与试验验证给出检修周期(对于使用中不可检结构给出允许的最大初始损伤)以保障飞行安全。

20 世纪末,随着科学技术水平的高速发展,飞机结构越来越复杂,各项性能指标要求也越来越高,因此我国研究人员又引入了可靠性设计思想,在军用和民用飞机的设计过程中采用了贯穿可靠性的耐久性/损伤容限分析思想,如图 4.4 所示。飞机结构属于典型的复杂系统,而疲劳问题又属于典型的多因素影响问题,因此研究人员充分考虑影响飞机结构安全的各种因素的随机性,采用合理的概率分布函数或者随机过程描述,并基于概率分析方法建立了可靠性模型,对结构的破坏概率进行了定量化表征,保证结构破坏的概率在使用期内小于设计要求,从而实现了在设计上对飞机结构的安全性和可靠性进行准确、合理的评价。

从我国飞机结构设计思想的发展来看,安全寿命设计和经济寿命设计均是用于确定结构的使用寿命,损伤容限设计则主要用于确定结构的检修周期或者临界损伤尺寸,既可以配合安全寿命设计使用,也可以配合耐久性设计使用。基于可靠性的设计思想则是对耐久性/损伤容限的设计结果给予低失效概率的保障。总而言之,不论是采用哪种设计思想,避免飞机结构出现灾难性疲劳破坏是最重要的目标之一。

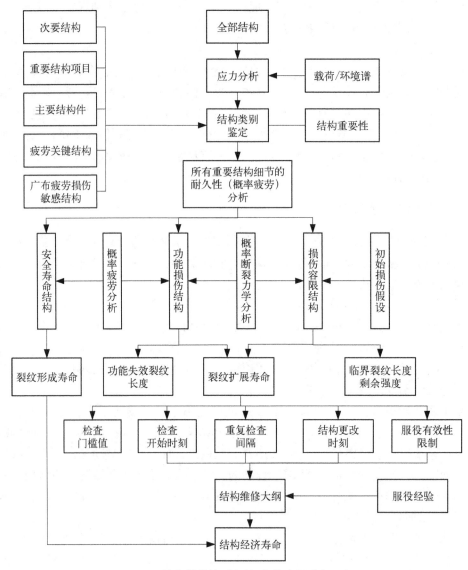

图 4.4 航空器结构耐久性/损伤容限分析思想

4.2 航空器结构分析程序

4.2.1 航空器结构定义

航空器结构由所有承载构件组成,主要包括机翼、机身、尾翼、发动机安装节、起落架、飞行操纵面和相应的连接点。作动部件如起落架、飞行操纵及舱门等,应视作系统部件,依据第 3 章系统分析程序进行分析和讨论。连接到机身上的作动筒安装接头被看作结构件,而铰链轴承之类的运动组件将被视为系统组件。具有轴承特征的,与航空器其他系统没有关联的结构与结构连接件(如吊挂连接件和斜撑杆)也视作结构进行处理。不过,因为结构分析程序可能无法提供适当的任务来维护此类连接件,应该根据既定的转移策略和程序,将这些信息与相应的系统工作组进行协调处理。

根据结构失效后果对航空器安全性的影响,可以将航空器结构分类如下。

(1) 重要结构项目(structural significant item, SSI):指对于承受飞行载荷、地面载荷、增压载荷或操纵载荷具有重要作用的任何结构细节、结构元件和结构组件,它们的失效可能影响保证航空器安全所必需的结构完整性。主要结构元件(principal structural element, PSE)是指对承受飞行载荷、地面载荷、增压载荷和操纵载荷有重要作用的任何元件,它们若破损,其后果将是灾难性的。SSI 应包含所有 PSE。

当组件被选定为 SSI 时,构成该组件且符合 SSI 定义的元件,应该被包含在内(例如连接吊挂斜撑杆的单个螺栓)。

(2) 其他结构:没有被判定为重要结构项目的结构。从区域边界的内部和外部分别进行定义。

4.2.2 SSI 选择

SSI 和其他结构项目由飞机制造商的工程部门确定。SSI 清单和其他结构项目清单经结构工作组(SWG)确认,并将确认后的 SSI 清单报工业指导委员会批准。

SSI 的选择标准如下。

(1) 故障后果(重要位置)。那些承受飞行载荷、地面载荷、增压载荷和操纵载荷具有重要作用的任何结构细节、结构元件和结构组件,若它们的失效可能会使保证飞机飞行安全所需的结构完整性,则确定为 SSI,需要确定这些项目的损伤容限或安全寿命特征。

(2) 故障可能性(可能的位置)。根据对飞机运行过程中的载荷情况和环境的评估,需要有效的确定,那些最有可能首先表现出结构损伤退化迹象的结构部件项目或结构区域。

结构损伤原因来自三种基本的损伤源,包括偶然损伤、环境损伤、疲劳损伤。一般被划分为 SSI 的典型的结构项目/元件有:① 主要元器件的连接部件;② 腐蚀敏感区域,如在厨房和厕所下面结构、下机身底部结构和承受应力腐蚀的项目;③ 需要用润滑方式以防止磨损产生的非动态连接;④ 易受到外部原因和维修活动造成偶然损伤的项目/区域,如出口或承载门的附近,靠近维修频繁或腐蚀液体泄漏的区域的项目/区域;⑤ 疲劳比较敏感的部位,例如,应力较为集中部位、结构中断部位、预紧力连接件(尤其是那些受到循环拉力/压力的连接件)、搭接件、主要接头、蒙皮开口、门和窗的四周结构、有可能出现多条裂纹的结构;⑥ 安全寿命项目。

4.2.3 结构损伤源

选择维修任务而进行结构评估时,应考虑以下损伤源。

(1) 偶然损伤:其特征是由一些随机离散事件出现引起的导致结构固有剩余强度水平降低。这类损伤来源包括:地面和货物操作设备、外来物、雨水侵蚀、冰雹、雷电、跑道碎片、离散的泄露事件等,以及在航空器制造、运行或维修过程中人为差错导致的未被包括在其他损伤源内的损伤。非金属材料(如复合材料)与金属材料的偶然损伤源是相同的。根据其使用的材料的不同,对某些 AD 来源的敏感性可能是不同的。其损伤的表现形式可能不明显,且可能包含内部损伤,如脱胶和分层等。

发动机解体、鸟撞或与地面设备的严重碰撞等引起的大尺寸偶然损伤是容易检测的,因此不需要进行维修任务的评定。

(2) 环境损伤:其特征是由于结构与气候或者环境的相互作用所引起的结构退化。评估应涵盖腐蚀(包括应力腐蚀)和非金属材料的退化。腐蚀的发生可能取决于时间和使用情况。例如,随着日历时间的增长,表面防护破坏引起的退化可能更发生;当评估运行环境时,应考虑频繁发生的液体渗漏,例如,典型检查间隔内多次发生的厨房渗漏。相反,由于极少发生的事件引起的腐蚀,例如电池酸液渗漏,应该作为一个随机发生的离散事件进行评估。给定环境中应力腐蚀裂纹扩展直接取决于热处理、成型、装配或校正过程中可能产生的持续拉应力水平。

与金属结构的环境损伤过程相反,非金属结构(如复合材料)通常不易与环境发生化学相互作用,但可能受到湿气、热或辐射的有害影响。在制订结构维修任务时,必须考虑在运行环境中长期老化的影响。同时应考虑使用寿命内潜在的液体渗入引起的压力与温度的循环影响。由于环境损伤直接取决于结构暴露于液体的时间,在评估检查要求时,应注意排放系统的设计。

(3) 疲劳损伤:由循环载荷引起的裂纹或者裂纹组的萌生及其扩展。疲劳损伤是飞机使用(飞行循环)过程中,损伤持续积累的结果。对疲劳损伤进行的疲劳和损伤容限分析是定量的分析,得到裂纹扩展、剩余强度和可探测性数据。所有 SSI 都需要进行疲劳和损伤容限分析。

4.2.4 计划结构维修内容

计划结构维修的主要目标是以经济的方式保持航空器整个运行寿命的固有适航性。为此,检查必须满足源于 AD、ED 和 FD 评估的探测要求。在适用的情况下,确定计划维修要求时还应考虑其他损伤或退化来源,例如磨损等。需要全面考虑适用于机队的所有适用的检查。

1. 结构维修任务

作为结构维修制订程序的一部分,针对 SSI 的每种退化过程选择适用且有效的结构维修任务。为了确保结构损伤容限评定和结构维修之间直接相关,必须详细描述每项任务。

新技术的使用(如 SHM),若能够表明是适用且有效的,可作为检查或监控偶然损伤、环境损伤或疲劳损伤的选项。目前,MSG-3 只考虑了计划 SHM(S-SHM)。

2. 检查门槛

每项 SSI 检查任务的检查门槛基于如下损伤源确定:

(1) 偶然损伤——偶然损伤的首次检查(门槛)通常等于其重复检查间隔,自航空器首次投入使用时间开始;

(2) 环境损伤——各级检查的初始检查门槛基于现有的相关使用经验、制造厂家的建议及依据保守的机龄探查程序制订;

（3）疲劳损伤——初始检查门槛由制造厂家的应力工程确定,随着使用经验、额外的试验或分析工作的进行,这一结果可能会发生变化。

3. 重复检查间隔

每次检查完成后,重复检查间隔设定了到下一次检查的周期:

（1）偶然损伤——重复检查间隔是基于运营人和制造厂家关于相似结构的经验制订的,所选择的间隔通常对应"计划维修检查间隔"的单倍或多倍;

（2）环境损伤——用于探测、预防、控制 ED（腐蚀、应力腐蚀、分层、脱胶等）的重复间隔,应基于现有相关的使用经验和制造厂家的建议制订;

（3）疲劳损伤——疲劳相关重复间隔由厂家的应力工程确定,随着使用经验、额外的试验或分析工作的进行,这一结果可能会发生变化。

4. 疲劳相关抽样检查

机队中飞行循环次数最多的运输类航空器对初始疲劳裂纹扩展最敏感。这意味着对这样的航空器进行充分的检查将为及时发现疲劳损伤提供最大的好处。抽样检查是根据适当的统计变量制订的,主要内容包括:① 所检查航空器的数量;② 检查方法和重复间隔;③ 完成的飞行循环次数。

5. 腐蚀预防与控制大纲

腐蚀是因化学或环境相互作用引起的系统性（如与机龄相关）的退化。应建立一套腐蚀预防与控制大纲（corrosion prevention and control programs, CPCP）以维持航空器的抗腐蚀能力。此大纲适用于损伤容限和安全寿命结构。

该大纲旨在将航空器腐蚀控制在一级腐蚀或者更高的水平上。CPCP 应基于假设航空器在某种典型环境中运行的 ED 分析。如果在任何检查时发现腐蚀超过一级,运营人必须复查受影响区域的腐蚀控制大纲,其目标是确保腐蚀控制在一级或更好。

应特别注意确保覆盖 CPCP 要求的任务在 MRBR 中能被正确地识别,包括转移或整合到结构以外章节的任务。

6. 机龄探查大纲

在腐蚀预防与控制大纲任务门槛之前,可以使用机龄探查大纲来验证航空器抗腐蚀退化的能力。

对于寿命限制低于 CPCP 门槛的安全寿命项目,可能有必要制订机龄探查大纲去证实没有因腐蚀而导致的早期裂纹,这些裂纹会导致上述项目的寿命不能达到其安全寿命限制。同时,为了改进非金属重要结构项目特定任务的间隔,可以使用机龄探查大纲验证结构退化率。

7. 区域检查

SSI 的部分检查要求和大部分归类为其他结构项目的检查要求可以由区域检查提供。

包含在区域检查中的任务和间隔应基于运营人和制造厂家相似结构的经验。对于包含新的材料或构造概念的结构,可以基于对制造厂家建议的评估来制订任务和间隔。

8. 检查结果

型号合格证持有人（制造厂家）和运营人可以采用一套满意的体系,有效地收集和分享计划结构维修过程中的使用经验。这个流程能够补充现有规章要求的用于报告发生失效、故障或缺陷的体系(如使用困难报告)。

4.2.5 结构维修任务分析逻辑

制订计划结构维修任务和间隔是基于结构设计信息、疲劳评定、相似结构的使用经验和相关试验结果的评估。

制订结构维修任务的程序由逻辑图表示(图4.5),该程序通过如下一系列过程步骤(P1、P2、P3 等)和决断步骤(D1、D2、D3 等)来进行描述。

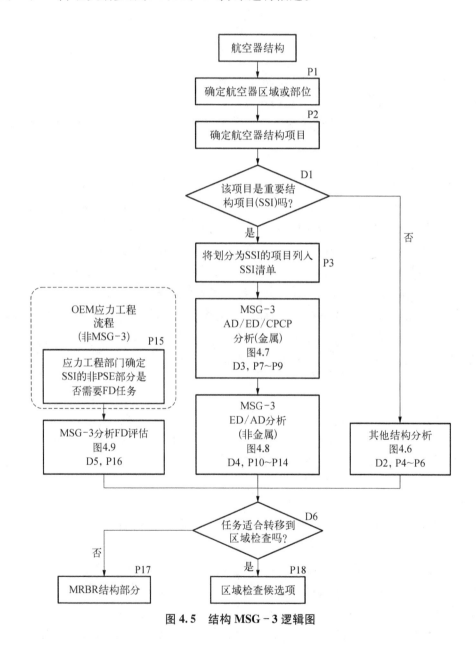

图 4.5　结构 MSG - 3 逻辑图

（1）结构维修分析要针对航空器所有结构,这些航空器结构由制造厂家划分为区域部位(P1)和结构项目(P2)。

（2）制造厂家根据结构失效或故障(D1)对航空器安全性的影响将每个项目划分为重要结构项目或其他结构。

（3）重复上述程序直到所有的结构项目分类完成。

（4）将划分为 SSI(P3)的项目列入 SSI 清单,分别进行 AD、ED、CPCP 分析(金属或非金属结构)。

（5）将其他结构(P4)与现有航空器上的相似项目进行比较(D2)。结构工作组(SWG)制订具有现有相似结构的项目的维修建议,制造厂家制订无相似结构(如采用新材料或者新的设计概念设计的结构项目)的维修建议(P5)。由 SWG(P6)选择的所有任务都将进行区域转移评估(D6),并将成为区域检查候选项(P18)或包含在计划结构维修(P17)中(图4.6)。

（6）制造厂家必须考虑两种类型的 AD 和 ED 分析,即金属结构(P7~P9)和非金属结构(P10~P14)。每个 SSI 可能包含金属或非金属部分,也可能两者都包含。

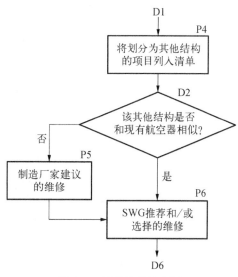

图 4.6 其他结构逻辑图

（7）为所有的含有金属结构的 SSI(P7)确定能够及时探测到 AD 和 ED 的任务要求。通过对比分析位置、边界、检查通道、分析分解等因素,可以针对单个 SSI 或 SSI 组确定维修任务要求。制造厂家使用评级系统来确定这些要求。只要能够满足探测的要求,制造厂家可以建议一个经过验证有效的 S – SHM 应用。

（8）对于每个含有金属结构(损伤容限项目或安全寿命项目)的 SSI,确定维修要求(P8),使其满足预期的 CPCP 要求。

（9）将 ED 分析的检查要求与 CPCP(D3)的要求进行比较。如果它们是相似或相同的,用 ED 任务覆盖 CPCP 的要求。如果 CPCP 任务要求不能被满足,则需要复查 ED 任务并考虑制订额外的单独的 CPCP 任务(P9)。

（10）重复该过程(P7、P8、P9),直至所有的金属 SSI 都被检查。

（11）针对每个含有非金属结构的 SSI,根据其位置、暴露于损伤源的频率和损伤部位评估其对 AD 的敏感性(D4)。

（12）归类为对 AD 敏感的含有非金属结构的 SSI,评估其暴露于每种可能的损伤源的频率,多种损伤发生的可能性(P10)及其对 ED 分析的影响(P11)。

（13）当针对 SSI 进行结构形式(P12)的敏感性和对环境的敏感性(考虑到材料类型)(P13)评估时,如需要,考虑 AD 对 ED 分析的影响。

（14）为所有的含有非金属结构的 SSI 制订及时探测损伤(如分层和脱胶)的任务要

求(P14)。制造厂家使用评级系统来确定这些要求。只要能够满足探测的要求,制造厂家可以建议一个经过验证有效的S-SHM应用。

(15)对于AD与ED分析产生的所有任务(图4.7和图4.8),包括由SWG选择的S-SHM任务,进行区域转移评估(D6),划为区域检查候选项(P18)或列入结构维修(P17)中。

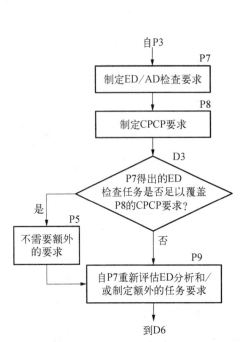

图4.7 偶然损伤和环境损伤(金属)逻辑图　　图4.8 偶然损伤和环境损伤(非金属)逻辑图

(16)制造厂家的应力工程确定非PSE的SSI(或者SSI的非PSE部分)的FD任务需求(P15),各TC持有人确定记录在政策和程序手册或者单独的SSI文件中。

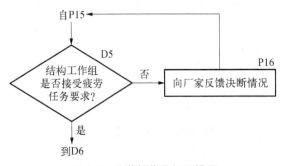

图4.9 疲劳损伤分析逻辑图

(17)这些疲劳相关任务要求的细节,包括经验证的S-SHM应用,都一起提交给SWG,确定其是否可接受(D5),如图4.9所示。

(18)改进任务的要求(如:改变检查级别-目视检查、无损检测、S-SHM、间隔、接近方式、检查程序等)可以向厂家建议(P16),如果制造厂家的应力工程确认对于非PSE的SSI(或是SSI的非PSE部分)没有FD任务,则不需要进一步关于FD的MSG-3评估。这些确认信息可以记录在PPH或单独的SSI层面。

(19)源于AD、ED、FD及其他结构分析的任务,需要进行区域转移评估(D6),以确定列入区域检查候选项(P18)或计划结构维修中(P17)。

4.3　偶然损伤分析

4.3.1　分析方法

1. 概述

飞机结构可能受外来物体接触或碰撞、不适当地使用或维修活动引起的损伤影响。偶然损伤是由一些离散随机事件出现引起的导致结构固有剩余强度降低的损伤,其特点是随机发生的离散事件,它可以降低结构的固有剩余强度水平。这种损伤来源于:地面和货物运输设备、鸟撞、液体的侵蚀、冰雹、雷击、跑道碎片、残骸;在制造、飞机运营或进行维修期间发生的人为差错。

偶然损伤检查间隔的确定是制定维修大纲的主要内容之一,检查间隔是否合理直接影响飞机的安全性和经济性。偶然损伤可能发生在任一飞机的任何部位,损伤源主要包括飞机的内部/外部影响及系统,分为制造缺陷和在运营和维护过程中造成的偶然损伤两大类。偶然损伤的特点是随机发生,并降低了固有的剩余强度,为了满足飞机适航持续要求,对于重要结构项目任何可检偶然损伤,必须进行相应的维修,对于不同结构、不同形式的损伤,应该采用不同的维修方法,这样在满足可靠性要求的前提下降低维修成本。

在飞机的寿命期内偶然损伤出现的概率都是不变的。损伤的来源包括飞机和系统的内部和外部的任何影响,可归为两类:制造缺陷(在装配期间);在使用和维修活动中引起的偶然损伤类。

对于偶然损伤,金属材料和非金属材料表现形式不同,相关的分析将是各自进行的。

根据下面的步骤制订检查方法和相应的间隔:

(1) 评估 SSI 对不同偶然损伤形式的易感性;

(2) 评估偶然损伤是否被另外一个 SSI 覆盖;

(3) 评估预期的损伤类型、位置和尺寸;

(4) 考虑环境影响——环境损伤分析中考虑的损伤;

(5) 考虑疲劳影响——疲劳损伤分析中考虑的损伤。

2. 评级指标

参照国外做法,主要考虑以下四个偶然损伤等级评定指标:

(1) SSI 的可见性;

(2) 对损伤的敏感性;

(3) 损伤后的剩余强度评估;

(4) 损伤的可能性。

上述四个指标又有其相应的子指标,建立偶然损伤评级指标多层次结构,如图 4.10 所示。

重要结构项目偶然损伤的各个评价指标和其子指标的关系可以表示如下,这里的子指标也被称作评价指标的影响因素:

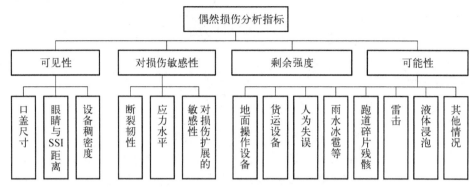

图 4.10 偶然损伤分析指标层次结构

$$R_{VR} = f(R_{VR1}, R_{VR2}, R_{VR3}) \tag{4.2}$$

$$R_{SD} = f(R_{SD1}, R_{SD2}) \ 或 \ R_{SD} = f(R_{SD1}, R_{SD3}) \tag{4.3}$$

$$R_{RS} = f(R_{RS1}) \tag{4.4}$$

$$R_{LK} = f(R_{LK1}, R_{LK2}, R_{LK3}, R_{LK4}, R_{LK5}, R_{LK6}, R_{LK7}, R_{LK8}) \tag{4.5}$$

可见性等级 R_{VR} 是口盖尺寸 R_{VR1}、眼睛与重要结构项目的距离 R_{VR2} 及设备稠密度 R_{VR3} 三个因素的函数。

对于金属结构,重要结构项目对损伤的敏感性等级 R_{SD},是结构应力水平 R_{SD1} 和结构断裂韧性 R_{SD2} 的函数;对于非金属结构,重要结构项目对损伤的敏感性等级 R_{SD},是结构应力水平 R_{SD1} 和结构对损伤扩展的敏感性 R_{SD3} 的函数。

剩余强度等级 R_{RS} 与损伤后重要结构项目的剩余强度 R_{RS1} 有关。

可能性指标等级 R_{LK},是地面操作设备对重要结构项目造成偶然损伤可能性等级 R_{LK1}、货运设备对重要结构项目造成偶然损伤可能性等级 R_{LK2}、人为失误对重要结构项目造成偶然损伤可能性等级 R_{LK3}、雨水、冰雹等对重要结构项目造成偶然损伤可能性等级 R_{LK4}、跑道的碎片、残骸对重要结构项目造成偶然损伤可能性等级 R_{LK5}、雷击对重要结构项目造成偶然损伤可能性等级 R_{LK6}、液体浸泡对重要结构项目造成偶然损伤可能性等级 R_{LK7}、其他损伤对重要结构项目造成偶然损伤可能性等级 R_{LK8} 的函数。

各个因素的大小划分及等级确定标准如表 4.1 所示。

表 4.1 偶然损伤等级评定标准

因素 \ 等级	0	1	2
口盖尺寸	仅手和胳膊可以进入的小口盖	手、胳膊、头和肩膀可以进去的中口盖	没有人身限制的大口盖
眼睛与重要结构项目的距离	检查距离大于 1 m	检查距离位于 0.5~1 m	检查距离可以小于 0.5 m
设备稠密度	设备稠密	设备稠密度一般	设备不稠密
应力水平	应力水平很高	应力水平中等	应力水平很低

因素 \ 等级	0	1	2
断裂韧性	金属材料的断裂韧性很低	金属材料的断裂韧性一般	金属材料的断裂韧性很高
损伤扩展的敏感性	承受损伤和应力的能力低	承受损伤和应力的能力一般	承受损伤和应力的能力高
剩余强度	剩余强度很低	剩余强度一般	剩余强度很高
地面操作设备	由地面操作设备造成损伤的概率很大	由地面操作设备造成损伤的概率中等	由地面操作设备造成损伤的概率很低
货运设备	概率很大	概率中等	概率很低
人为失误	概率很大	概率中等	概率很低
雨水、冰雹	概率很大	概率中等	概率很低
跑道碎片、残骸	概率很大	概率中等	概率很低
雷击	概率很大	概率中等	概率很低
液体浸泡	概率很大	概率中等	概率很低
其他损伤	概率很大	概率中等	概率很低

对于偶然损伤综合指标等级的确定,目前国际上主要采用波音公司、空客公司及巴西航空工业公司等所采用的工程方法。在评定偶然损伤综合指标等级时,三家公司的做法是首先确定一套评级指标,在进行级别评定之前要定义各种因素的量化等级,这样可以将关于状态的描述转变为关于数值的描述。评定结构偶然损伤情况就是先评定这些指标的等级,然后通过矩阵转换得到偶然损伤的综合指标等级。

由于 MSG-3 思想中并没有具体的模型化方法,在民用飞机结构偶然损伤思想中并没有具体的模型化方法,在民用飞机结构偶然损伤各个单一指标及综合指标等级评定的过程中,波音公司、空客公司和巴西航空工业公司等采用的具体方法不尽相同。但归纳起来,对于民机结构偶然损伤的综合指标等级评定方法主要有以下三种:等级求和法、矩阵转换法及等级求和取均值法。

巴西航空工业公司在评定偶然损伤综合指标等级过程中,采用了等级求和取均值法。例如,在确定 SSI 可见性这一指标等级时,认为评价可见性的三个子指标对可见性的影响等同,然后将三个子指标等级求和取平均值得到可见性的等级。而波音公司和加拿大的庞巴迪公司则将各个分指标按"0"、"1"、"2"三个级别进行评级,这样求和之后产生 9 个不同级别,这种方法即等级求和法。空客公司在对确定民用飞机结构偶然损伤某一指标进行评级时,采用了矩阵转换法。

采用巴西航空工业公司的结构偶然损伤综合指标等级评定方法,金属结构和非金属的偶然损伤分析评级表如表 4.2 所示。

表 4.2 金属结构和非金属结构偶然损伤分析评级表

可见性	对损伤的敏感性		剩余强度	可能性指标
	金 属	非金属		
口盖尺寸(VR1)	应力水平(SD1)		剩余强度(RS1)	地面操作(LK1)
				货运设(LK2)

可见性	对损伤的敏感性		剩余强度	可能性指标
	金　属	非金属		
眼睛与 SSI 的距离（VR2）	断裂韧性（SD2）	抑制结构持续退化能力（SD3）		人为失误（LK3） 雨水、冰雹（LK4） 跑道碎片、残骸（LK5） 雷击（LK6） 液体浸泡（LK7） 其他因素（LK8）
设备的稠密度（VR3）				
可见性指标等级（TRVR）	对损伤的敏感性指标等级（TRSD）		剩余强度指标等级（TRRS）	最终可能性指标（TRLK）
（VR1+VR2+VR3）/3	（SD1+SD2）/2	（SD1+SD3）/2	SR1	Min｛LK1、LK2、LK3、LK4、LK5、LK6、LK7、LK8｝
偶然损伤最终等级＝TRVR+TRSD+TRRS+TRLK				

4.3.2　实例分析

金属结构和非金属结构偶然损伤的评级指标存在差异,以某型民用飞机垂直安定面主承力盒段与平尾的连接和方向舵梁为例,其中垂直安定面主承力盒段与平尾的连接为合金钢结构,方向舵梁为碳纤维增强复合材料层合板结构,采用等级求和取均值法,分别进行金属结构和非金属结构偶然损伤综合指标等级评定实例分析。

首先,根据专家经验完成偶然损伤评级的各个二级子指标评分,得到子指标等级后,经过数值计算,确定综合指标等级。通过问卷形式,某航空公司维修工程师评分结果如表4.3、表4.4所示。

表 4.3　垂直安定面主承力盒段与平尾的连接偶然损伤指标等级评定统计表

No. SSI	VR1	VR2	VR3	SD1	SD2	RS1	LK1	LK2	LK3	LK4	LK5	LK6	LK7	LK8
55-30-03	2	2	1	1	1	1	2	2	2	2	2	2	2	2

垂直安定面主承力盒段与平尾的连接偶然损伤综合指标等级评定分析过程如下:

TRVR＝（VR1+VR2+VR3）/3＝1.67

TRSD＝（SD1+SD2）/2＝1

TRRS＝1

TRLK＝MIN｛LK1, LK2, LK3, LK4, LK5, LK6, LK7, LK8｝＝2

ADR＝TRVR+TRSD+TRRS+TRLK＝5.67

表 4.4　方向舵梁偶然损伤指标等级评定统计表

No. SSI	VR1	VR2	VR3	SD1	SD3	RS1	LK1	LK2	LK3	LK4	LK5	LK6	LK7	LK8
55-40-01	1	1	2	2	2	2	2	1	1	2	2	2	1

方向舵梁偶然损伤综合指标等级过程如下：

TRVR = (VR1+VR2+VR3)/3 = 1.33

TRSD = (SD1+SD2)/2 = 2

TRRS = 2

TRLK = MIN{LK1, LK2, LK3, LK4, LK5, LK6, LK7, LK8} = 1

ADR = TRVR+TRSD+TRRS+TRLK = 6.33

通过计算，可以得到飞机垂直安定面主承力盒段与平尾的连接和方向舵梁的偶然损伤综合指标等级分别为 5.67 和 6.33。

利用参考文献给出的结构偶然损伤检查间隔回归方程，垂直安定面主承力盒段与平尾的连接和方向舵梁的检查间隔计算结果分别为 12 342 FH 和 14 058 FH。而该机型维修大纲给出的垂直安定面主承力盒段与平尾的连接和方向舵梁的检查间隔分别为 10 000 FH 和 12 000 FH。可以看出，该方法计算结果偏于保守。

4.4　环境损伤分析

环境损伤(ED)主要源于飞机结构与周围环境接触所产生的化学反应，ED 在大部分情况下与日历时间有关，例如结构表面保护层的损坏或脱落；但有些环境损伤则与时间无关，例如由于腐蚀性液体渗漏而导致的结构腐蚀。因此，针对 ED 所指定的维修工作通常是按规定的初次检查要求对结构进行检查。而且考虑到飞机结构中使用到的材料包括金属材料和非金属材料两部分，在环境损伤的评级体系和逻辑决断图中都是包含金属结构和非金属结构两部分，其中对于金属结构的环境损伤评估还考虑 CPCP 要求。

金属结构环境损伤分析程序参见图 4.7，非金属结构环境损伤分析程序参见图 4.8。

4.4.1　CPCP 要求

建立 CPCP 的目的是保证飞机对化学与环境共同作用下腐蚀恶化的抵抗，该大纲期望将飞机的腐蚀控制在 1 级或者更好的水平。CPCP 建立在 ED 分析的基础上，通过 ED 检查任务和 CPCP 中规定的任务来保证及时检测到 1 级腐蚀，以达到腐蚀防护和控制的要求。CPCP 中对腐蚀规定了 3 个等级，其中 1 级腐蚀是飞机营运人能够接受的腐蚀等级，定义如下：

（1）发生在相继两次腐蚀检查任务之间的腐蚀是局部腐蚀，并可以在容许极限内清除；

（2）超出了容许极限的局部腐蚀，但不是营运人同一机队其他航空器可能发生的典型腐蚀情况（如水银溢出引起的腐蚀）；

（3）以往相继腐蚀检查之间都只有轻微腐蚀，最近一次腐蚀检查任务发现腐蚀，清除腐蚀后超出容许极限。

CPCP 的基本工作包括：

（1）拆卸所有必要的系统、设备、内饰设备（如卫生间、厨房、内层、绝缘物等）以完成下述工作(3)，一般不必拆卸套管，除非有特定的说明或者出现腐蚀迹象或者套管移位；

（2）在检查之前,应该按照要求清洁区域以完成下述工作（3）,一般不需要去除密封,除非密封已经被破坏并可能引起结构腐蚀;

（3）以一定距离目视检查基本大纲中列出的所有的重要结构项目和其他结构,以发现腐蚀的早期状况;要注意工作号相同的区域,经验表明这些地方有可能发生腐蚀;也要特别注意单独标注的已知腐蚀区域,需要详细检查的区域在任务描述中也有标记;如果有隐蔽性腐蚀的迹象（如鼓包、胶接处或者装配下方的腐蚀等）,要在拆卸局部部件后进行附加的无损检测或目视检测;

（4）如果有必要,应去除所有的腐蚀,并根据相关资料对异常结构使用保护性涂层;

（5）清除可能阻碍排水的孔洞或间隙;

（6）应用经认可的腐蚀抑制剂;

（7）在重新安装或用新的替换之前,烘干湿的绝缘体。

4.4.2　检查间隔确定方法

结构环境损伤维修任务选择如表 4.5 所示。

表 4.5　结构环境损伤维修任务选择

腐　蚀　种　类	检　查　方　式
应力腐蚀	详细检查
电偶腐蚀	详细检查
晶间腐蚀	详细检查或一般目视检查
丝状腐蚀	一般目视检查
微生物腐蚀	一般目视检查
磨损腐蚀	详细检查
点蚀	详细检查
均匀腐蚀	一般目视检查

结构环境损伤评级是确定结构检查间隔的基础,结构维修任务确定的一般做法是首先确定一套评价指标,并定义各个指标的量化等级,即将定性描述转化为相应的数量等级,以便于分析评定;接着对各指标进行评级,通过适当的综合评定方法,将各指标及其影响程度进行综合评定给出总等级;最后根据这个总等级来确定相应检查工作和间隔。分析步骤如下:

（1）确定影响检查的有效评价指标并定义量化等级;

（2）对各指标进行等级评定;

（3）采用适当的数学方法确定损伤总等级;

（4）根据等级—间隔对照关系,确定结构的检查间隔。

4.4.3　评级指标

金属材料结构与非金属材料结构的特性不同,环境损伤的表现形式不同,而且造成环境损伤的原因也不同,因此飞机结构环境损伤分为金属结构环境损伤和非金属结构环境损伤两部分分别进行研究。

1. 金属结构环境损伤评级指标层次结构

金属结构环境损伤主要指腐蚀和应力腐蚀,这种退化是结构在使用过程中随着时间的推移而发生的,其特点是由不利环境影响引起结构强度的降低。除了考虑材料对腐蚀和应力腐蚀的敏感性以及结构组件采用的保护措施之外,还要考虑飞机结构的使用环境。对于环境损伤的敏感性评估和及时性检测,应考虑以下几个方面。

(1) 对腐蚀的敏感性。金属材料结构对腐蚀的敏感性要从材料种类、热处理状态、结构件的制造工艺及装配后的受力情况进行考虑,这里所说的腐蚀包括应力腐蚀和其他腐蚀(如点蚀、晶间腐蚀、微生物腐蚀等)。

(2) 环境防护。金属结构的环境防护要考虑其保护体系,如为了抑制腐蚀而采取的一些包括电镀、化学镀、喷漆的表面处理措施,以及密封剂和腐蚀抑制剂的应用等因素。

(3) 暴露于不利环境的影响。这主要与结构的使用环境有关,如飞机在起降过程中,跑道上卷起的砂石、泥土、除冰用的 NaCl 等会冲刷、腐蚀起落架,而飞机的某些结构细节或某个零部件的具体部位,如接头、接触面等容易发生缝隙腐蚀或者剥蚀。对于该影响因素的评价应当考虑营运人的初步判断、结构工作组从其他飞机相同区域类似结构得到的经验及 SSI 的位置。不利环境的影响因素包括以下四个方面:电解反应和灰尘积聚的概率、湿气的出现、泄漏的概率、异常情况。其中电解质和灰尘通常会聚集在缝隙等处,积聚的概率与结构件的相对位置、几何形状及灰尘出现的概率有关;湿气出现概率较高的地方一般是飞机内部出现高湿度的区域;泄漏与飞机上发生液体泄漏的概率有关,相对来说某些区域发生的泄漏的概率会比较高;而异常情况一般是指由于一些偶然因素或者人为因素导致保护层破坏的概率。

根据上述金属结构环境影响因素的从属关系,可建立结构环境损伤评级指标的层次结构,如图 4.11 所示。图中目标层为结构环境损伤的总等级;准则层包括对腐蚀的敏感性、保护性和暴露于不利环境的影响三个指标;因素层分别对应下列因素:对应力腐蚀的敏感性、对其他腐蚀的敏感性(其他腐蚀包括晶间腐蚀、点蚀、均匀腐蚀、电偶腐蚀、丝状腐蚀、微生物腐蚀和磨蚀)、电解反应和灰尘积聚的概率、湿气的出现、泄漏的概率及异常情况等。

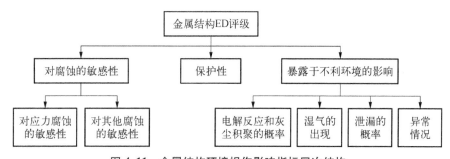

图 4.11　金属结构环境损伤影响指标层次结构

2. 非金属结构环境损伤评级指标层次结构

与金属结构环境损伤不同,非金属结构环境损伤主要是指随着使用时间而导致的结构老化恶化。所以非金属结构的环境损伤因素包括环境损伤敏感性/保护性指标和环境影响指标两个方面。

（1）环境损伤敏感性/保护性指标。在考虑非金属结构的环境损伤因素时,非金属结构的成分和结构形式是主要考虑因素。飞机结构上用到的非金属材料主要包括:芳纶纤维增强复合材料（aramid fiber reinforced plastics，AFRP）、碳纤维增强复合材料（carbon fibre reinforced plastics，CFRP）和玻璃纤维增强复合材料（glass fiber reinforced plastics，GFRP），其结构形式主要是蜂窝夹芯结构和层合板结构。各种非金属材料种类、结构形式及其相应特性如下:蜂窝夹层结构对湿气进入比层合板结构更为敏感;AFRP 对紫外线、湿气和其他液体时较为敏感;GFRP 长期直接暴露于紫外线下会发生退化,在其他情况下对环境敏感性较低;CFRP 对环境的敏感性相对来说最低。

（2）环境影响指标。非金属材料的环境影响指标主要包括:紫外线影响、湿气出现、液体影响、温度影响和异常情况等。其中,紫外线影响指非金属材料的部件暴露在空气中紫外线的概率;湿气出现与飞机内部高湿度区域有关;液体影响是指部件周围出现腐蚀性液体的可能性;温度影响指飞机在使用过程中由于较大温差变化而导致性能恶化的可能性;异常情况与金属材料结构中考虑的类似,也是指保护体系被破坏的可能性。

图 4.12 为非金属结构环境损伤影响指标的层次结构,与金属结构的层次结构类似,只是指标种类不同。

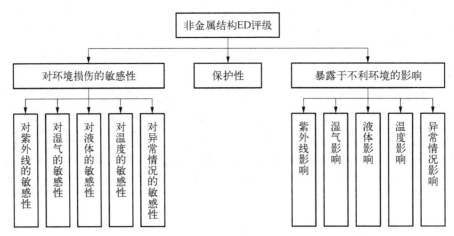

图 4.12　非金属结构环境损伤影响指标的层次结构

4.4.4　实例分析

飞机结构环境损伤评级是一个涉及多层指标分析的问题,而且其评价因素在一定程度上具有模糊性,本书采用模糊综合评级法进行结构环境损伤评级,根据金属结构和非金属结构的环境损伤影响指标,分别建立评价因素集和评价集,通过建立数学模型进行计算得到总等级,进一步确定结构检查间隔。

选取某型飞机的起落架进行实例分析,该结构在滑行、起飞、着陆及停靠过程中遇到的各种天气情况、液体泄漏及跑道碎片等导致起落架容易发生腐蚀,而且其接头处也容易发生腐蚀。这里 SSI 选择主起落架的扭矩连接杆和主接头,通过模糊综合评级的层次模型计算两者的环境损伤总等级并确定检查间隔。

1. 确定权重集

参考图 4.11,设评级因素集为 $U = (U_1, U_2, \cdots, U_n)$,其中 $U_i(i = 1, 2, \cdots, n)$ 代表各个影响因素。第一级因素集为 $U = \{U_1, U_2, U_3\}$,其中,U_1 表示"对腐蚀的敏感性等级",U_2 表示"保护性",U_3 表示"暴露于不利环境的影响"。同时 $U_1 = (u_1, u_2)$,其中 u_1 表示"对应力腐蚀的敏感性",u_2 表示"对其他腐蚀的敏感性"为第二级因素集;$U_3 = (u_3, u_4, u_5, u_6)$,$u_3$ 表示"电解反应和灰尘聚集的等级",u_4 表示"湿气出现的等级",u_5 表示"泄漏概率的等级",u_6 表示"异常情况的等级"同为第二级因素集。

根据飞机结构 ED 分析指标的评级标准建立评价集为 $V = \{v_1, v_2, \cdots, v_m\}$,其中 $v_i(i = 1, 2, \cdots, m)$ 表示各种可能的评判结果。由于环境损伤评级指标划分为 3 个等级,取 $m = 3$,即建立 3 个模糊集合,分别表示各影响因素在某一指标衡量下的表现,其中,$v_1 = 0, v_2 = 1, v_3 = 2$(表 4.6)。

表 4.6　飞机金属结构环境损伤影响指标评级标准

指标 ＼ 等级	0	1	2
对应力腐蚀敏感性	高	中	低
对一般腐蚀敏感性	高	中	低
保护性	一般	好	很好
电解反应和灰尘的积累	高	中	低
湿气的出现	高	中	低
泄漏的概率	高	中	低
异常情况	高	中	低

根据工程人员经验,针对该飞机的起落架结构部段,设计决策表如表 4.7 所示。决策表中的 a、b、c、d(d:天)分别表示"对腐蚀的敏感性"、"保护性"、"暴露于不利环境的影响"和"检查间隔"。根据表 4.7,按照粗糙集理论中的信息熵可以求得各个因素的重要度。

表 4.7　环境损伤指标决策表

U	a	b	c	d
1	0	0	0	180d
2	1	0	0	360d
3	1	1	0	720d
4	1	0	0	720d
5	2	1	0	1 440d
6	1	1	1	1 440d
7	1	2	1	2 880d
8	1	2	2	2 880d
9	2	1	2	2 880d
10	2	2	2	2 880d

计算得到,"对腐蚀的敏感性"、"保护性"和"暴露于不利环境的影响"三个因素的重要度分别为0.12、0.203、0.181。由"对腐蚀的敏感性"、"保护性"和"暴露于不利环境的影响"三个因素的重要度建立模糊互补判断矩阵,求出排序向量 $A = (0.253 \quad 0.387 \quad 0.36)^{\mathrm{T}}$,为三个因素在模糊综合评级中的权重。

2. 模糊综合评级

以扭矩连接杆为例进行一级综合评级分析。该SSI的二级因素集为 U_1 和 U_3,二者对应的权重集分别为 $A_1 = (0.9 \quad 0.1)$ 和 $A_3 = (0.1 \quad 0.4 \quad 0.1 \quad 0.4)$。其单因素评判矩阵为

$$R_1 = \begin{pmatrix} 0.1 & 0.4 & 0.5 \\ 0.8 & 0.1 & 0.1 \end{pmatrix}, \quad R_2 = (0.1 \quad 0.7 \quad 0.2), \quad R_3 = \begin{pmatrix} 0.2 & 0.2 & 0.6 \\ 0.1 & 0.4 & 0.5 \\ 0.1 & 0.2 & 0.7 \\ 0.2 & 0.4 & 0.4 \end{pmatrix}$$

进行一级综合评级,计算得

$$B_1 = (0.1 \quad 0.4 \quad 0.5), \quad B_2 = R_2, \quad B_3 = (0.2 \quad 0.4 \quad 0.4)$$

于是总单因素评判矩阵为

$$R = \begin{pmatrix} B_1 \\ B_2 \\ B_3 \end{pmatrix} = \begin{pmatrix} 0.1 & 0.4 & 0.5 \\ 0.1 & 0.7 & 0.2 \\ 0.2 & 0.4 & 0.4 \end{pmatrix}$$

对第一级因素集 $U = \{U_1, U_2, U_3\}$ 进行二级综合评判,其权重集 $A = (0.253 \quad 0.387 \quad 0.36)^{\mathrm{T}}$,$B = (0.2 \quad 0.387 \quad 0.36)$,归一处理后得 $B_{11} = (0.21 \quad 0.41 \quad 0.38)$。

3. 确定总等级及维修间隔

经过上述步骤完成模糊综合评判,得到模糊评判集 B,将其进行归一化处理,则飞机结构环境损伤总等级评级公式为

$$R = n \times \sum_{i=1}^{n} v_i b_i \tag{4.6}$$

式中,n 表示环境损伤评级指标个数,对于民用飞机结构,取 $n = 3$。

维修大纲要求制定的检查间隔要使飞机在整个使用寿命期内,以最可能经济的方式维持结构的适航性,同时根据现在维修大纲的制定要求,取消离散的字母检,采取连续的数字检。本书根据某公司相关使用数据建立了民用飞机结构环境损伤检查间隔回归方程。对于给定结构,确定其环境损伤总等级后,根据该方程,即可得到检查间隔(单位: d):

$$T = \begin{cases} \text{重新设计}, & R < 0 \\ 135R + 75, & 0 \leqslant R < 2 \\ 360R - 360, & 2 \leqslant R < 3 \\ 720R - 1\,440, & 3 \leqslant R < 4 \\ 1\,440R - 4\,320, & 4 \leqslant R < 5 \\ 2\,880, & R \geqslant 5 \end{cases} \tag{4.7}$$

据式(4.6)可得 R_{11} = 3.51。若采用模型 Ⅱ、Ⅲ、Ⅳ 进行技术,结果分别为 3.42、3.54 和 3.60。

采用模糊综合评级法对主接头进行计算,该 SSI 的总单因素评级矩阵为根据模糊合成运算的四种模型,分别求得其总等级为 3.24、3.39、2.97 和 3.09。

查阅相关资料发现,起落架中对这两个 SSI 的 CPCP 检查要求间隔比该维修间隔长,也就是说通过上述模型确定的维修间隔可以满足其要求。所以这里选取 ED 确定的维修任务要求。在实际工作中,主起落架的扭矩连接杆和主接头结构的实际检查间隔分别为 1 440 天和 720 天。表 4.8、表 4.9 分别列出了四种模糊合成运算模型计算得到的总等级和预测维修间隔。

表 4.8　扭矩连接杆检查间隔对比表

模　　型	等　　级	预测间隔/d	实际间隔/d
Ⅰ	3.51	1 087	—
Ⅱ	3.42	1 022	1 440
Ⅲ	3.54	1 108	—
Ⅳ	3.60	1 152	—

表 4.9　主接头检查间隔对比表

模　　型	等　　级	预测间隔/d	实际间隔/d
Ⅰ	3.24	892	—
Ⅱ	3.39	1 000	720
Ⅲ	2.97	709	—
Ⅳ	3.09	784	—

4.5　疲劳损伤分析

所有对疲劳损伤敏感的 SSI(仅限于金属结构)都要进行疲劳损伤分析(FD 分析),疲劳和损伤容限分析形成的检查要求一般由飞机制造商的工程部门确定。疲劳和损伤容限分析将在取得 TC 之前完成,FD 相关的检查任务可能会随着整机或部件的全尺寸疲劳试验结果而进一步修改。

由于复合材料结构都被设计成能够在正常的载荷下排除有害损伤增长(有害损伤增长被定义为使结构的承载能力降低到可接受的水平之下的增长),因而复合材料的 SSI 不需要进行疲劳和损伤容限分析,只进行环境损伤分析和偶然损伤分析。对于复合材料偶然损伤后的损伤增长将在偶然损伤评级过程中予以单独考虑。

主要结构件的金属 SSI 均要求进行 FD 分析,所有基于损伤容限设计的非 PSE 的 SSI 需要进行评估以确定是否需要进行 FD 分析。所有 SSI 中非 PSE 项目疲劳检查任务,将列入 MRBR,安全寿命项目和 PSE 项目的维修/检查列入适航性限制文件。

4.5.1 结构 FD 分析流程

对结构疲劳损伤的分析主要是执行 MSG-3 中 FD 分析程序,首先评估损伤可检性等级,然后结合裂纹扩展曲线,同时考虑各种检测方法对应的可检裂纹尺寸及相应的裂纹扩展寿命,制定 FD 检查间隔。典型民用飞机结构 FD 分析流程如图 4.13 所示。为保证疲劳裂纹尺寸扩展到临界之前被检出,FD 分析需考虑以下参数: ① 可检性等级与各种检测方法水平相关的可检裂纹尺寸;② 疲劳损伤可检裂纹尺寸门槛值;③ 裂纹扩展过程重复检查间隔评估;④ 临界裂纹尺寸;⑤ 机队大小/惯用评估。

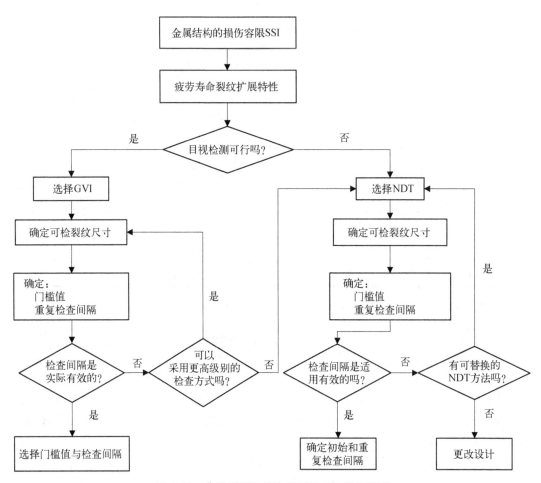

图 4.13　典型民用飞机金属结构 FD 分析流程

金属结构 SSI 的 FD 分析中,首先针对不同的检查方式,计算裂纹从可检到临界尺寸的扩展寿命,得到疲劳寿命裂纹扩展特性,如图 4.14 所示;然后结合所选检查方式,评估结构疲劳裂纹可检性等级,确定可检裂纹尺寸;得出可检裂纹尺寸后,结合结构疲劳裂纹扩展曲线确定维修检查间隔。

可检性等级及可检裂纹尺寸可通过图 4.15 所示流程确定。

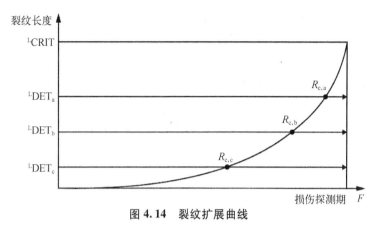

图 4.14　裂纹扩展曲线

^{L}CRIT：临界裂纹长度；^{L}DET$_a$：一般目视检查的可检裂纹长度；^{L}DET$_b$：详细检查的可检裂纹长度；^{L}DET$_c$：特殊详细检查的可检裂纹长度；$R_{c,a}$：与一般目视检查相关的裂纹扩展寿命；$R_{c,b}$：与详细检查相关的裂纹扩展寿命；$R_{c,c}$：与特殊详细检查相关的裂纹扩展寿命

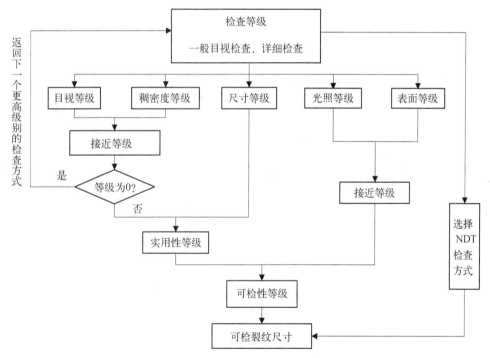

图 4.15　可检性等级及可检裂纹尺寸分析流程

4.5.2　结构 FD 检查参数指标等级确定

影响可检裂纹尺寸的主要指标参数包括：① 可见等级；② 稠密度等级；③ 尺寸等级；④ 光照等级；⑤ 表面等级。在评定各指标等级之前需要定义各因素的量化等级，即将定性的描述转化为相应的定量等级，以便于分析评定。下面给出了各个指标参数的选择依据。

（1）接近性等级。接近性等级即维修工作人员在检查时,所检查结构能否被维修工作人员所触及的度量,包括可见等级和稠密度等级两个指标。可见等级主要依据结构检查人员检查时眼睛到所检查项目之间的距离确定,稠密度等级主要依据所检查区域周围结构元件数量的多少而定,如表 4.10 所示。

表 4.10　接近性等级划分定义

等　　级	目视等级定义	稠密度等级定义
0	没有通道,隐藏项目或距离大于 3 m	—
1	"差"——距离为 1.5~3 m	拥挤的
2	"中等"——距离为 0.5~1.5 m	中等拥挤
3	"好"——不受限制,按需要接近	不拥挤

当用一般目视检查方式检查时,可见等级按区域检查条件确定。当考虑用详细目视检查(detailed inspection, DET)时,可见等级要选为 3;对于稠密度评级,无论检查是一般目视检查,还是详细检查,都要根据 SSI 的范围选择设备稠密度等级。

（2）尺寸等级

尺寸等级依据被检查项目尺寸或面积评级(表 4.11)。其中区域尺寸分为: ① 大面积,如机身、机翼整蒙皮;② 中等面积,近似 1 m^2 或更少;③ 小面积,10 cm^2 及以下。SSI 的尺寸分为: ① 大部件,如机身框、桁条等;② 中等尺寸部件,如框、桁条、缘条、肋等的一部分或框之间、桁条之间;③ 小部件,面积不超过 10 cm^2。

表 4.11　尺寸评级

等　　级	SSI 尺寸/区域尺寸
1	大面积
2	大部件/中等面积
3	中等尺寸部件
4	小部件/小面积

一般目视检查要求,对待检查的区域根据其尺寸进行评估。然而对于详细目视检查,则要求对重要结构项目工作区域的真实尺寸进行评估。

（3）光照等级

光照等级主要指被检查结构所处环境的光线状况以及被检结构表面状况。光照条件等级分为"1"、"2"和"3"三级,三个等级与检查类型有关,光照质量随使用照明工具和镜子的光照亮度而改变(表 4.12)。

表 4.12　光照条件评级

等　　级	等　级　描　述
1	飞机外部遮挡部分,如起落架底板,无直接光源
2	飞机外部充满光线、内部有人造光源
3	必须有集中光源

如果评级结果为1级或者2级,则通常使用一般目视检查就可满足检查要求;如果评级结果为3级,则需用详细目视检查。例如,检查机舱内结构,机舱的光源能够满足检查需要,可采用一般目视检查。

（4）表面等级

表面等级主要是按照表面涂层、存在密封胶及结构表面清洁度来评级（表4.13）。

表 4.13 表面评级

等　　级	等　级　描　述
1	表面、项目覆盖密封胶、过量润滑油、脏污垢
2	干净表面

对于详细检查,由于检查以前需要对表面做清洁准备工作,所以选择等级2。

划分完各指标等级后,就可以对各结构可检性等级进行评级,进而根据确定基本可检裂纹长度的矩阵图（图4.16）,可以直观地确定出基本可检裂纹长度。例如,当可见等级为3级,稠密度等级为2级,尺寸等级为1级,光照等级为1级,表面等级为2级时,得出的基本可检裂纹长度为100 mm。

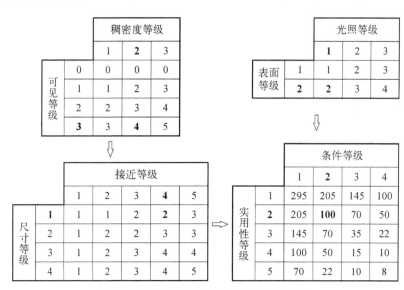

图 4.16　确定基本可检裂纹长度的矩阵图

4.5.3　结构 FD 检查间隔确定方法

结构FD检查间隔体系由检查门槛值、重复检查间隔、间隔时间单位构成。疲劳损伤检查门槛值,重复检查间隔根据疲劳和损伤容限分析结果确定,并根据使用经验、补充的试验或工程分析进行修订。结构FD检查间隔要求应保证在飞机结构由于疲劳损伤造成任何剩余强度低于允许水平之前,提供最大可能检测出疲劳损伤,也就是要保证在95%置信水平下,要保证对损伤有90%的检出概率。疲劳损伤检查任务的时间单位应用飞行循环表示。

1. 初始检查门槛值

检查门槛值定义为第一次检查应当进行的那一刻所对应的飞行循环次数或飞行小时,即首次检查期。门槛值确定有两种方法。

(1) 根据初始缺陷尺寸扩展到可检测裂纹长度之间的时间间隔除以分散系数来确定。其最大许用值为飞机设计使用目标的一半。公式如下:

$$N_{TH} = \frac{N_{a_{ini} \sim a_{DET}}}{K_1 K_3 K_4} \leqslant \frac{N_{DSO}}{2} \tag{4.8}$$

式中,N_{TH} 为到检查门槛值的飞行次数;$N_{a_{ini} \sim a_{DET}}$ 为从初始缺陷到可检尺寸之间的飞行次数;N_{DSO} 为飞机设计使用目标,以飞行次数计。

(2) 根据初始缺陷尺寸扩展到临界裂纹长度之间的时间间隔除以分散系数来确定:

$$N_{TH} = \frac{N_{a_{ini} \sim a_{crut}}}{K} \leqslant \frac{N_{DSO}}{2} \tag{4.9}$$

式中,$N_{a_{ini} \sim a_{crut}}$ 为从初始缺陷到临界裂纹之间的飞行次数。

在可检测裂纹长度难以确定的情况下,推荐使用第二种方法确定检查门槛值。

2. 重复检查间隔值

重复检查间隔即一次检查到下一次检查之间的时间间隔。往往重复多次。重复检查在裂纹扩展到一个真正能监测出来的尺寸开始。检查周期取为可检裂纹长度到裂纹长度之间的时间除以分散系数。

$$N_{rep} = \frac{N_{a_{DET} \sim a_{crut}}}{K_2 K_3 K_4} \leqslant \frac{N_{DSO}}{2} \tag{4.10}$$

式中,N_{rep} 为重复检查间隔的飞行次数;$N_{a_{DET} \sim a_{crut}}$ 为从可检测裂纹到临界裂纹之间的飞行次数。

式(4.8)~式(4.10)中分散系数 K 取值可参考表 4.14。原则上总的分散系数不应小于 2。

表 4.14　分散系数取值表

分散系数	含　义	取　值	取值条件
K_1	裂纹数据来源的分散系数	2.0	经试验验证的分析
		4.0	基于 2 个试验或对称结构
		5.0	基于单个试验结果
K_2	载荷路径的分散系数	2.0	多传力路径
		3.0	单传力路径
K_3	环境影响的分散系数	1.0	使用恰当的或比较严重的材料特性或环境
K_4	计及分析中不确定因素的分散系数	1.0	保守的载荷谱和保守的应力分析

思 考 题

（1）简述安全寿命设计、损伤容限设计、耐久性设计三种设计思想之间的区别与联系。

（2）何谓重要结构项目？如何选择 SSI？试举例说明。

（3）结构偶然损伤有哪些特点？金属与非金属结构 AD 分析评级差异性体现在哪些指标？

（4）归纳总结民机结构损伤三种评级方法：等级求和法、矩阵转换法、等级求和取均值法。

（5）结构环境损伤有哪些特点？简析 ED 检查要求与 CPCP 检查要求的区别与联系。

（6）结构疲劳损伤有哪些特点？简述 FD 分析过程，影响可检裂纹尺寸的主要指标参数是什么？

民航故事——中国机长

摘自

百度新闻：https://baijiahao. baidu. com/s? id =1668431782623934765&wfr =spider&for = pc

2018 年 5 月 14 日，四川航空股份有限公司空中客车 A319 － 133/B － 6419 号机执行重庆至拉萨 3U8633 航班，机上旅客 119 人，机组 9 人。飞机在航路飞行中，驾驶舱右风挡爆裂脱落，飞机失压，旅客氧气面罩脱落，机组宣布最高等级紧急状态（Mayday），飞机备降成都。该事件造成一人轻伤、一人轻微伤，飞机驾驶舱、发动机、外部蒙皮不同程度损伤。调查报告首次披露了"5 · 14"事件完整事发经过。中国民航局认为，川航"5 · 14"事件构成一起运输航空严重征候。

1. 危急时刻

2018 年 5 月 14 日 6 点 27 分，飞机从重庆江北机场起飞，机长刘传健担任责任机长，右座副驾驶为徐瑞辰。

7 点 7 分 5 秒，飞机座舱高度 6 272 英尺时，飞机舱音记录器中出现"嘭"的一声闷响，机组发现右风挡玻璃出现放射网状裂纹，机组事后描述为"非常碎非常花，全都裂了"。

7 点 7 分 10 秒，舱音记录器中第二次出现"嘭"的一声，机长刘传健随即表示"我操作"。

7 点 7 分 45 秒，飞机风挡玻璃在 6 256 英尺爆裂，舱音记录器中出现连续噪声，飞机自动驾驶断开。机长人工操纵飞机，开始下降高度。飞机下降过程中，多次出现报警信息，机组同地面的联系也中断，飞行区域管制通过多种手段持续呼叫机组，但均未收到回应。

7 点 19 分，3U8633 机组两次在频率中宣布遇险信号 MAYDAY，区管均予以回应，飞机地面恢复联系，飞机继续向成都机场飞行，准备备降。

7 点 41 分,刘传健驾驶 3U8633 航班在成都双流机场 02R 跑道落地,飞机部分轮胎爆胎。

5 月 14 日事件发生后,中国民航局随即介入调查。调查组对 B－6419 号机检查发现,驾驶舱右风挡缺失,飞行控制组件向右上方翘起,驾驶室舱内部分组件缺失,副驾驶徐瑞辰的耳机和空勤登机证丢失,机长的电子飞行手册丢失,头等舱隔帘、头等舱靠枕等丢失。检查起落架区域,右侧 3、4 号主轮易熔塞熔化,轮胎泄压,胎皮完好。

报告显示,2019 年 7 月 26 日,雅安市宝兴县当地居民在一座海拔 4 273 米的高山上,找到了丢失的飞机组件,同时被发现的还有头等舱靠枕。

2. 处变不惊

飞机右风挡第一次出现裂纹后,副驾驶立即在电子飞行手册上查找相关资料,左座机长刘传健立即用手进行了触摸并判断为内侧出现裂纹,第一时间申请下降高度、备降成都。机组在得到管制指令后,机长立即执行下降程序。在下降过程中,副驾驶查找相关程序时右风挡脱落,座舱爆炸性失压,机组转为处置座舱失压。

风挡脱落导致出现爆炸性座舱失压,副驾驶瞬间被强大的外泄气流带离座位,此时右座侧杆出现向前,同时自动驾驶仪断开,飞机姿态瞬间急剧变化,机长立即人工操纵飞机。

机长刘传健曾试图用右手取出氧气面罩,但由于左手操纵侧杆,氧气面罩位于身体左后侧,且飞机抖动剧烈,主要精力用于控制状态,使用右手未能成功取出氧气面罩。从风挡爆裂脱落至飞机落地,机长刘传健未佩戴氧气面罩。其暴露在座舱高度 10 000 英尺以上高空缺氧环境的时间为 19 分 54 秒。

第二机长梁鹏进入驾驶舱后,通过拍肩的方式示意副驾驶识别应答机。在发现机长没有佩戴氧气面罩后,立即进行了提醒;机长刘传健通过第二机长了解到了客舱情况正常的信息。在下降过程中使用手持话筒向空管发出了"MAYDAY""客舱失压"等关键遇险信息以及机组意图;第二机长通过拍肩等方式与机长和副驾驶之间进行交流,相互鼓励,第二机长不时为机长和副驾驶揉搓肩膀和手臂,以缓解寒冷带来的不适。近 20 分钟的高空缺氧飞行后,英雄机组成功降落在成都双流机场,调查报告中提到"事件处置过程中,机组表现出了较强的驾驶舱管理能力。"

2018 年 5 月 14 日至 5 月 15 日,刘传健、梁鹏、徐瑞辰 3 名飞行机组成员在成都市第一人民医院进行了电测听检查,机长和副驾驶的听力有下降,第二机长未见明显异常。副驾驶在医院检查后诊断为"高频轻度感音神经性耳聋(高空气压伤)"。落地以后,机组 3 人陆续出现了头晕、头胀、头皮发麻、肌肉酸痛等症状,第二机长右前臂皮下出现两颗红色斑点,这些可能是高空减压病的症状。机组 3 人经过 20 余次高压氧舱治疗,症状明显改善,恢复良好。

3. 知往鉴今

民航局调查组对于风挡玻璃爆裂给出了事件原因调查结论:飞机右风挡封严可能破损,本次事件的最大可能原因是:B－6419 号机右风挡封严(气象封严或封严硅胶)可能破损,风挡内部存在空腔,外部水汽渗入并存留于风挡底部边缘。电源导线被长期浸泡后绝缘性降低,在风挡左下部拐角处出现潮湿环境下的持续电弧放电。电弧产生的局部高温导致双层结构玻璃破裂。风挡不能承受驾驶舱内外压差从机身爆裂脱落。

调查显示，B－6419 号机的右风挡为空中客车公司原装件，制造和安装方面无异常记录，无异常维护记录，无异常维护历史，当天没有故障保留，飞行前检查期间没有损坏报告。调查组排除因维护不当而导致风挡玻璃破裂的可能性。图 4.17 为 B－6419 号机右风挡破裂照片。

图 4.17　B－6419 号机右风挡破裂照片

事件报告向飞机制造商空中客车公司提出了安全建议，包括建议空客基于川航"5·14"事件和历史类似事件建立失效模式，评估并改进风挡设计、选材和制造工艺，防止水汽侵入和存留在电加温系统，降低电弧产生的可能性，避免双层结构玻璃破裂；研究在风挡加温系统中增加对电弧的探测和防护功能、建议空中客车公司督促风挡制造商加强风挡生产质量控制，确保风挡制造持续符合设计标准和制造工艺规范等。

在这次史无前例的突发状况中，低温缺氧使人失去知觉，瞬时强风将人吸出窗外，生死关头刘传健机长忠于职守，面对生命威胁全组无一人脱离岗位，担当起 119 名旅客生命安全的责任，完美地展现了忠诚担当的政治品格、严谨科学的专业精神、团结协作的工作作风、敬业奉献的职业操守这一当代中国民航精神。

刘传健在报告时说，无论你从事怎样的工作，在什么岗位，只要脚踏实地把每件平凡的事做好，成为各自领域的"行家里手"，一切平凡的人都可以获得不平凡的人生，一切平凡的工作都可以创造不平凡的成就，就能在关键时刻经受住困难的考验。一代人有一代人的责任，一代人有一代人的担当，每个岗位有每个岗位的责任，每个职业有每个职业的担当。只有专业了，才能把事情做好，才能在突发状况下有突出表现。

天下难事必作于易，天下大事必作于细。英雄机长刘传健的故事再次激励着我们要始终不渝地追求精益求精的工匠精神，从细节做起、从小事做起、从每一个环节做起，立足岗位，扎实工作。

第 5 章
区域维修分析

本章主要介绍区域维修分析的分析流程、区域维修任务的制定和评级、任务间隔的确定,以及检查任务的合并,通过案例介绍标准和增强区域分析(enhanced zonal analysis procedure, EZAP)流程。

学习要点:

(1) 了解区域评级方法、标准区域分析和增强区域分析的概念和评级指标;

(2) 掌握区域维修分析的流程,如何确定任务间隔、合并检查任务。

随着我国大飞机事业不断发展壮大,飞机维修技术作为保证飞机正常工作的基础,其发展革新对于整个民航业而言至关重要。区域分析是 MSG-3 在飞机结构、系统和动力装置逻辑分析基础上增加的一种分析逻辑,要求对飞机每个区域进行综合评估,通常在结构、系统/动力装置的 MSG-3 逻辑分析之后进行。区域分析所产生的维修检查要求,如果在接近方式和类似检查间隔上满足其他分析逻辑的要求,可以通过任务整合减少飞机总体的维修工作量。高质量的区域检查对提高飞机的可靠性和派遣度有重要意义。

区域分析主要包括以下三个目的:① 制定区域维修任务,一般目视检查区域中包含的所有系统设备、管线路和可视结构部分的安装状态和牢固程度,是否存在损伤;② 将满足合并条件的系统/动力装置、结构、L/HIRF 分析得出的一般目视检查任务合并进入区域维修大纲;③ 将分析产生的详细目视检查和任务转移至系统/动力装置维修大纲。

区域检查任务的原则要求采用一般目视检查,所需检查的项目应该在一臂长的距离范围内,根据情况可以使用反光镜、手电筒等辅助措施,但不可以使用内窥镜。区域检查通常不需要拆除、分解所检查的项目。除打开必须的口盖、盖板,拆除内装饰材料外,通常不需要拆除其他设备、结构或管线路。

对于区域检查任务,按照接近方式分为外部和内部两种。对于不需要拆卸口盖、盖板、内装饰材料便可以完成的检查任务定义为外部检查。通常,对于仅需要打开舱门(如登机门、舱门等),或通过偏转操纵面(如偏转副翼、升降舵等)的检查任务,也认为是外部检查。需要打开口盖、盖板或内装饰材料才能完成的任务,定义为内部检查。

MSG - 3 规定,区域分析涉及的内容包括:区域位置、接近方式、尺寸大小(体积)、安装系统和元件的类型、线束的功率大小和易燃材料的位置等。根据区域中包含设备的不同,区域分析分为标准区域分析和增强区域分析两种方式:标准区域分析是针对整个区域确定一般目视检查任务,以发现区域内结构和系统项目的退化情况;增强区域分析是针对电气线路互联系统(electrical wiring interconnection system, EWIS)确定检查任务,以便将可燃材料的污染减到最小,并排除标准区域分析不能可靠探测的重要线路的安装偏差。

5.1　区域分析的流程

图 5.1 为区域 MSG - 3 分析流程图,可以根据各航空公司的政策和程序进行定制。分析按照如下程序进行。

(1) 飞机区域按照 ATA 2200 规范进行划分。全机共分为 8 个主区域,为了更详尽地了解各个区域,又将各个主区域划分为若干个主子区域,主子区域又划分为若干个子区域。

飞机主区域划分如表 5.1、图 5.2 和图 5.3 所示。

表 5.1　主区域划分

区 域 号	范　围
100	机身下半部及整个雷达罩(下半部定义为在机身地板下面的区域)
200	机身上半部(上半部定义为在机身地板上面的区域)
300	尾部
400	动力装置和吊挂
500	左机翼
600	右机翼
700	起落架和起落架舱门
800	舱门

(2) 制定评级表以确定区域检查的重复间隔,评级表需考虑区域中偶然损伤(accidental damage, AD)、环境损伤发生的可能性和设备的稠密度。

(3) 为每个区域列出一张工作单,包括以下数据:区域位置、区域边界、接近方式(例如,门、板、内衬、隔热层)、近似尺寸(体积)、安装的系统和部件、导线中的典型功率等级、L/HIRF 防护特性等。

另外,评估由于污染物(如灰尘、碎屑)或设计原因(如燃油蒸气)形成可燃材料的潜在可能性。这类评估应在所有安装的系统、部件、内部设备、内衬、隔热层等处于运行状态下进行。

(4) 对包含系统设备的所有区域,使用步骤(3)的评级表进行标准区域分析,确定区域检查范围和间隔。每个区域可以确定多个区域检查,而需要增加通道的区域由于等级较高(例如,更少的意外损坏风险、更好的可视性),通常导致检查频率较低。

(5) 识别同时包含 EWIS 和可能存在可燃材料的区域。需要考虑区域内的任何地方

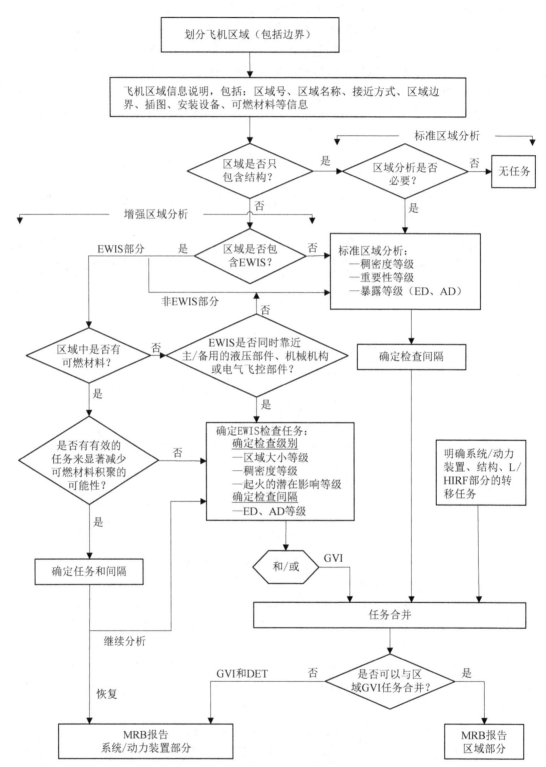

图 5.1 区域 MSG-3 分析流程图

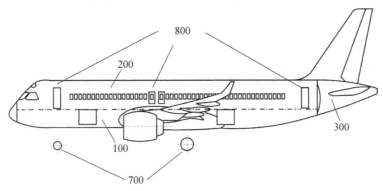

图 5.2 主区域(侧视图)

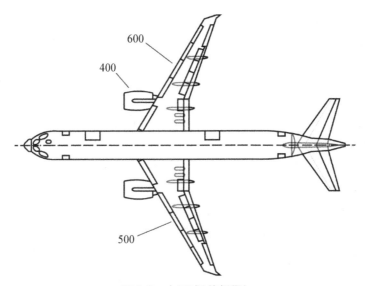

图 5.3 主区域(俯视图)

和项目,包括为接近而拆卸的项目(例如,连接到客舱内饰板上的 EWIS,厨房、盥洗室上方存在的可燃材料)。对于上述区域,进行增强区域分析确定单独的检查任务,使安装的 EWIS 退化情况得到适当关注,特别是靠近(即 2 in* 或 50 mm 之内)主和备用液压、机械或电气飞控的 EWIS,以及将可燃材料引起的污染等级降至最低的任务(只要是适用且有效的)。按照"随手清洁"的策略,在计划和/或非计划维修任务中执行的清洁是可信的。考虑由导线/EWIS 失效引起的火灾对临近导线和系统的潜在影响(例如,航空器操纵性风险)、区域大小和安装的设备稠密度而制定的评级表,可用于确定检查等级。对于整个区域,一般目视检查是有效的。对于区域内的特定项目,详细检查是适用且有效的,可以使用考虑了偶然损伤和环境因素的评级表确定间隔。

(6) 将步骤(5)确定的详细检查、单独一般目视检查(stand-alone general visual inspection, stand-alone GVI)及减小可燃物积聚的任务转移至系统/动力装置维修大纲中。

---

* 1 in=2.54 cm。

由于这些任务没有指定属于哪个系统,且不具备故障影响类别,通常单独列在 ATA 20 章中。

(7) 按步骤(5)增强区域分析确定的一般目视检查任务与按步骤(4)标准区域分析确定的区域检查进行比较,如果接近方式要求相同且建议的间隔至少频率一致,则可以将增强区域分析确定的一般目视检查任务合并至标准区域分析确定的区域检查中。否则,需要将增强区域分析产生的一般目视检查任务作为单独的一般目视检查任务转移至(6)中确定的系统/动力装置维修大纲中。

(8) 由系统/动力装置和结构确定的一般目视检查与按步骤(4)标准区域分析确定的区域检查进行比较,工作单应记录原始分析中建议的任务间隔期。如果接近方式要求一样且建议的间隔至少频率一致,则这些一般目视检查可以考虑完全由区域检查包含。否则,单独一般目视检查应仍保留在原 MSI 或 SSI 中。

(9) 如果确定目视检查的系统工作组认为失效在一个区域检查中可以被关注和识别,则可以考虑目视检查由区域检查包含。否则,这些目视检查任务仍保留在能给这个项目特别关注的系统/动力装置维修大纲中。

(10) 应用标准区域分析(步骤4)制定的所有任务都应包含在区域检查中。出于责任追溯目的,任何源于系统/动力装置或结构分析确定的一般目视检查或目视检查都应在 MRB 报告区域任务中予以引用。为了避免对这些项目给予不必要的关注,在工卡中不需要体现这些信息。

(11) 所有从增强区域分析程序得到的单独任务(GVI 或 DET)都应在数据文档中唯一标识,以便将来更改时可进行追溯,以防止在缺乏考虑任务及其间隔风险基础的情况下,轻易地删除或者扩大一个从增强区域分析程序得到的单独任务。

按照 S4000P 区域分析方法制定区域预防性维修任务的间隔时,其分析逻辑基于模块化结构。对于不同的产品类型和产品技术,区域分析方法可以由一个或多个区域分析模块(zonal analysis modules, ZAM)组成模块化产品区域分析程序,如图 5.4 所示,其区域分析模块中的标准区域分析(ZAM1)、增强区域分析(ZAM2)和 L/HIRF 分析(ZAM3)都对应于 MSG - 3 的区域分析方法,并增添了其他分析模块(ZAM X)。其他分析模块针对特定产品类型,如核污染及大城市周边的空气污染等方面的其他特殊影响源。S4000P 区域分析方法采用模块化设计思路,增加了分析结果协调性、统一性及可溯源性,扩展了适用性。

5.2 标准区域分析

标准区域分析是针对整个区域确定 GVI 任务,以探测区域内结构和系统项目的退化情况。如果维修人员进行区域检查不受限制,并且区域中检查项目的可见度是足够的,则单独区域检查间隔可以基于固有的设计状态来确定。在区域分析中如果没有特别说明,区域检查都在可触及的范围进行。区域检查的程度和范围是根据在打开具体口盖的情况下区域内检查项目的可见度来确定的,必要时需要拆除或者打开该区的绝缘层等。对于需要移开/打开才能接近特别区域的整流罩、面板或其他项目,应该进行区域检查但不单独定义工作,而是包括在一般目视检查中。

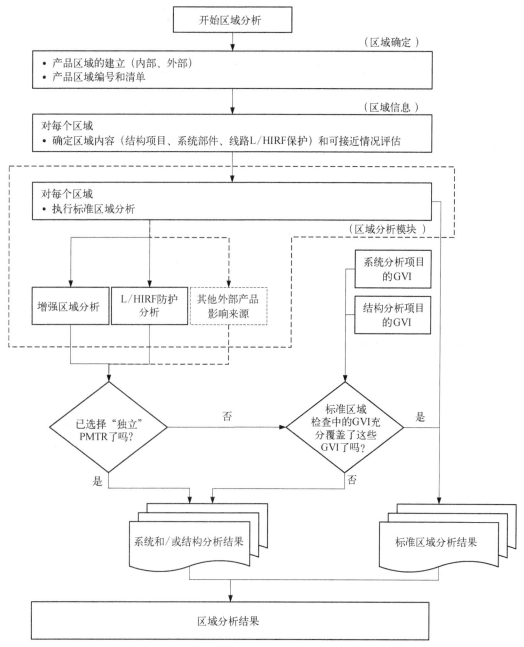

图 5.4　区域 S4000P 分析逻辑图

关于区域的维修间隔和维修任务,MSG-3 规定:区域检查间隔与飞机各部件的易损伤情况和相应的工作量有关。所有基于标准区域分析确定的 GVI 间隔均必须由 PPH 中的评级表得到。在确定区域 GVI 的间隔值和间隔类型时需要考虑以下参数:

(1) 硬件对损伤的敏感性;

(2) 安装在分析区域的设备/项目;

(3) 区域预防性和非预防性工作的数量和活动频率(运营、维护和其他人员);

（4）新设计/开发/生产的设备数量（即服役时间较短的设备数量）；

（5）运营商和制造商在相似系统/动力装置和结构上的使用经验。

一般情况下，根据飞机运营商的具体使用经验，对于某一特定的区域，可能确定不止一项任务。在这种情况下，检查频率与所需要打开的接近口盖、盖板数量成反比，即需要打开的口盖越多，那么检查间隔就越长。

在确定区域维修间隔时，需要考虑区域中的偶然损伤、环境损伤的可能性及该区域中设备的稠密度。国际主流机型的 PPH 在确定维修间隔时，通常采用矩阵变换的方法：先确定每个评级指标的等级，再利用矩阵变换表确定综合等级，进而利用等级-间隔对应表格确定维修间隔。

飞机制造商着重从稠密度、重要性和暴露性三方面建立评级指标。其中，稠密度表示区域中系统设备及附件的密集程度，也反映了检查的难易程度；重要性是指区域中系统设备及附件对飞机运营安全性和使用经济性的影响程度；暴露性包括环境损伤和偶然损伤，ED 包括温度、振动、液体等常见环境影响因素，AD 包括地面操作设备、外来物损伤、天气影响、维修活动频度、液体溢出、乘客活动等具体偶然因素。然后分别对每个指标进行评级："1"表示区域受指标影响程度轻微或者小，"2"表示中等，"3"表示严重或者大。继而，根据飞机的实际情况确定等级变换关系和间隔对应关系。

对于包含系统设备的所有区域，使用标准区域分析来确定区域检查范围和间隔。对检查频率低，并要求增加接近要求的区域，可采用多重区域检查。为方便确定偏差，被检查的区域应该足够清洁，以降低灰尘或棉绒积聚导致隐藏不安全因素的可能性，任何必要的清洁工作都应该在区域检查之前进行。

国内外飞机制造商的标准区域分析评级指标和评级过程通常按如下步骤进行。

（1）稠密度等级。稠密度等级（表 5.2）表示区域中系统设备及附件的密集程度，是封装在区域中系统设备及附件距离远近的量度。稠密度等级用来评定区域内某一部件故障对邻近设备的影响，特别是包含导线的情况下。同时它还反映了对该区域的系统设备和结构项目进行检查的难易程度。其表示为："高"表示区域内的附件密集程度高，如电子设备舱、液压附件舱；"中"表示区域内的附件密集程度中等，如客舱；"低"表示区域内的附件密集程度低。

表 5.2　稠密度等级

稠　密　度　等　级		
低	中	高
1	2	3

（2）重要性等级。重要性等级（表 5.3）是区域中系统设备及附件对飞机运营安全性和/或使用经济性影响程度的量度。评价区域的重要性时，还需要考虑区域内的部件是否有潜在的功能故障——它会使周围系统或结构受到损伤。其表示为："高"表示所包含的项目若发生故障，对安全性、经济性影响巨大，如邻近燃油箱区域、燃油泄漏区域；"中"表示所包含的项目若发生故障，对安全性、经济性影响中等；"低"表示所包含的项目若发生故障，对飞机使用影响低。

表 5.3　重要度等级

重　要　性　等　级		
低	中	高
1	2	3

（3）暴露性等级。暴露性等级是区域经受温度、振动、暴露大气、湿气、污染影响及对系统和结构偶然损伤影响可能性的量度。暴露性等级分为 ED 等级和 AD 等级。

a）ED 等级

ED 等级（表 5.4）评定区域环境损伤的可能性。ED 包括温度、振动、液体(厨房液体、厕所液体、液压油、防/除冰液、化学液体、燃油、湿气)和其他。

表 5.4　ED 等级

因　素	轻　微	中　等	严　重
温度	1	2	3
振动	1	2	3
厨房液体	1	2	3
厕所液体	1	2	3
液压油	1	2	3
防/除冰液	1	2	3
化学液体	1	2	3
燃油	1	2	3
湿气	1	2	3
其他	1	2	3

（a）温度：确定温度对区域内结构和其他机械的影响。其表示为："严重"表示温度变化幅度非常大,如发动机、短舱;"中等"表示飞机从地面到空中的过程中温度变化大,如吊挂、尾舱、方向舵、机翼、轮舱、设备舱等;"轻微"表示无论何时温度变化都很小,如客舱、货舱。

（b）振动：用来评定每个区域由于振动造成的损坏,其表示为："严重"表示有持续剧烈振动,如尾翼、发动机、吊挂、机翼后缘;"中等"表示会有明显振动但只是阶段性的,如轮舱、泵、活门、发动机、设备舱、垂直安定面、机翼前缘;"轻微"表示没有持续的明显振动,如厨房、厕所、驾驶舱、客舱、货舱。

（c）液体(厨房液体、厕所液体、液压油、防/除冰液、化学液体、燃油、湿气)：用于评定暴露于各种液体中而造成的影响。其表示为：

厨房液体——"严重"表示长时间直接接触污染源的区域;"中等"表示有污染源直接接触的区域,如机身下表面;"轻微"表示不直接接触污染源的区域。

厕所液体——"严重"表示长时间直接接触污染源的区域;"中等"表示有污染源直接接触的区域;"轻微"表示不直接接触污染源的区域。

液压油——"严重"表示有 3 个以上(含 3 个)的液压源或接头的区域;"中等"表示有

3 个以下的液压源或接头的区域;"轻微"表示无液压源或接头的区域。

防/除冰液——"严重"表示对内部涉及飞机安全的操纵机构等有腐蚀影响的;"中等"表示对内部结构有腐蚀影响的;"轻微"表示受防/除冰液影响极小的区域。

化学液体(含电瓶电解液、清洗剂、灭火瓶内容物、液氮冷却液)——"严重"表示有 2 个以上(含 2 个)源的区域;"中等"表示有 1 个源的区域;"轻微"表示无源的区域。

燃油——"严重"表示对区域影响大(如腐蚀、可燃);"中等"表示对区域影响一般;"轻微"表示对区域影响低。

湿气——"严重"表示长期处于潮湿环境,如空调舱;"中等"表示间歇处于潮湿环境;"轻微"表示无潮湿源的区域。

(d)其他:影响区域内设备和结构项目的其他环境因素。

ED 等级值等于上述影响因素等级的最大数值。

b)AD 等级

AD 等级(表 5.5)评定区域偶然损伤的可能性。AD 包括地面操作设备、外来物损伤、天气影响、维修活动频度、液体溢出、乘客活动和其他。

表 5.5　AD 等级

AD 等级			
因　　素	轻　微	中　　等	严　重
地面操作设备	1	2	3
外来物损伤	1	2	3
天气影响	1	2	3
维修活动频度	1	2	3
液体溢出	1	2	3
乘客活动	1	2	3
其他	1	2	3

"严重"表示由于使用、勤务接近和特种车辆造成的偶然性损伤可能性大,如货舱、主起落架、襟翼;"中等"表示偶然损伤的可能性中等,如机翼;"轻微"表示偶然损伤的可能性较小。

AD 等级等于上述影响因素等级的最大数值。

暴露性等级取 ED、AD 等级中的最大数值。

稠密度、重要性及暴露性等级确定后,建议可以根据下面的矩阵关系(图 5.5)确定区域检查间隔。

在区域间隔图中标识的间隔值仅作为一个参考,实际可以根据飞机制造商具体经验和良好的工程判断进行确定。

		重要性等级		
		1	2	3
稠密度等级	1	1	2	2
	2	2	2	3
	3	2	3	3

		暴露性等级		
		1	2	3
重要性/稠密度等级	1	1	2	3
	2	2	3	4
	3	3	4	5

		区域总等级				
		1	2	3	4	5
区域检查间隔	内部	16YR	12YR	8YR	4YR	2YR
	外部	8YR	6YR	4YR	2YR	3MO

图 5.5　标准区域分析评级矩阵图

5.3　增强区域分析

如果区域内有 EWIS,则要进行增强区域分析以确定对 EWIS 的检查任务(图 5.6)。在确定对 EWIS 的检查工作之前需要明确是否有有效的任务可以明显降低可燃材料积聚的可能性。所谓可燃材料,是指去除火源仍可能燃烧的材料(包括固体、液体、气体),但需由持续火源/热源引起燃烧的材料则不是可燃材料。如果存在有效的恢复工作能明显降低可燃材料的积聚,则需要执行此项任务,并根据增强区域分析间隔的等级表确定此任务的间隔。

图 5.6 中各步骤说明如下。

步骤 1:区域是否包含 EWIS? 如果区域中不包含 EWIS,只需进行标准区域分析;反之,需对 EWIS 部分进行增强区域分析,对没有 EWIS 的部分进行标准区域分析。

步骤 2:区域中是否有可燃材料? 此问题用来评估区域中是否存在可燃材料的积聚现象,一旦附近线路产生电弧或电火花,可能引起这些可燃材料的持续燃烧。可燃材料包括燃油蒸气、灰尘/纤维碎屑积聚物、被污染的绝缘层等。在评估区域中是否包含可燃材料时,有下列几点需要注意。

(1) 对常用的液体材料(如滑油、液压油、防腐化合物等)需要评估它们是否具有燃烧的环境。这类材料只有在蒸气或者雾状的状态下才是可燃的,因此,对含有此类材料的区域需要对区域环境进行评估,以确定所处环境是否具有令此类材料汽化的可能性。

(2) 由合成油或液压油引起线路出现液体污染通常认为不具有可燃性,但是,如果此类被污染的线路所在的区域中存在灰尘或者纤维碎屑,就需要考虑其可燃性,因为湿的或者油性表面容易吸附此类灰尘或碎屑。

(3) 驾驶舱与设备舱内的电子设备与仪表容易吸附尘土、灰尘和其他污染物。这类

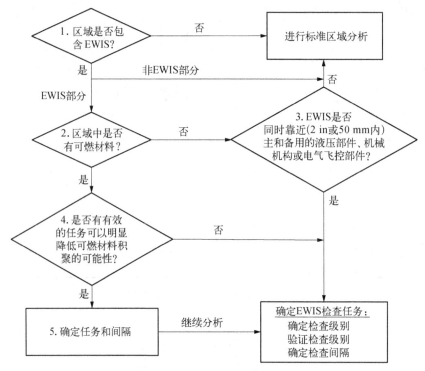

图 5.6 增强区域分析任务流程

设备会产生热量而且安装相对紧密,因此需要考虑此类区域可燃材料积聚的可能性。另外,此类区域需要经常进行强气流通风,从而引起灰尘与纤维碎屑随气流飘动附着到 EWIS 表面,最终在 EWIS 表面形成大量的积聚。因此,这类区域通常需要进行增强区域分析。对驾驶舱和设备舱,步骤 2 的回答应该为"是"。

（4）尽管湿气本身（包括清洁的水汽或其他）不是可燃的,但是对于表面绝缘层有细小破损的导线或其他传送电能的 EWIS 组件来说,湿气的存在会增加电弧出现的可能性,从而导致导线束局部起火。如果附近有可燃材料存在,火情就有可能发生蔓延。由湿气诱发电弧而导致持续燃烧的危险可以通过步骤 5"进行有效的工作来降低 EWIS 表面或其附近的可燃材料的积聚"来降低。

步骤 3：EWIS 是否同时靠近主和备用的液压部件、机械机构或电气飞控部件？在包含 EWIS 的区域中没有可燃材料的情况下需要回答此问题,以确定是否需要针对 EWIS 做增强区域分析。即使在没有可燃材料的情况下,当 EWIS 同时靠近（2 in 或 50 mm 内）主和备用的液压部件、机械机构或电气飞控部件时,起火也会影响安全飞行和着陆。考虑到飞控系统的冗余度,当主和备用的系统同时受到电弧影响时,问题回答为"是"。

步骤 4：是否有有效的任务可以明显降低可燃材料积聚的可能性？有效的任务通常是清洁类的恢复任务,但是不排除确定其他类型任务的可能性。例如,对一个本身通风性较弱的区域而言,液压管路上微小的腐蚀孔喷出的高压雾气可能会对导线束产生冲击,此时对液压管路的 DET 检查可能是有效的。对于那些能够降低 EWIS 受到损伤破坏可能性的任务也应该包含在"有效的任务"的标准里面。清洁任务既要保证能有效降低燃烧的可能性,但又不能过度剧烈而损坏线路。

步骤 5:确定任务和间隔。在此需要确定减少可燃材料积聚的有效任务和间隔。其任务间隔按照增强区域分析得出的检查间隔来确定,图 5.7 中给出了确定包含 EWIS 的区域检查等级和对应间隔的具体流程。针对"降低可燃材料积聚可能性"而制定的任务最终包括在系统/动力装置维修大纲部分。

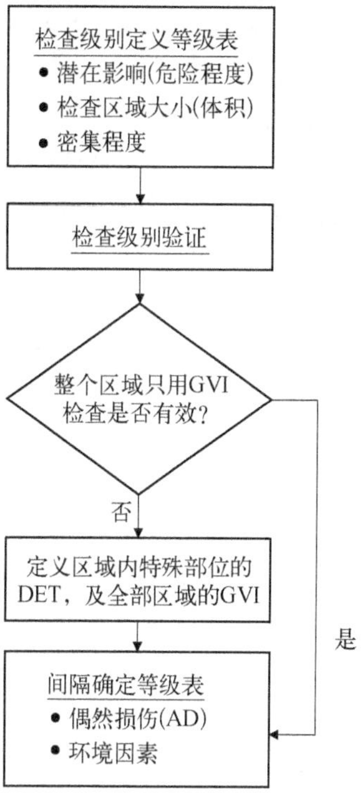

5.3.1 检查级别判定

根据区域大小、安装设备的稠密度以及起火对相邻 EWIS 和系统的潜在影响三个指标因素,利用等级表来判定检查级别(包括对整个区域 EWIS 的 GVI、对区域内特定 EWIS 的 DET 或独立 GVI)。

1. 区域大小

区域大小(表 5.6)是评定区域的大小、体积的指标,它是相对飞机的所有区域来确定的。区域大小分为大、中、小三个等级。区域越小并且越不拥挤,区域内线路的退化越容易通过 GVI 检查发现。

图 5.7 包含 EWIS 区域检查任务分析图

表 5.6 区域大小

区 域 大 小		
小	中	大
1	2	3

2. 稠密度

稠密度是评定区域内安装设备的密集程度,区域稠密度分为高、中、低三个等级。确定稠密度等级(表 5.7)时需要考虑区域内安装部件的数量、部件之间的相对距离远近及这些部件的复杂程度。例如,电子电气设备舱应该被定为高稠密度的区域,因为在此相对较小的区域内安装了电子设备、大量的导线及其他 EWIS 部件。

表 5.7 稠密度等级

稠 密 度		
低	中	高
1	2	3

3. 起火的潜在影响

此前提是火情已经发生。这里的"影响"是指起火对飞机运营安全性方面的影响,包括潜在的多重裕度的丧失或者影响飞机的持续安全飞行或着陆。评估潜在影响指标时需要明确以下内容：所分析的区域中包含哪些系统及设备，这些系统/设备功能的丧失或降低会对飞机的运营安全性产生何种影响。如果一个区域在设计阶段没有采取措施来降低起火可能对区域产生的不利影响的程度，起火的潜在影响等级（表 5.8）将确定为较高级别（高或者中等）；如果区域中有火警探测或者火情抑制功能，也可以认为此区域已采取相关措施来降低起火可能对其产生的不利影响程度，起火的潜在影响等级可定为较低级别（低或者中等）；另外，如果区域本身被定义为“火区”（例如，发动机或 APU 区域）或者起火可以被机组人员或乘客轻易发现并且火情可以被方便地控制或熄灭，起火的潜在影响等级可定为较低级别（低或者中等）。在驾驶舱、电源中心及包含电源馈电线的区域，如果区域中的导线容易受到损伤而且在导线的附近存在可燃材料，导线-结构件、导线-导线间的短路或电弧诱发的“起火”将会对飞机的持续安全飞行与着陆产生严重影响。

注：在对燃油箱区域进行分析时，考虑“起火对相邻导线及系统的潜在影响”并不合适，因为油箱一旦起火将会是灾难性的，唯一有效的工作就是降低起火的风险。除非能够证明在设计过程中采取了有效措施来预防有足够能量引起燃烧的点火源的出现，否则起火的潜在影响等级应选为“高”；如果在设计中预防了此类点火源的出现，起火的潜在影响等级可以选为“低”。

表 5.8 起火的潜在影响等级

起火的潜在影响		
低	中	高
1	2	3

上述三项指标确定后，根据图 5.8 的矩阵关系确定检查级别。

		区域大小		
		1	2	3
稠密度	1	1	2	3
	2	2	2	3
	3	2	3	3

检查级别判定				
区域大小/稠密度		1	2	3
起火的潜在影响	1	GVI区域内所有EWIS	GVI区域内所有EWIS	GVI区域内所有EWIS
	2	GVI区域内所有EWIS	GVI区域内所有EWIS，并对特定的EWIS进行Stand-alone GVI检查	GVI区域内所有EWIS，并对特定的EWIS进行Stand-alone GVI检查
	3	GVI区域内所有EWIS，并对特定的EWIS进行Stand-alone GVI检查	GVI区域内所有EWIS，并对特定的EWIS进行Stand-alone GVI和/或DET检查	GVI区域内所有EWIS，并对特定的EWIS进行Stand-alone GVI和/或DET检查

图 5.8 检查级别判定矩阵图

根据检查级别判定，如果 GVI 区域内的所有 EWIS 是有效的，那么只需确定其检查间隔；否则，除了 GVI 区域内的所有 EWIS 之外还需对特定的 EWIS 进行独立 GVI 或 DET 检查，接下来需要明确将进行单独检查的 EWIS 项目/范围，并确定所有任务的间隔。

在确定需要做独立 GVI 或者 DET 任务的特定部位时,可以参考下列需要特别关注的区域。

(1) 电线通道和线束——在已有的电线通道内增加电线可能增加电线的磨损从而导致电线不可维修。在已有的线束中增加电线可能导致电线下垂和结构磨损。

(2) 机翼——机翼的前缘和后缘是导线安装非常困难的地方。在一些机型中,机翼前缘和后缘的导线在襟翼和缝翼打开和关闭的情况下都是暴露的。这个区域的缝翼扭力管和引气导管也是潜在的危险源。

(3) 发动机、吊挂和短舱——这些区域是高温、高振区且维修频繁,并容易受化学物质(包括燃油、液压油、蓄电池电解液等)污染。

(4) 附件舱和电子舱——这些区域是典型的包含电子设备、气动元件和管道及液压组件的区域。此区域容易遭受振动、高温和液体污染。

(5) APU——此区域是高温高振区,维修频繁,容易受化学物质污染。

(6) 起落架和起落架舱——这些区域除了受振动损伤和化学物质污染外,还暴露于外部环境中。

(7) 电子面板和航线可更换件——电子面板是导线非常密集的地方,在维修改造和更换活动中电子面板中的电线和装置特别容易受到损伤。

(8) 蓄电池——在飞机所有蓄电池附近的电线都容易腐蚀和变色。应该检查腐蚀和变色的电线的功能是否完好。

(9) 馈电线——高电流的导线和连接器可能产生大量的热量。振动可能造成导线损伤并可能使馈电线本身的固定处、终端及连接处松动。如果发现过热的迹象,应该更换终端和连接器。

(10) 厨房、盥洗室和驾驶舱下的区域——厨房、盥洗室和驾驶舱下的区域特别容易受到灰尘、棉绒碎屑和液体污染(例如,食物、软饮料、盥洗室液体、水等)。

(11) 废水排放管——从废水排放管泄露的废水可能污染电线。运营经验表明除了常规的目视检查外还需要定期检查有无泄漏或者制定清洁任务。

(12) 机身排水系统——例如一些管道,这些管道将泄漏的水收集起来并通过合适的出口排出。如果这些排水通道堵塞可能导致导线受液体污染。运营经验表明,除了常规的目视检查外需要一个对这些排水装置和管道的检查,确保其不会被堵塞。

(13) 货舱地板以下——在维修中可能损伤这个区域的导线。

(14) 可能会被移动的导线——在门、作动器、起落架和电子面板口盖附近的导线可能因为正常的操作而运动或弯曲,因此这些导线应该被检查。

(15) 接近面板——接近面板附近的电线因为反复的维修接近可能受到偶然损伤,需要引起特别注意。

(16) 门下部位置——货舱门、客舱门、服务门下的电线易受雨、雪、液体飞溅的污染。这些区域的排水系统和地板密封应该根据需要进行定期检查和维修。

(17) 驾驶舱通风窗下部——驾驶舱通风窗下面的电线易受雨、雪、液体飞溅的污染。这个区域的排水系统和地板密封应该根据需要定期检查和维修。

(18) 非常难接近区域的导线——飞行仪表板、驾驶舱操纵台。这些区域由于不常清洁可能聚集很多灰尘或其他污染物。在这些区域的检查需要移走一些组件和分解其他系统。

如果增强区域分析得出的任务是对整个区域的 EWIS 进行 GVI 检查,在此检查可以被区域检查涵盖的情况下,可以考虑将此任务合并到区域维修大纲中,否则,需将此任务转移到系统/动力装置的维修大纲(ATA 20 章);对特定 EWIS 的独立 GVI 及 DET 检查任务需要转移到系统/动力装置的维修大纲(ATA 20 章)。

5.3.2 任务间隔确定

检查工作的间隔主要根据区域内的环境情况及可能受到的偶然损伤确定。首先,确定 ED 等级(表 5.4)和 AD 等级(表 5.5),再根据矩阵关系确定总等级,并转换为增强区域分析的检查间隔。

偶然损伤等级等于各项评定指标等级值中的最大数值。

ED 和 AD 等级确定后,可参考图 5.9 的矩阵关系确定检查间隔。

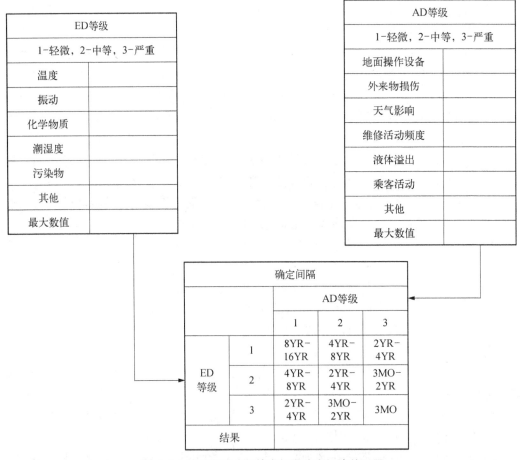

图 5.9 增强区域分析检查间隔确定矩阵关系图

注 1:在区域间隔图中标识的间隔值可以作为参考,其他的频率可以根据经验和良好的工程判断进行确定。另外,如果评定指标的间隔有其他的影响因素,可以根据实际情况转化为相应的间隔值。

注 2:增强区域分析相关的任务要在任务描述的最后加"(EWIS)"标注。

利用矩阵关系确定检查间隔范围后,需综合考虑 ED、AD 损伤源的情况进一步确定每一项工作的具体时间间隔:如果间隔等级是由多个较为恶劣的 ED/AD 损伤源综合得出的,则应取较短的间隔值;反之,如果只有一个 ED/AD 因素较为严重,则可以取较长的间隔值。

5.4　区域评级方法

5.4.1　矩阵变换法

关于检查间隔的制定,国际通用飞机制造商的通常做法是:先对评级指标进行评分,再利用矩阵变换法确定综合等级,最后根据等级-间隔对应关系确定飞机的检查间隔。以某主流机型为例,图 5.10 为其 PPH 提供的区域检查间隔矩阵图,图中数字 1~4 表示不同的影响等级。维修文件中采用字母检:A 表示 500FH,C 表示 15MO。

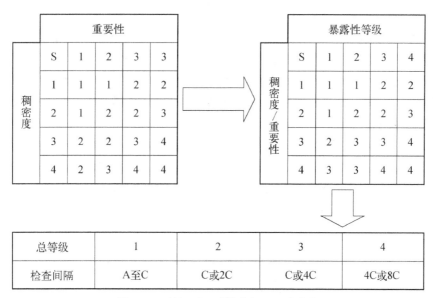

图 5.10　某机型区域检查间隔矩阵变换

5.4.2　权重优化法

采用矩阵变换法确定飞机维修间隔,虽然直观易懂,便于执行,但是指标间的重要关系被掩盖,进而导致经验各异的工程人员对指标评级及维修间隔的确定的主观影响过大。尤其我国目前处于航空工业初步发展阶段,需要不断积累飞机研发、生产和运营经验,并对矩阵变换法中的行列对应数值进行调整和验证。

权重优化法是一种可以体现评级指标之间权重关系的区域评级方法,图5.11为权重优化法区域评级的流程图。首先在区域评级体系的基础上采用权重优化方法建立数学模型;其次需要对评级体系中的指标权重进行确定;然后结合指标评分确定综合等级;最后根据相关数据所建立的等级-间隔回归方程确定区域检查间隔。当前,分析权重的方法有很多,如模糊层次分析法(fuzzy analytic hierarchy process,FAHP)、相对比较法、最小平方法和相容矩阵分析法等主观方法,以及熵权法、逼近理想点法和标准离差法等客观方法,或者是这些方法的组合,如组合权重。组合权重是将两种不同的方法进行结合,根据经验分别分配给各个方法所确定的权重在组合权重中所占的比重;若组合的对象不止两个,可将权重确定方法归为主观和客观两类,进而基于矩估计理论等分别确定这两类方法在组合权重中的比重。

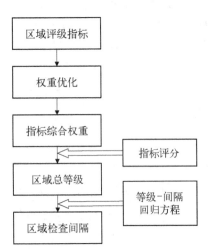

图 5.11　权重优化法区域评级流程图

5.5　检查任务确定及合并

由于区域分析主要包括标准区域分析和增强区域分析两个部分,维修经验发现,可以根据维修检查方式进行维修任务的转移合并。增强区域分析产生的针对整个区域导线的一般目视检查任务可以与标准区域分析产生的任务进行合并,合并后取两者中较短的间隔值。增强区域分析产生的独立一般目视检查、详细检查及恢复(restoration,RST)任务要转移到ATA 20章。

MSG-3的四部分既相互独立又相互联系,它们之间存在任务的转移和合并(图5.12)。区域接受来自系统/动力装置、结构及L/HIRF工作转移的基本原则是:维修任务方面,转移任务与区域任务的接近方式相同;维修间隔方面,转移任务的检查间隔大于或者等于区域任务的检查间隔。

可以将其他维修任务转移到区域维修大纲中的情况包括:系统/动力装置GVI任务中被划分为非安全性的项目;在GVI结构检查中,没有适航性限制或者对疲劳损伤和环境损伤影响不大的项目。

在二者间隔参数不一致的情况下,可以采用下面的方法进行任务合并:① 如果根据定检间隔目标值所规定的各参数间的对应关系,对可以明确区域检查能够覆盖转移任务的情况,合并后的任务间隔以区域间隔为准;② 如果转移到同一个区域的多个任务使用了不同的间隔参数,需要由各工作组协商确定合并后的间隔。根据各方协商结果(一般会以先到为准),合并后的区域任务可以区域间隔为准,也可以使用相应的多重间隔参数表达。

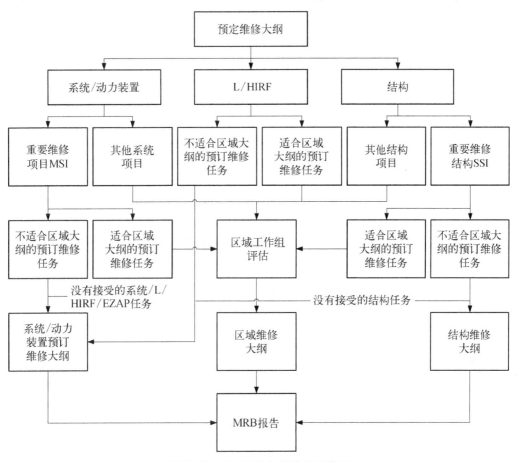

图 5.12　检查任务合并转移示意图

5.6　案　例　分　析

5.6.1　标准区域案例分析

对于包含系统装备的所有区域,使用评级表进行标准区域分析,来确定区域检查范围和间隔。标准区域分析用来检查没有被定义为重要维修项目或重要结构项目的恶化情况,检查方法一般为 GVI。飞机外翼盒段是机翼的主要承重结构,由前梁、后梁、内部翼肋框架、上下壁板组成,是区域检查任务的重要对象之一。根据区域分析程序要求和 ATA 2200 相关规定,结合某主流机型图纸,参考 MRBR 和 MPD 手册中区域划分的方法对飞机进行区域划分,左/右外翼盒段中无油段的区域划分编号为524/624。本节以标准区域分析为例,详细说明确定区域检查间隔的方法,分析过程如表 5.9 和表 5.10 所示。

表 5.9　区域说明

区域号: 524/624	区域名称: 无油段	机型: XX 机

机左/右外翼盒段区域示意图:

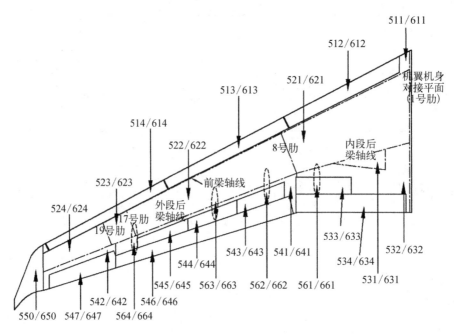

区域特性描述:
区域位于飞机外翼无油段,受环境和偶然损伤影响较大,区域密度低

区域号	范 围 说 明	区域号	范 围 说 明
左/右机翼子区域:			
510	左机翼前缘	610	右机翼前缘
511	机翼前缘~前梁	611	机翼前缘~前梁
512	内段前缘缝翼	612	内端前缘缝翼
513	中段前缘缝翼	613	中段前缘缝翼
514	外段前缘缝翼	614	外段前缘缝翼
520	左外翼盒段	620	右外翼盒段
521	外翼油箱:1~8 肋	621	外翼油箱:1~8 肋
522	外翼油箱:8~17 肋	622	外翼油箱:8~17 肋
523	通大气油箱:17~19 肋	623	通大气油箱:17~19 肋
524	无油段	624	无油段

　　由于该区域位于飞机机翼,接近方式为内部,区域内不含系统和设备,不含导线和可燃物,于是按照 5.2 节标准区域分析流程,采用矩阵变换的方法,考虑无油段区域中的偶然损伤、环境损伤的可能性以该区域中设备的稠密度等评级指标,建立每个评级指标的等级表,进而根据矩阵关系(图 5.13)确定区域检查间隔。

表 5.10 标准区域与增强区域决断分析表

区域号: 521/621	区域名称: 外翼油箱 1~8 肋	机型: XX 机

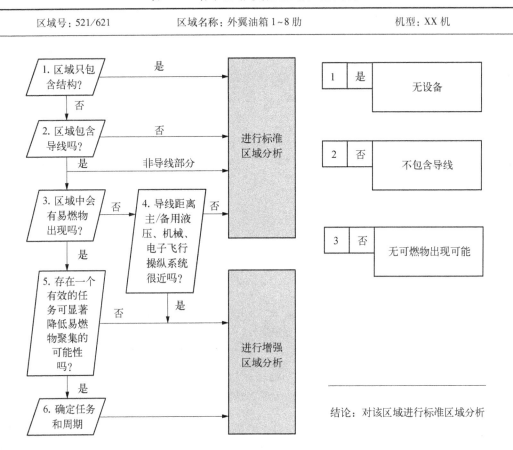

机翼无油段标准区域分析的评级指标和评级过程: ① 重要性等级: 中(2 级),区域位于机翼部分,无主/备用液压、机械、电子飞行操纵系统等;② 稠密度等级: 低(1 级),区域密度低,结构的可达性、可视性较好;③ 暴露等级: 中(3 级),包括环境损伤因素和 AD 因素,取各项评级结果取最大值。其中 AD 因素 2 级,因区域内设备及结构使用地面保障设备损伤频率低,维修频率低,受外来物损伤频率中等,受天气影响低;ED 因素 3 级,温度影响中等、振动影响中等、液体影响无、湿气影响中等、污染物影响中等,故暴露等级 3 级。结合重要度/稠密度等级,该区域标准区域分析的总等级为 4 级,对应内部检查间隔为 4YR,检查方法为一般目视检查。

5.6.2 增强区域案例分析

发动机吊架是区域检查任务的重要对象之一。大型飞机发动机吊架的构造和其与机翼的连接设计是飞机结构设计中重要的环节之一。良好的吊架结构可以有效地把发动机载荷传到机翼,并且能很好地为结构减重。图 5.14 和表 5.11 分别为发动机吊架区域图和吊架子区域列表,选取某型飞机的前上部吊架(upper for ward pylon, UFWP)(ZONE 413)为例进行增强区域分析。

		重要性等级		
		1	2	3
稠密度等级	1	1	2	2
	2	2	2	3
	3	2	3	3

		暴露等级		
		1	2	3
重要性/稠密度等级	1	1	2	3
	2	2	3	4
	3	3	4	5

稠密度：1；重要性：2；结果：2

ED：3；AD：2；暴露等级：3；结果：4

		区域总等级				
		1	2	3	4	5
区域检查间隔	内部	16YR	12YR	8YR	4YR	2YR
	外部	8YR	6YR	4YR	2YR	3MO

总等级：4；内部检查间隔：4YR；外部检查间隔：2YR

图 5.13　标准区域案例分析

发动机吊架区域所包含的结构主要有：吊架盒、前整流罩、吊架-机翼中央整流罩、后整流罩、下整流罩和吊架-短舱连接件。系统主要包括：电气和液压系统、灭火/检测、空气系统和燃油系统。

表 5.11　吊架子区域

区域号	范 围 说 明	区域号	范 围 说 明
	发动机 1		发动机 2
411	吊架前缘	421	吊架前缘
413/414	上前方吊架	423/424	上前方吊架
415	下方吊架	425	下方吊架
471/472	吊架前缘	481/482	吊架前缘
473	下整流罩	483	下整流罩
475/476	后吊架	485/476	后吊架
477	后整流罩	487	后整流罩
431	发动机进气口	441	发动机进气口
433/434	进气口前缘	443/444	进气口前缘
435/436	风扇和附件齿轮箱	445/446	风扇和附件齿轮箱
437/438	风扇罩	447/448	风扇罩
451/452	反推装置	461/462	反推装置
453/454	加热段	463/464	加热段
455	排气喷管	465	排气喷管

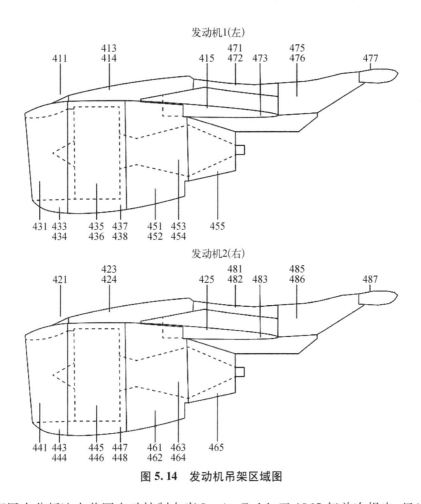

图 5.14 发动机吊架区域图

模糊层次分析法由美国自动控制专家 L. A. Zadeh 于 1965 年首次提出,经过半个多世纪的发展,该方法被广泛运用于自然科学研究的各个领域,并不断成熟完善。对于本书所研究的民用飞机区域分析评级问题,由于涉及很多关于结构、系统、偶然因素及环境因素的评价,主观分析与人为因素等具有模糊现象、模糊概念与模糊逻辑的问题,因此对于这类具备不确定性影响因素的定量化研究,模糊层次分析法是极为有用的重要工具。增强区域分析使用评级表来确定检查等级,根据国外机型维修特点并结合实际维修经验,着重从潜在失火影响、稠密度和暴露性等级三方面建立增强区域分析的评级指标。

根据增强区域分析影响因素和层次分析法的属性关系,将影响区域评级指标组成多级递阶层次结构(图 5.15),从而构成增强区域评级指标体系。

从高到低相邻的四个层次:F、S、T、P。层次 S 有元素 S_1、S_2 和 S_3,层次 T 有元素 T_1、T_2、T_3、T_4、T_5、T_6 和 T_7。由于环境损伤和偶然损伤下属因素大概包括 11 余项,过于烦琐,并且对目标层的影响比较间接,没有太大研究价值,故仅对上面三层着手建立优先关系矩阵。

相对 F 层次,两两比较 S 层次的三个元素建立优先关系矩阵 $F - S$,通过求解模糊一致矩阵和因素的目标权重可得到 S 层相对 F 层各因素权值为 $\omega_1 = (s_1^1 \quad s_2^1 \quad s_3^1)^{\mathrm{T}}$;然后分

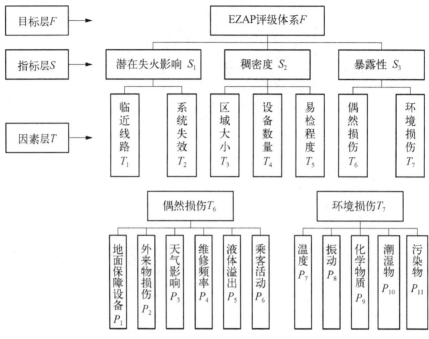

图 5.15　EZAP 评级指标体系层次结构图

别相对 S 层次的三个元素,对 T 层次的元素进行两两比较建立优先关系矩阵 S_1-T、S_2-T 和 S_3-T,$F-S$ 及 S_1-T、S_2-T 和 S_3-T(表 5.12~表 5.15)由评价因素的相对重要性得出。

表 5.12　$F-S$ 优先关系矩阵

F	S_1	S_2	S_3
S_1	0.500	0.900	0.700
S_2	0.100	0.500	0.400
S_3	0.300	0.600	0.500

表 5.13　S_1-T 优先关系矩阵

S_1	T_1	T_2
T_1	0.500	0.600
T_2	0.400	0.500

表 5.14　S_2-T 优先关系矩阵

S_2	T_3	T_4	T_5
T_3	0.500	0.600	0.400
T_4	0.400	0.500	0.400
T_5	0.600	0.600	0.500

表 5.15 $S_3 - T$ 优先关系矩阵

S_3	T_6	T_7
T_6	0.500	0.700
T_7	0.300	0.500

S 层相对 F 层,各因素权值为

$$\omega_1 = (s_1^1 \quad s_2^1 \quad s_3^1)^T = (0.433\,3 \quad 0.25 \quad 0.316\,7)^T \tag{5.1}$$

T 层相对 S 层,各子指标对应上层相应因素的权值分别为

$$\omega_{21} = (s_{11}^2 \quad s_{12}^2)^T = (0.550\,0 \quad 0.450\,0)^T \tag{5.2}$$

$$\omega_{22} = (s_{21}^2 \quad s_{22}^2 \quad s_{23}^2)^T = (0.333\,3 \quad 0.3 \quad 0.366\,7)^T \tag{5.3}$$

$$\omega_{23} = (s_{31}^2 \quad s_{32}^2)^T = (0.600\,0 \quad 0.400\,0)^T \tag{5.4}$$

最后可求得 T 层各个因素相对于总目标 F 的总体权重,即临近线路、系统失效、区域大小、设备数量、易检程度、偶然损伤和环境损伤在区域评级中的总体权重为

$$\omega_n = (s_1^1 \cdot s_{11}^2 \quad s_1^1 \cdot s_{12}^2 \quad s_2^1 \cdot s_{21}^2 \quad s_2^1 \cdot s_{22}^2 \quad s_2^1 \cdot s_{23}^2 \quad s_3^1 \cdot s_{31}^2 \quad s_3^1 \cdot s_{32}^2)^T$$
$$= (0.238\,3 \quad 0.195 \quad 0.083\,3 \quad 0.075 \quad 0.091\,6 \quad 0.19 \quad 0.126\,7) \tag{5.5}$$

在区域评级指标的综合权重确定之后,需要专家组按照指标等级的标准对最底层元素进行评分。R_n 是专家组按照指标等级标准给出的各因素评分矩阵,每个因素分为三个等级(大:1;中:2;小:3),R_n 表达式为

$$R_n = (R_{T1} \quad R_{T2} \quad R_{T3} \quad R_{T4} \quad R_{T5} \quad R_{T6} \quad R_{T7})$$
$$= (1.50 \quad 1.45 \quad 2.90 \quad 2.85 \quad 2.80 \quad 1.95 \quad 1.85) \tag{5.6}$$

偶然损伤和环境损伤等级分别为其影响因素等级值的最小值,即

$$R_{T5} = \min(R_{P1} \quad R_{P2} \quad R_{P3} \quad R_{P4} \quad R_{P5} \quad R_{P6}), \quad R_{T6} = \min(R_{P7} \quad R_{P8} \quad R_{P9} \quad R_{P10} \quad R_{P11}) \tag{5.7}$$

在区域评级各指标的总体权重确定之后,可以求得区域的总等级,其表达式如下:

$$R = R_n \cdot \omega_n = 1.957\,2 \tag{5.8}$$

其中,R_n 是因素层各指标的评分;ω_n 是因素层相对于目标层的总体权重。

根据工程实践中的统计数据和维修大纲间隔确定的发展方向,给出了连续型数值检查间隔。最后结合波音公司和空客公司的相关数据建立了适合我国某型飞机维修大纲中区域检查间隔的回归方程:

$$T = \begin{cases} \text{重新设计} & R < 1 \\ 24.1R - 22.7 & 1 \leqslant R < 2 \\ 94.5R - 163.5 & 2 \leqslant R < 3 \\ 120 \text{ 或更长} & R > 3 \end{cases} \tag{5.9}$$

最后将总等级代入等级-间隔回归方程,得到对应的检查间隔:$T=24.4677\ \mathrm{MO}$。

为了对上述方法使用准确性和精度进行检验,查阅主流机型关于该区域的检查间隔数据得到:MRBR 为 24 月,5500FC,MPD 为 2C。从结果可以看出,基于改进模糊层次分析法确定的区域检查间隔与实际检查间隔的误差为 1.95%,符合要求。

思 考 题

(1) 标准区域分析和增强区域分析的分析流程有哪些区别?
(2) 试利用矩阵变换法确定 5.6.1 小节案例中飞机外翼油段检查间隔。

民航故事——ARJ21-700 飞机全机稳定俯仰工况极限载荷静力试验

《历程》
出版社:中国民航出版社
作者:李健
出版时间:2020.9

静力试验是用试验的方法表明飞机结构在静载荷作用下的强度特性,即检验飞机结构在静载荷作用下的强度、刚度和稳定性等静力特性是否满足适航要求。根据 CCAR 25.305 中关于强度和变形的要求,飞机结构必须能够承受限制载荷而不出现有害的永久变形,必须能够承受极限载荷至少三秒钟而不破坏。而全机稳定俯仰(2.5g)工况极限载荷静力试验是为了验证飞机结构在最严重极限载荷情况下,对民用航空规章的符合性,即检验在飞行运行中遭遇到最大使用载荷的 1.5 倍载荷情况下,飞机结构的静强度设计是否满足适航要求,该试验是型号取证中的重大试验之一。

2009 年 12 月,ARJ21-700 飞机迎来了全机稳定俯仰(2.5g)极限载荷试验,试验结果将直接关系 ARJ21-700 项目研制的进程。在试验刚开始时,载荷比较小,一切显得比较正常。但当加载至极限载荷的 87% 时,01 架试验机机身中后部突然出现异常,不能继续承载,触发自动卸载保护,向上弯曲的机翼瞬间回到原位,试验中止。经检查,发现机身龙骨梁后延伸段断裂。ARJ21-700 飞机没有通过这项重要试验。随后,审查代表正式发出试验观察问题通知单,要求中止相关试验,查找原因。

当日,审查组与申请人对试验组织情况和试验的过程及结果进行了回顾和分析。民航局适航司对此高度重视,主管司领导带队在阎良连续工作 5 天,各种层面的大、小会议也开了 5 天。适航司、审查组、中国商飞、强度所和西飞公司的相关人员共同讨论分析问题并查找原因,寻找解决方案,并对后续工作做出相应安排。经过详细的强度分析,试验中止的原因在于龙骨梁后延伸段侧向刚度不足,下缘条与中后机身壁板连接的紧固件剪切强度不足,导致龙骨梁后延伸段发生侧向失稳,下缘条连接紧固件因强度不足发生断裂,并最终导致后延伸段破坏。试验失败的原因查出来后,针对如何处理原试验机、如何开展后续工作的问题,当时申请人提出两种思路:一是进行设计修改,制造一个全新的飞机结构试验件重新进行 2.5g 静力试验,这种方法可信度高,对局方审查要求相对较低,但会大幅增加申请人的经济成本,影响项目的进展;另一种思路是,对现有机身结构进行修理,以此为基础在全面受控情况下,再次进行 2.5g 静力试验,这种方法虽然会大幅降低申请人的经济和时间成本,但会给局方审查工作带来巨大的挑战。2010 年 3 月,民航局组织申请人召开专题会议,会议明确了局方对继续推进 2.5g 极限载荷试验的工作要求,经充分论证,决定采用第二种工作思路。会议还就申请人提出的工作推进总体思路和方案达成初步共识,同意在受控状态下逐步开展试验工作。

随后,民航局将 2.5g 极限载荷试验作为重点工作推进。适航审查团队和申请人携手攻关,先后在全机有限元模型验证、全机静力试验监控、斜加载技术、试验机修复等方面取得进展。并通过分析和对比试验,表明试验机修复后可以代表取证构型进行验证试验。2010 年 6 月 28 日,在对试验方案和设计思路的反复论证、严格审查的基础上,再次在中航工业飞机强度研究所进行 ARJ21－700 飞机全机稳定俯仰(2.5g)工况极限载荷静力试验。民航局的张红鹰总工和审查组相关适航审查代表全程目击此次试验,中国商飞公司的董事长张庆伟和中国航空工业集团公司董事长林左鸣来到试验现场,FAA 影子审查工程师也参与了目击试验。6 月 28 日 19 时,按照试验大纲加载控制程序,飞机上的载荷从零平稳加至 100% 极限载荷,并按规范要求保持载荷 3 秒钟。19 时 40 分,试验结束并取得圆满成功。多少个日日夜夜的奋战,多少压力的困扰,终于随着突破全机稳定俯仰(2.5g)极限载荷试验大关,画上了句号。

第6章
闪电与雷击防护

本章主要介绍民用飞机闪电与雷击防护的重要性,MSG-3维修思想中L/HIRF防护分析逻辑流程图;然后,基于流程图详细地分析L/HIRF损伤机理与退化模式、防护原理,确定L/HIRF维修任务检查时间间隔与任务类型;最后,通过MSG-3维修思想中L/HIRF防护分析逻辑,确定某架民航客机的典型案例中的主起落架轮舱的L/HIRF维修间隔及维修任务类型。

学习要点:

(1)理解MSG-3维修思想中L/HIRF逻辑分析程序;

(2)掌握L/HIRF对民用飞机的损伤机理以及退化模式;

(3)掌握民用飞机L/HIRF区域划分方法、防护部件类型及防护设计要求;

(4)基于MSG-3维修思想中L/HIRF逻辑分析方法,掌握不同飞机结构的L/HIRF维修间隔及维修任务类型。

闪电/高强度辐射场分析技术是航空器维修大纲制定过程中需要突破的关键技术之一,L/HIRF防护研究是民用飞机维修大纲制定中的重要环节。MSG-3作为制定维修大纲的指导性文件,在2001版修订中将L/HIRF防护分析从区域分析中独立出来,增加"闪电/高强辐射场分析程序"。随着民用航空技术的发展,新型复合材料和结构及先进通信电子设备在民用飞机上的运用越来越广泛,对飞机防雷击和电磁防护提出更高的要求。飞机在飞行过程中遭受雷击具有偶然性和不确定性,对于遭受雷击的结构的检查和维修显得十分重要。为了满足飞机持续适航的要求,对遭受雷击的结构和部件以及电磁干扰的电子电气设备必须进行相应的检查维修,针对不同的损伤采用不同的维修方法,以满足可靠性要求的条件下降低维修成本。维修任务合理制定,直接影响飞机的安全性、可靠性和经济性。系统深入地研究L/HIRF的防护机理和分析流程,制定合理的检查间隔和任务类型对于提高民用飞机售后服务,为航空公司节省维修成本具有重要意义。

6.1　航空器 L/HIRF 分析方法

6.1.1　航空器 L/HIRF 概述

闪电是常见的自然现象,具有较高的发生频率,其对航空、建筑、船舶等具有极大的威胁,是全球十大灾害之一。据统计,每年世界上出现约 10 亿次雷暴天气,平均约 2 000 次/小时。闪电可在短时间内产生极高的电压与电流幅值,释放巨大的能量,单次释放能量可达 $1.98×10^8$ J,电压幅值可达 500 kV,电流幅值可达 300 kA,放电时间一般仅为 40 μs。因此,当闪电电流附着在飞机上时,其短时间内会产生巨大的热量,导致系统结构出现损伤,严重情况下,可直接影响飞机的运行安全。

1. 闪电的概念

闪电(lightning)由空气中或者云层中的电荷产生。飞机遭受雷击具有不确定性和偶然性,当遭受雷击时,飞机不能作为雷击放电的终止点,它只能作为雷击放电通路上的一个组成部分,所以雷击总是在飞机机体上造成两个或两个以上的雷击点(一个进入点,一个退出点)。雷击进入点和退出点是沿着机身向后移动形成(受雷击区域),可以形成沿飞机飞行方向连续的雷击附着点。

飞机的雷击环境由直接雷击和扫掠雷击构成。直接雷击指开始接触到飞机表面的雷击;扫掠雷击指一旦飞机接触到直接雷击后,由于飞机的向前移动,雷击持续放电的附着点不断沿机身向后跳跃移动的雷击。

2. 高强度辐射场的概念

高强度辐射场(high intensity radiation field, HIRF)是由高功率射频能量向自由空间传播而存在的电磁环境,是人为因素造成的电磁环境危害。由于飞机飞行的外部环境的无线电发射设备的数量增加、工作方式增多,使得空间电磁频谱变宽、电磁场强度增大。

射频通信及其他电子技术的飞速发展,导致 HIRF 对电磁环境产生极大影响。飞机运行在 HIRF 环境,从高功率无线电信号到低功率无线电信号,从雷达信号到卫星通信信号以及大量的微波通信系统产生的电磁信号均会受到极大的影响。同时,为了提高飞机的安全可靠性、经济性和可维修性,现代飞机越来越多地使用电子/电气设备和系统。飞机上执行关键功能的传统机电控制及指示系统,已逐渐被电子式飞行控制、电子式显示指示和全权发动机数字控制等系统所取代,它们对外部电磁环境的敏感程度比传统的机械系统要高得多。研究表明,飞机对运行环境的电磁信号很敏感,航电设备中的电子元件参数(例如输入的电压、电流和功率)的降低,使得航空器电子/电气系统经受电磁干扰的能力下降。航空电子设备常常因为 HIRF 影响,无法完成关键操作甚至工作失灵。尽管没有直接的事实证明 HIRF 直接导致运输机失事,但航空电子设备在 HIRF 环境下常常出现的一些异常症状,其对安全运行具有极大的威胁。

3. 民用飞机雷击防护的重要性

随着民用飞机与军用飞机的发展,飞机运行时间、航线逐年增加,遭受雷击事件更加频繁。1978 年 12 月,美国的 C-130 运输机进入闪电区域,雷击电流附着燃油箱,致使发生爆炸,造成人员伤亡;1988 年 9 月,越南的客机遭受雷击,导致坠毁,76 人遇难;1997 年 5 月,我国的 B757 客机遭受雷击,导致迫降,客机出现多处损伤区域;2000 年 6 月,我国的 Y7 客机在下降过程中遭受雷击,导致坠毁,51 人遇难;2005 年 10 月,尼日利亚的 B737 客机遭受雷击,导致坠毁,117 人遇难;2010 年 8 月,哥伦比亚的 B737 客机遭受雷击,导致坠毁;2011 年 5 月,法国 A380 遭遇雷击,出现多处损伤;2015 年 4 月,冰岛一架客机遭遇雷击,出现多处损伤。根据数据显示,一架飞机每飞行 1 000~10 000 小时就会出现一次雷击事故,在多雨雷电区域,民航飞机每年出现一次雷击事故。图 6.1 显示的是一架正遭遇闪电袭击的民航客机。

图 6.1　民航客机雷击图

此外,由于新型飞机广泛应用新结构材料,如新型复合材料、钛合金、各类夹层材料等。其比常规材料,其抗雷击能力较弱,对飞机结构造成的破坏会更加严重。为此,通过持续的雷击试验研究及事故调查分析,不断地改进雷击防护措施,以提高飞机运行的安全性。

在 20 世纪 90 年代,中国在飞机雷击实验与防护分析领域的研究几乎一片空白。经过学者们不断努力,实验室的技术能力快速发展,获得了欧美航空认可。迄今,国内飞机雷电防护技术已经跻身第一梯队,从理论和试验情况看,C919 大飞机能够承受 200 kA 闪电的打击,抗雷击性能优越。

6.1.2　航空器 L/HIRF 防护流程图

本小节使用渐进式逻辑流程图确定 L/HIRF 防护专用的计划维修任务和间隔。该逻辑流程图是利用有效的数据资料和相关环境因素(ED/AD)对每个 L/HIRF 重要项目(L/HIRF significant item, LHSI)进行评估的技术基础。原则上,这种评估基于 LHSI 对退化的敏感性。L/HIRF 分析是飞机制造商设计与维修工程组双方共同努力对 L/HIRF 防护中的 LHSI 进行评估,以保持航空器的固有安全性和可靠性水平。

MSG - 3 中 L/HIRF 防护逻辑分析流程如图 6.2 所示。

根据 L/HIRF 防护分析流程图主要包含的内容是:防护对象确定、防护部件分析、ED/AD 敏感度评级及间隔和任务类型确定。

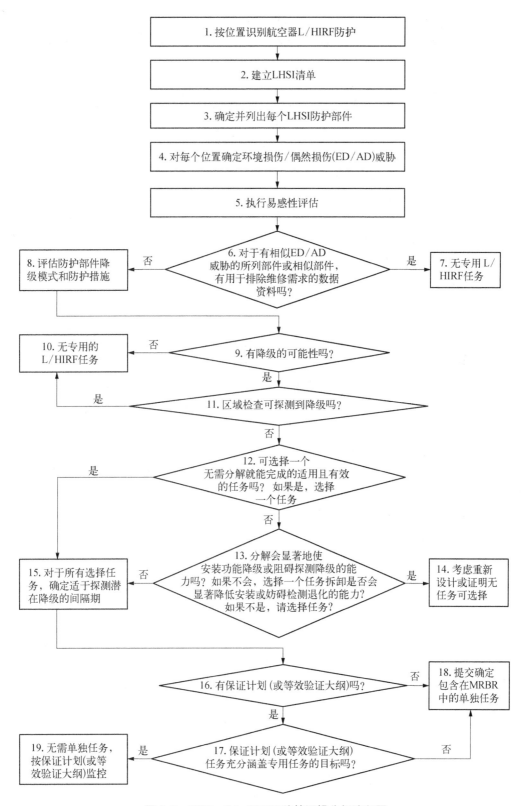

图 6.2　MSG－3 L/HIRF 防护逻辑分析流程图

（1）防护对象的确定。按照航空器不同位置遭受雷击能量的大小,将航空器进行区域划分,在划分的区域内 L/HIRF 防护对象应该包括电气和非电气保护组件,列出区域内每个需要重点雷击防护的对象清单。

（2）防护部件分析。主要对防护部件的特性进行分析,提供区域内的每个保护元件的特性和适用性能数据。保护元件特性包括耐腐蚀性、环境影响和设计稳定性,具体来说是指对防护部件的性能进行描述,包括部件的简述图、部件的材料组成情况、抗电偶腐蚀特性,以及耐高温、盐雾、湿度、液体、化学物质、振动等方面特性。此外,对于区域内包含的屏蔽/搭接通路及其他防雷击的设计进行说明。适用性能数据包括:发展数据、测试数据、服务数据等。识别区域内保护组件的潜在退化特征,描述每个保护元件所在区域的环境,包括所在周边区域可能对区域环境造成的影响。定义每个保护元件退化和运行测试数据,确定其失效情况。依照现有的维修经验,保护元件在防护维修过程中积累的各种退化类型,以及维护期间收集的验证数据或性能测试数据,服务性能包括防护部件的退化细节程度和退化类型。

（3）ED/AD 敏感度评级。L/HIRF 防护部件的安装环境进行分析,主要包括区域内的 ED/AD,分析考虑防护部件所在区域对于 ED/AD 的敏感度程度,确定各区域的敏感度等级。在 L/HIRF 防护逻辑分析流程图中可以得到,L/HIRF 防护部件对 ED/AD 的敏感程度是确定合理有效的任务类型和检查间隔的关键。ED 主要考虑环境因素的影响,包括液体(厕所液体、厨房液体、液压油、燃油、化学液体、湿气等)、振动、温度及其他可能造成 L/HIRF 防护恶化的环境因素。AD 主要考虑使用和维修过程中受意外损伤的可能性。使用过程中受意外损伤的影响因素主要有地面操作、货物卸载、天气影响、外来物损伤、乘客活动等;维修过程中受意外损伤主要是指维护过程和维修期间的影响。

（4）间隔和任务类型确定。如何确定检查间隔和合理有效的任务类型对于 L/HIRF 的检查具有关键的作用,对于 L/HIRF 防护最常用的检查方式是一般目视检查。另外,考虑检查区域内 L/HIRF 防护部件的实际安装情况(导线的密度、编织管道、连接器和设备的安装等)、接近的难易程度及防护部件退化情况,采用专门的任务类型,当 GVI 无效时则考虑详细检查、功能检查或者报废。当所有任务均无效时,则 L/HIRF 防护部件需要进行重新设计。

6.2　L/HIRF 损伤机理与损伤形式

雷击对飞机主要伤害集中在三个方面:飞机结构、燃油系统、电气系统。飞机结构遭到雷击时,形成高电压会击穿绝缘材料和局部结构;雷击时的高电流会使导电不连续处起火、材料烧蚀,造成机械性能大幅度下降。雷击对燃油系统造成的伤害主要是起火和爆炸。雷击对电气系统的危害有:雷击接触到电气系统的任意部位都会毁坏整个电气系统;雷击时的诱导电压会使电路系统中的半导体器件损坏,低信号水平电路失效。雷击对于飞机主要有两种影响:直接效应和间接效应。

6.2.1　金属结构直接效应

直接效应是指闪电对飞机击中点的物理损伤,包括金属蒙皮上被灼烧出的熔洞、非金属结构的击穿和破裂等。如果接触点是翼尖灯或天线,对于闪电电流直接进入飞机电路的可能性也要给予关注。

金属结构包括飞机外蒙皮和内部框架(如翼梁、肋骨、隔板)。闪电电流在闪电的进入点和退出点之间流动。电流在附着点之间流动时,趋于分散,把整架飞机作为一个导体,飞机结构主要采用金属材料,具有良好的导电性。因此,飞机上的电流强度很少会在进出点之间造成物理损伤。只有在电流通路上,结构零件之间电搭接或接触不好时,才容易出现物理损伤。此外,在电流汇合在进出点周围时,可能聚集很大的电磁力和电阻热,对结构造成损伤,雷击附着点的损伤是电弧通路带来的巨大能量和作用力导致的。

1. 烧蚀和熔洞

如果闪电接触金属表面的时间足够长,在雷击附着点的金属会熔化,飞机表面会出现凹陷、焦痕或喷漆颜色改变的特征,常见的现象是沿着机身或尾翼出现一连串的烧蚀点或者熔洞。持续电流是雷击产生烧蚀和熔洞的主要原因。

2. 电磁力

金属蒙皮或结构也可能被附着点附近伴随集中的闪电电流而来的极强的电磁场造成变形。闪电电流分量中,高幅值的回闪电流和中间电流是造成电磁力损坏的主要原因。除了主要结构以外,电磁力还会导致搭接带或分流带、空速管及其他可能传导闪电电流的物体出现损坏。

3. 电阻热

暴露在闪电电流下的导体会产生电阻热。当导体的电阻过大或横截面积太小,不能满足传导电流的要求时,闪电电流可能在导体内储存相当数量的能量,导致温度急速升高。大多数金属的电阻系数是随温度的升高而增大,从而导致金属内可储存更多的能量,加速导体升温。

4. 冲击波和过压

闪电冲击电流在电离的闪电先导通道中流过,大量的能量在瞬间被送到通道中,致使通道以超声速的速度扩大,温度升高,通道压力增大。当扩展结束后通道直径减小,压力和周围气压相等。冲击波向外辐射迅速扩散过程中,如果受到坚硬表面的阻挡,冲击波的动能将会变为压力,破坏飞机结构。

根据雷击造成的飞机损伤特性分析,雷击放电量分 6 种类型:高电压、高的电压变化率、高电流、高的电流变化率、中等电流和持续低电流。表 6.1 列出了各放电分量与飞机损伤特性的关系。

表 6.1 放电量与飞机损伤特性关系

	高电压	高的电压变化率	高电流	高的电流变化率	中等电流	持续低电流
绝缘材料击穿	√	√				
电流冲击	√	√	√	√		
电磁力			√			
接头起火			√			
冲击波和过压			√	√		

	高电压	高的电压 变化率	高电流	高的电流 变化率	中等 电流	持续 低电流
缓慢升压					√	
金属击穿					√	
金属腐蚀						√

6.2.2　非金属结构的直接效应

随着科技的日益发展,新型材料越来越多地被用于飞机上,复合材料以其良好的比强度和比模量性能,结构重量轻,耐腐蚀,不易疲劳等特点,受到各飞机制造商的青睐。复合材料已经在许多结构上代替铝材料,例如机头、机翼和尾翼的翼尖、机尾锥、翼身整流罩和操纵舵面,在一些特殊的飞机上,整个机身都是用纤维增强复合材料制成。

通常情况下,非金属材料用来覆盖金属物体,如雷达天线。如果这些材料不导电,例如玻璃纤维材料,电场可以穿过这些材料并且可能在内部金属物体上形成流光,当流光在闪电先导的作用下向其扩展,并在汇合过程中遇到非金属材料,就会击穿非金属材料,这些击穿开始时是一个小洞,但是随着冲击电流的增大,冲击波会给材料带来更大的损伤。

目前,飞机上比较常用的复合材料有玻璃纤维或 Kevlar 纤维增强树脂基复合材料、碳纤维增强树脂基复合材料、硼纤维增强树脂基复合材料等。

闪电对玻璃纤维或 Kevlar 纤维增强树脂基复合材料结构的损伤原因主要有以下几种情况:

(1)雷击时的高电压会导致该类材料结构被击穿,且当电绝缘强度不够或在其内表面处有导体时更易被击穿;

(2)雷击放电电弧和持续电流会使具有封闭内腔结构的腔内压力缓慢增长,最终导致结构破坏;

(3)雷击放电电弧和持续电流会引起材料烧蚀,形成局部损伤;

(4)雷击时的电磁力也会引起结构损伤,但由于作用时间很短,一般不会造成结构的严重损伤。

碳纤维增强树脂基复合材料结构遭受雷击时,雷击放电电弧扫到复合材料表面上,在电弧作用下,首先是表层基体被烧蚀、蒸发,随后电弧就与导电的碳纤维接触,雷击电荷传到各纤维束上。由于电压高、电流大,纤维快速升温,当温度升至某一临界温度以上时,树脂基体开始热分解,使纤维失去基体的支持,出现分层损伤,整个复合材料的强度和刚度就大幅度下降,最终导致结构破坏。在对碳纤维增强树脂基复合材料板进行模拟雷击实验过程中,会看到烧蚀、分层、燃烧、片状剥落等现象。

在闪电对硼纤维增强树脂基复合材料的作用过程中,首先电弧将表面层的基体烧蚀并蒸发掉,随后电弧与硼纤维接触并通过硼纤维放电。在放电过程中,先退化的是硼纤维,其后是基体热分解。因为硼纤维的芯子是由钨丝或由表层导电的有机纤维组成的,在对硼纤维放电时,电流主要通过硼纤维的芯子传输。由于电流很大,造成芯子很快升温并急剧产生径向、轴向膨胀,同时由于硼的导热性不好,纤维表层膨胀不大,并限制芯子膨胀,当由于芯子膨胀引起的径向、轴向应力超过硼的强度时,硼纤维就产生径向和轴向裂纹,导致硼纤维退化。随着继续放电,温度进一步升高,基体开始热分解,复合材料便失去承载能力。

目前,国内外许多学者针对 CFRP 层合板进行雷击实验研究,其施加的电流是美国汽车工程师协会(Society of Automotive Engineers, SAE)从自然界雷电数据中综合形成一种针对设计和试验为目的的雷击电流波形,其主要分为 A、B、C 和 D 的四种电流分量,如图6.3 所示。

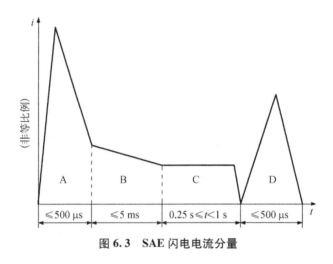

图 6.3　SAE 闪电电流分量

其中,可通过双指数函数曲线模拟 A 波、B 波、D 波,如下式所示:

$$i(t) = I_0(e^{-\alpha t} - e^{-\beta t}) \tag{6.1}$$

式中,I_0 是双指数函数波形影响因子,单位 A;t 是时间,单位 s;e 是自然对数的底;α 和 β是双指数函数频率参数。

此外,研究学者通过超声 C 扫描观察 CFRP 层合板在遭遇雷击后的损伤结果,结果发现雷击短时间内传递的大量的能量,会导致 CFRP 层合板出现大面积损伤,其对飞机运行会导致严重的威胁。而通过目视检查是不能详细地观察雷击损伤结果,为此,在飞机遭受雷击后,需要针对雷击损伤点进行详细的安全检查与维护,以保证飞机运行的安全性。

6.2.3　间接效应

闪电的间接效应是由于闪电导致电子/电气设备的损坏或故障。这些效应的范围从电路的跳闸到计算机的程序混乱,以及电子/电气设备输入/输出电路的物理性损坏。闪电形成不必要的电磁场,其在飞机内部线路上引起的感应电压或电流,会造成电气设备的损坏或工作异常。某些情况下(低强度放电、弱保护区),对系统的影响只是暂时的,系统在放电之后可以恢复正常工作;对于其他情况来说(弱保护区,没有电路保护装置),遭受损坏是永久性的,必须更换部件进行修复。

电磁场能够透过金属蒙皮或直接穿透诸如接缝、孔洞等其他非金属部位。由于电磁场随时间变化,其会在飞机内部的电路中感应产生瞬时电压和电流。当雷电电流流经飞机结构上的高阻抗部位时,也会产生大的电压和电流。

当飞机遭遇雷击时,外部电磁环境通过飞机上类似挡风玻璃、旅客舱窗、复合材料结构等开口结构,直接耦合进入机身内部的电磁波,以及从非屏蔽区到屏蔽区的线缆和金属管路所携带的电磁能量等构建成飞机内部电磁环境。飞机内部射频能量通过电子系统之间的线缆和设备壳体上的缝隙耦合进入设备内部,影响设备的正常工作,导致系统功能紊乱或者丧失,可能会威胁航空安全。

6.3 L/HIRF 防护原理

6.3.1 区域划分

飞机在天空中是移动的,而闪电产生的正负电极在短时间内几乎不发生运动,所以飞机在遭受雷击的过程中,其雷击附着点不仅具有一个,而是沿飞机运动方向而出现的一系列雷击附着点,如图 6.4 所示。此外,飞机遭受雷击的附着点易出现在飞机电荷易聚集的结构部位,例如紧固件、天线、翼尖等部位,所以对此应重点进行防护。

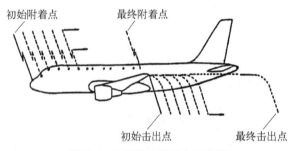

图 6.4 飞机雷击附着点示意图

其中,飞机在遭受雷击初始附着时,其所承受的电流强度是最大的,其所产生的损伤也最大,而其余区域随着雷击电流强度的逐渐降低,其遭受的电流强度也逐渐降低,损伤程度也逐渐减少。为此,SAE 根据飞机雷击过程的这一特性,经过大量的实验数据积累,根据飞机遭受雷击附着的属性,将雷击区域共划分为 3 个区域,分别为 1 区、2 区、3 区。不同区域所遭受的电流波形如表 6.2 所示。

表 6.2　民机不同雷击附着区域对应的雷击电压、电流波形

雷击区域	电压波形	电流波形
1A	A,B,D	A,B,C*
1B	A,B,D	A,B,C,D
1C	A	A_h,B,C*,D
2A	A	D,B,C*
2B	A	D,B,C
3	A	A,B,C,D

1 区：民用飞机最易遭受雷电附着和首次回击的区域;2 区：不易遭受首次回击影响,但易受雷击的后续回击影响的区域,容易发生在雷击通道的扫掠区域;3 区：不会发生闪电回击的区域,但雷击电流会通过附着点传递到此区域。根据雷击附着民用飞机表面的时间长短,将 1 区、2 区细分为 1A 区、1B 区、1C 区与 2A 区、2B 区。A 区：雷击闪电通道不能长时间附着的区域;B 区：雷击闪电长时间附着的区域,其主要位于机身、机翼、尾翼的尾端;C 区：雷击首次回击且不能长时间附着的低电流幅值区域。图 6.5 为某民用飞机的雷击分布示意图。

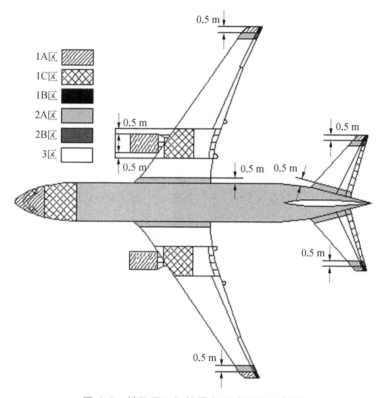

图 6.5 某民用飞机的雷击区域划分示意图

民用飞机遭遇雷击的位置位于机头、翼尖等尖端区域,产生的感应强度较大,所以可采用感应电场强度大小衡量民用飞机易遭受雷击附着的程度。当民用飞机穿越雷击云层,会导致民用飞机产生感应电场,其中,民用飞机机头、翼尖等尖端位置感应电场强度大于其他位置,感应电场强度越大越容易遭受雷击。因此,国内外研究学者采用感应电场强度来衡量民用飞机雷击附着点易接触的部位,产生感应电场强度越大的位置越容易遭受雷击。

根据 ARP－5414A 手册(《飞机雷电分区》),民用飞机雷击附着 1A 区域边界为一条直线,而不是曲线。通过某位置感应电场强度与最大感应电场的百分比,可衡量该位置易遭受雷击的程度。即感应电场强度与最大值的百分比是有临界值的,当感应电场强度与最大值的百分比大于临界值,则证明该位置处于民用飞机的尖端凸起部位、易遭受雷击的部位。

雷击分区的第一步是确定闪电先导最初附着民用飞机上的位置,即机头、翼尖等尖端区域。第二步是确定雷击电流回击可能经历的区域,这些区域包括 1A、1B、1C 区域。正常情况下,由于民用飞机处于快速向前移动的过程中,从初始先导附着民用飞机到闪电触及地面并发生首次回击的一段时间内,民用飞机会向前移动一定的距离,此段距离设定为 1A 区的区域范围,因此 1A 区的区域范围可表示为

$$d = h \cdot TAS/V_1 \tag{6.2}$$

式中,d 为 1A 区的长度;h 为飞行高度;TAS 为飞行速度;V_1 为先导速度。

大量的数据表明,民用飞机遭受最严重的雷击损伤发生在 1 500 m 以下,先导速度为 1.5×10^5 m/s。而常规的民用飞机在 1 500 m 高度以下飞行时,飞行速度小于 130 m/s。将上述参数代入式(6.2),可得 1A 区的长度为 1.3 m。对于飞行速度小于 130 m/s 的民机,1A 区的长度至少为 0.5 m。

1C 区位于 1A 区的后端区域,当民用飞机飞行在 1 500~3 000 m 的高空时,雷击先导可以扫掠到 1A 区的后端区域。雷击先导扫掠的距离 d_2 与式(6.2)计算方法相同。1C 区的长度为 d_2 与 1A 区域长度的差值。

机翼与尾翼的翼尖区域的 1A、1B 区域位于翼尖的水平切点向内延伸 0.5 m 的范围。另外考虑到闪电接触民用飞机表面过程中电流振幅减小与雷击通道的横向移动,1A 区与 1B 区向内 0.5 m 的范围确定为 2A 与 2B 区域。因此,当 1A 区域确定以后,可以确定其他区域。

为此,列举飞机易遭受雷击的结构件及根据区域划分标准判断其遭受的雷击强度,建立飞机 LHSI 清单,但为便于飞机设计、制造、检查、维修,未单独对雷击维修过程进行单独的区域划分,而依然采用第 5 章区域划分的标准进行划分,并在其中挑选易遭受雷击电流损坏的区域,按照目前国际上通用的最新的 ATA 2200 划分标准及 MSG-3 中的规定,并参照国际主流机型的飞机结构修理手册,将飞机划分为 26 个 L/HIRF 防护区域,具体划分情况见表 6.3。

表 6.3　L/HIRF 飞机防护区域划分

序　号	区　域		区　域　描　述
1		110	雷达舱、RAT 舱和前起落架轮舱
2		120	电子电气设备舱
3		130	前货舱、中部设备舱
4	100 下半机身	140	中央翼
5		150	主起落架轮舱
6		160	后货舱、再循环风扇舱
7		170	翼身整流鼓包
8		210	前附件舱和驾驶舱
9	200 上半机身	220	电源中心和前服务区域
10		230	旅客舱
11		240	后服务区域
12		310	后附件舱
13	300 机尾	320	垂直安定面和方向舵
14		330/340	左/右水平安定面和升降舵

序　号	区　　域		区　域　描　述
15	400 发动机与吊架	410/420	左/右动力装置
16		430/440	左/右吊架
17	500 机翼	510/610	左/右机翼前缘
18		520/620	左/右外翼盒段
19		530/630	左/右机翼后缘-内段
20		540/640	左/右机翼后缘-外段
21		550/650	左/右翼梢小翼
22		560/660	左/右襟翼支臂整流罩
23	700 起落架	710	前起落架及其舱门
24		730/740	左/右侧主起落架及其舱门
25	800 舱门	820	货舱门
26		830/840	登机门、服务门和应急门

6.3.2　防护部件类型

根据飞机 LHSI 清单,分别采用不同的防护方式,目前国内外民用飞机制造单位主要采用以下 4 种雷击防护方法。

(1) 网箔防护法。该方法通过贴在 CFRP 表面或者最外层下面的铜制、铝制编织或未编织金属网提高导电性能。其中,编制金属网由机器编织制造,但此种方法由于丝线易松开,且不易喷涂、电镀、层压,已经逐渐被通过金属箔打孔方法制造出来的未编织金属网所替代。

(2) 表面层防护法。该方法通过民用飞机 CFRP 外表涂层中添加导电材料,提高 CFRP 的导电性能。具体的措施有:喷涂具有金属颗粒的材料、表面添加导电金属条等。

(3) 铝涂层防护法。该方法通过转移法在 CFRP 表面火焰喷涂一层铝防护层,即转移膜法,或者通过等离子电镀法制备铝防护层,提高 CFRP 的导电性能。

(4) 成套电路防护法。该方法通过电子系统中的汇流条将雷击电流传递到民用飞机中相关导电结构,使雷击电流通过导电结构释放出去,其中该方法应至少包括两套完整的电路系统。

根据 MSG - 3 中的定义,按照所保护区域故障后果的危险程度来确定闪电/高强度辐射场防护系统的分级,通常将系统分为 A 级和 B 级。

(1) A 级:航线可更换单元内部 L/HIRF 防护部件。

L/HIRF 防护特性包含在 LRU 中。防护装置[如滤波器针连接器、分离式/离散滤波器电容和瞬态保护器(瞬态电压抑制器)等]位于 LRU 内的一个或多个接口电路中。

LRU 内部防护特性不需要开展 MSG - 3 分析。对于那些失效会对安全性产生不利影响的 LRU,航空器制造厂家应和 LRU 制造厂家共同确定 LRU 制造厂家的维修策略,以确保 L/HIRF 防护特性持续有效。该维修策略应包含特定的 LRU 部件维修手册(component maintenance manual, CMM)程序或局方可接受的其他数据资料,以便证明 L/HIRF 防护装置能持续执行其预定功能。

(2) B 级:航空器上 LRU 外部 L/HIRF 防护部件。

L/HIRF 防护(除了 LRU 内部防护),无论识别为一个或多个 LHSI,都必须进行分析。典型的例子包括屏蔽电缆、电缆管道、搭接线、连接器、带导电网的复合材料整流罩及结构的固有导电性等,也可能包括航空器的特定装置,例如射频设备垫圈。

6.3.3 防护设计要求

飞机雷电防护的根本目的是阻止灾难性事故,使飞机能够继续安全飞行并着陆在合适的机场上。SAE 制定了飞机闪电防护的相关工业标准,包括 ARP-5412、ARP-5413、ARP-5414、ARP-5415A、ARP-5416 和 ARP-5577。针对飞机直接效应验证方法,FAA 在其颁布的联邦航空规章和咨询通告(advisory circular, AC)中明确给出了雷电防护的要求。运输类飞机的雷电防护要求包含在 FAR-25。

FAA 在其颁布的 25 部中对飞机的结构、燃油系统及其他系统和设备有明确的要求。对于所有类型的飞行器,结构防护的原则是一致的,在 FAR-25 中对结构雷击防护提出了详细的要求。FAR-25.581 雷击防护中对飞机结构包括金属和非金属部件给出了明确的要求,其强调外部的雷击防护,但由于未良好防护的油箱遭受雷击后发生爆炸引起灾难性事故的发生,所以单独增加了 FAR-25.954 适航条件,强调燃油系统的雷击防护要求。

FAR 中关于飞行控制系统、推进系统、电子/电气系统等其他系统的雷电防护没有专门的说明。但在 FAR-25.1309 中陈述了对设备、系统及安装的通用安全规章,要求采取保护措施防止飞机免受任何可预见危险运行条件,其中之一就是闪电的危害性影响。但 FAR-25.1309 中没有专门提到闪电为可预见的危险运行条件,所以这条规章往往不能作为闪电防护的要求。然而,当今普遍认为飞机发生雷击是一种危险运行条件,所以条款具有适用性。

这些条款在美国 FAR-25 和欧洲 EASR-25 都有体现,国内也参照欧、美飞机雷电防护体系,制定相应的适航条例,如 CCAR-25.581 闪电防护、CCAR-25.954 燃油系统的闪电防护、CCAR-25.1316 系统闪电防护等。只有按这些要求进行设计、制造,并满足安全性要求的飞机,才能取得适航证,进入航线运营。

6.4 L/HIRF 检查间隔和维修任务确定方法研究

6.4.1 ED 敏感度评级

环境损伤主要是指防护部件所处的环境因素对其防护性能和功能的影响,包括:厨房液体、厕所液体、液压油、除冰液、化学液体、燃油、湿气、振动、温度等。其表现形式主要有:防护部件被液体污染、表面腐蚀、防护部件的屏蔽层被腐蚀损坏等。

环境损伤的影响由 L/HIRF 防护项目对损伤的敏感度等级确定,敏感度等级是综合考虑 L/HIRF 防护项目的环境等级和防护项目的设计可靠性确定的,最终的环境损伤敏感度等级是选取所分析的部件对各项环境因素的敏感度等级的最大数值。

敏感度等级主要根据防护部件的环境等级、实验数据、运营数据等综合确定(表6.4)。

1 级:受所处环境的影响较小。

2 级:受所处环境的影响较大。

3 级:受所处环境的影响很大。

表 6.4 ED 因素敏感度评级表

低	中	高
1	2	3

6.4.2 AD 敏感度评级

偶然退化模式主要是指防护部件在运行过程或者修理维护过程中一些不可提前预知因素的影响,包括货物装卸、地面操作、天气影响(冰雹、积雪进入、泥浆、水分等)、外来物损伤、液体溢出(油、污水、电池电解液、禽畜污染物、酸或碱性制品、盐水等)、乘客活动、维护过程中的一些不当操作等。其主要的表现形式有防护部件表面的腐蚀、表面漆脱落、出现凹陷、裂纹等。

AD 主要包括维修和使用两部分,如表 6.5 所示。

表 6.5 维修/使用 AD 敏感度评级表

维 修			使 用		
低	中	高	低	中	高
1	2	3	1	2	3

维修敏感度是指维修活动中受到意外损伤的可能性,根据在维护过程中的一些偶然情况进行确定,主要包括:维护过程和维修期间的影响,操作程序期间的影响,设计制造缺陷,由于材料清洁不足造成的污染,除冰、压力清洗过程中出现结构性碎片造成的污染,紧固件毛刺,破碎的钻头等。

维修敏感度的评级如下。

高:维修过程中造成偶然性损伤的可能性大,如货舱、主起落架、襟翼。

中:维修过程中造成偶然损伤的可能性适中,如机翼。

低:维修过程中造成偶然损伤的可能性较小。

使用敏感度指使用过程中受到意外损伤的可能性,影响因素主要有地面操作、货物装卸、天气影响(冰雹、积雪进入、泥浆、水分等)、外来物损伤、液体溢出(油、污水、电池电解液、禽畜污染物、酸或碱性制品、盐水等)、乘客活动等。

使用敏感度的评级如下。

高：使用过程中受到地面操作、天气、乘客等影响因素较大。

中：受到使用敏感度影响因素适中。

低：受到使用敏感度影响因素较小。

6.4.3　检查间隔确定方法

确定 L/HIRF 防护的预定维修工作和检查间隔,一般采用矩阵图法,这是从 MSG-3 方法基础上发展起来的基于大量工程实践经验的具体方法。从多维问题的事件中,找出成对的因素,排列成矩阵图,然后根据矩阵图来分析问题,确定关键点的方法。属于因素群 L 的 L_1, L_2, $\cdots$, L_i, $\cdots$, L_n 和属于因素群 R 的 R_1, R_2, $\cdots$, R_j, $\cdots$, R_n 分布排列成行和列,构成一个矩阵图,如表 6.6 所示。然后在行和列的交点上表示 L 和 R 各因素关系,从矩阵图中行和列的交点作为构思的要点来有效地解决问题。由于不同飞机设计理念的不同,结构上的差异和使用环境的不同,采用矩阵图法确定飞机结构的维修间隔时,各部分考虑的因素及矩阵图法会有所变化,在使用时,需要根据实际情况进行调整。因此,结合工程实际经验,采用矩阵图法确定飞机结构的预定维修任务和检查间隔是目前飞机制造商常用的方法。

表 6.6　L 型矩阵图

		R			
		R_1	R_2	$\cdots$	R_n
	L_1	X_{11}			
L	L_2		X_{22}		
	$\cdots$				
	L_n				

1. 空客公司运用矩阵图法确定 L/HIRF 检查间隔

空客公司在制定 L/HIRF 防护分析预定维修大纲时,考虑两个等级的影响：ED 等级和 AD 等级。维修工程人员通过实际工程经验,对 L/HIRF 防护部件对 ED/AD 影响因素的敏感度进行评级打分,具体的评级标准如表 6.7 所示。

表 6.7　敏感度评级标准

低(L)	中(M)	高(H)	N/A
1	2	3	0

根据上述影响因素和敏感度评级标准,采用矩阵图法确定检查间隔,因素群 L 和 R 分别对应 ED 和 AD 的评级打分情况,而 L 和 R 交点的位置则为检查间隔,构成一个矩阵图,具体方法如图 6.6 所示。

2. 波音公司运用矩阵图法确定 L/HIRF 检查间隔

波音公司在制定维修大纲时,根据 MSG-3 的要求和空客公司考虑的因素基本相同,考虑 ED 和 AD 的影响。但波音公司在分析的过程中对 L/HIRF 防护组件的性能数

图 6.6　空客公司检查间隔确定

据进行评估确定,对于防护组件的在役性能数据进行验证评估,具体情况如表 6.8 所示。

表 6.8　组件测试和在役性能评估

LHIS 编号:		组件名称:		
性能数据		工程应用评估		
		组件安装位置的选择和评估		
	基于工程应用预测组件的预期性能			
		工程验证评估		
		很好	好	无数据	论证
	在役				

很好——在役数据显示出很好的硬件性能,没有明显的在役退化报告。
好——在役数据显示出好的硬件性能,明显退化的前期数据报告。
无数据——通过相似性验证没有数据可用来评级。

电磁兼容性评估汇总表:

表 6.9 是对组件 AD 的评估,对组件设计可靠性的数据描述收集,根据详细的描

述对设计可靠性进行评估,确定设计可靠性等级(高、中、低)。此外,在对组件 AD 评估过程中对于 AD 的暴露程度、防护组件的密度及预期进入频率要进行必要的分析说明。

表 6.9　组件 AD 评估

LHIS 编号:		组件名称:		
区域:	偶然损伤暴露: 解释下述你的答案	是	否	
偶然损伤暴露的解释:				
密度:				
预期进入频率:				

ED 等级考虑的因素主要是厨房液体、厕所液体、液压油、除冰液、化学液体、燃油、湿气、振动、温度等,组件对影响因素的敏感程度进行评级打分,最终确定 ED/AD 等级,从而对应检查间隔,具体如表 6.10 所示。

表 6.10　波音公司检查间隔确定

LHIS 编号:				组件名称:		
区域:				飞机安装环境(IPV,OPVP,OPVE)		
工程设计评估						
表 6.8			设计可靠性			
工程应用评估	工程验证评估(在役)					
是	很好					
否	好					
无数据	无数据					
在役性能评估				ED/AD 等级		
威胁评估	N/A	低	中	高	环境等级(1=低,2=中,3=高)	解释:
偶然损伤 (表 6.9)						
厨房液体						
厕所液体						
液压油						
除冰液						
湿气						
温度						
振动						
化学液体						
燃油						
其他						

工作组	波音	间隔选择	
	1	2	3
ED/AD 等级			
	没有专门维护	7—12 年	3—6 年

3. 对比分析

空客公司和波音公司在确定检查间隔时都考虑 ED 和 AD 的影响,所考虑的影响因素也基本相同,都是从安全性和可靠性的角度出发,结合维修工程经验。

空客公司的方法是确定 ED 和 AD 的影响因素,建立敏感度指标评级,通过专家和维修工程人员的实际工程经验进行评级打分,从安全性和可靠性方面进行考虑,分别取 ED 和 AD 影响因素的最高级,作为间隔矩阵的行列因素集,从而对应检查间隔。

波音公司的方法是考虑 ED 和 AD 的影响,并在分析的过程中,对 L/HIRF 防护组件的防护性能数据进行评估,对于防护组件的在役性能数据进行验证评估,对组件 ED 和 AD 影响因素进行评估,对组件设计可靠性的数据进行收集,以对设计可靠性进行评估,确定设计可靠性等级。此外,在对组件 AD 评估过程中,对于 AD 的暴露程度、防护组件的密度及预期进入频率要进行必要的分析说明;在对组件 ED 评估过程中,对于飞机的安装环境、工程设计进行评估,在工程设计评估中考虑设计可靠性和在役性能。对 ED 和 AD 的影响因素进行评级打分,通过工作组评估从而确定最终的 ED 和 AD 等级,对应检查间隔。

6.4.4　维修任务类型确定方法

根据 MSG-3 的维修思想,针对某些 LHSI 防护部件需要专用的 L/HIRF 任务,而其他则无须专用设计的维修任务。例如:① 对于飞机 LHSI 防护部件,其遭受的 ED/AD 损伤威胁与其他部件相似,可通过相似部件的雷击检查间隔和维修任务确定其 L/HIRF 任务,无须专用的 L/HIRF 任务;② 若飞机 LHSI 防护部件在遭受 ED/AD 损伤时,其材料属性不发生退化,依然对部件能起到有效的防护作用,则无须专用的 L/HIRF 任务;③ 若常规的区域检查能够检测到防护部件退化问题,则无须专用的 L/HIRF 任务;④ 若需拆卸才能检查的 LHSI 防护部件退化现象,且会显著降低安装或妨碍检测退化的能力,则需要重新考虑结构件的设计或者能够证明无任务可选。而针对某些不符合上述情况的 LHSI 防护部件需要确定检测间隔及维修任务。

通常情况下对于 L/HIRF 防护一般目视检查为最常用的检查方式,一般目视检查包括防腐失效的检查和防护完整性的检查,例如屏蔽导线、连接器、尾线夹、搭接线、内含导电网的复合整流罩和导电的密封垫等。详细检查主要包括验证那些不适合一般目视检查的、采用预紧力矩密封的电子连接器、结合面的腐蚀、液体污染、跨接线和线束的倾斜、磨损、扭曲和松弛而进行的检查,当 GVI/DET 检查均无效时可以考虑采用功能检查。当所有任务均无效时,则防护部件需要进行重新设计。

如何确定合理的检查方式对于 L/HIRF 的检查具有关键的作用,一般考虑检查区域的导线的密度、编织管道、连接器和设备的安装等,以及防护部件退化的标准情况,其分别对应矩阵法的因素群 R 和因素群 L(表 6.11)。

表 6.11　检查方式确定

		检 查 等 级		
		密度		
		低	中	高
L/HIRF 防护退化	低	GV1	GV1	专门任务
标准	高	GV1+专门任务	GV1+专门任务	GV1+专门任务

设备的密度:导线的密度、编织管道、连接器和设备的安装等,所在区域会被评估的相对大小的区域,区域的密度被标识为低、中、高,这个标准是指部件的数量,它们相互的接近程度和复杂性。

L/HIRF 防护退化标准是指在区域里 L/HIRF 防护安装的退化程度(退化模式、可检验性、冗余等级和分离的程度),通过维修工程人员的维修经验对防护标准进行等级确定。

低:L/HIRF 防护部件容易受到轻微老化的影响或预期的退化能被目视检查检测。

高:L/HIRF 防护部件容易受到显著老化的影响或预期的退化可能不会立刻显示。

运用矩阵法确定任务类型具有较强的理论性,但是对影响因素的确定需要大量的设计数据和工程经验的积累,从维修工程人员的操作角度考虑存在诸多困难,而逻辑判断法弥补了这一问题,使任务类型的确定更加简单直观,便于操作。当 GVI 无效时,则需要考虑其他任务类型的选择,或者将其转移到区域检查中进行分析,在这里只考虑当 GVI 无效时其他任务类型的选择。

L/HIRF 防护任务类型确定采用的逻辑判断法是在 MSG-3 方法的基础上,对项目的可见性和安装环境及防护项目潜在的退化方面进行分析考虑,并通过对大量工程经验的总结和积累得到的方法。逻辑决断法本质上是对执行任务的一个判断过程,对于任务类型的确定,通过 5 个问题进行任务有效性判断来确定适用有效的预定维修任务类别,对问题的回答应有必要的说明。

(1) GVI 检查是否有效?

(2) DET 检查是否有效?

(3) FNC 检查是否有效?

(4) DIS 检查是否有效?

(5) 是否需要重新设计?

在实际维护中任务类型不是单一的,会有 GVI 和其他任务类型共同存在的情况,如 GVI 和 FNC 共同存在的情况,则 GVI 无效时的分析就不够准确,需要对其进行分析并采用 GVI 有效时所采用的矩阵法进行任务类型确定。

根据 MSG-3 的要求,当不需要 L/HIRF 维修任务时,需要考虑以下几点:

(1) 所有看得见的闪电/高强度辐射场防护系统(线、屏蔽、连接器、压焊带、线槽)都可以包括在区域检查中；

（2）在导管和热缩管有完整的防护层时，其闪电/高强度辐射场防护工作包括在区域检查中；

（3）飞机结构的固有传导特性以及与 L/HIRF 防护有关的结构搭接放在区域检查中，有关腐蚀的内容则包括在结构检查中；

（4）带传导网格的复合整流罩防护工作包括在区域检查中。

在区域检查无效的地方进行附加分析，制订 L/HIRF 预定维修工作。

6.5　案例研究

选取主起落架轮舱作为分析对象，对主起落架轮舱（左）的 L/HIRF 防护部件连接器进行分析（表6.12）。

表 6.12　防护部件描述

区域号	区域描述	防护部件名称	暴露情况（IPV/OPVP/OPVE）
133	主起落架轮舱，机体站位 663.75～727.00（左边）	连接器	OPVE

备注：IPV/OPVP/OPVE——说明防护部件安装环境的暴露情况。内部表示部件位于增压区内部（inside the pressure vessel, IPV）的位置，中部表示部件位于增压区外部受保护（outside the pressure vessel protected, OPVP）的部分，外部表示部件暴露在增压区外不受保护（outside the pressure vessel exposed, OPVE）的部分。

图 6.7、图 6.8、图 6.9 分别为连接器部件图和左起落架轮舱连接器通路描述图，表6.13 为连接器编号和连接导线编号信息。

起落架舱的区域环境说明：由于暴露在增压区外不受保护，所以受环境影响较明显，液体的影响主要是由于起落架轮舱处于油箱相邻区域并有燃油管路经过，部件周围也有液压系统，并且伴随着阶段性的明显振动。此外，在飞机从地面到空中的过程中温度变化较大。在偶然损伤方面起落架轮舱对于维修敏感度和使用敏感度都比较明显，这些都会造成 L/HIRF 保护的恶化。

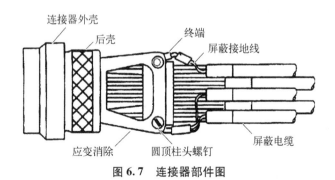

图 6.7　连接器部件图

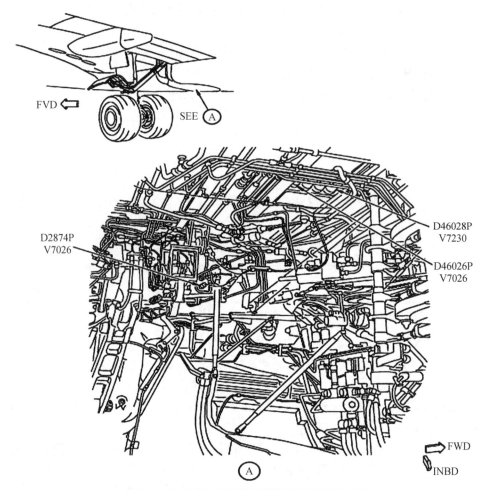

图 6.8 左起落架轮舱连接器通路描述图（A 图）

表 6.13 连接器编号和连接导线编号信息

线 束	连 接 器	图 号	面 板 或 模 块
W1022	D42100P	图 6.15	AL420-扰流板 4 位置,FCC
	D42102P	图 6.15	AL720A 扰流板 4 位置,FCC
W7026	D2874P	图 6.14	防滑阀门,m162
	D46026P	图 6.15	防滑阀门,m162
W7126	D2564	图 6.15	刹车踏板 sw,m162
	D2566	图 6.15	刹车踏板 sw,m162
	D46024P	图 6.15	AL720A
	D924	图 6.15	刹车踏板,m162
W7230	D46028P	图 6.14	AL675,xder-m162
W7526	D46032P	图 6.15	A1720B,m162
	D926	图 6.15	刹车踏板-m162

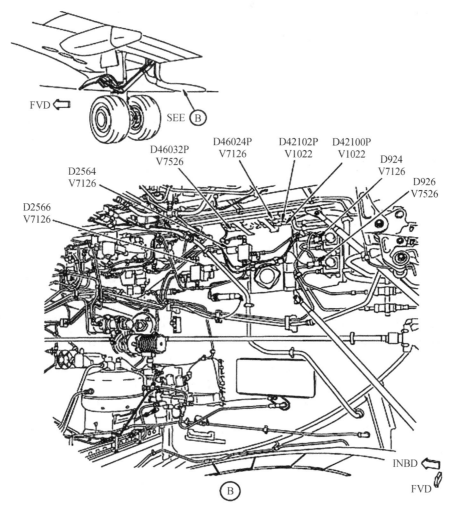

图 6.9　左起落架轮舱连接器通路描述图（B 图）

因此,在检查过程中要确保所有的连接器都要被拧紧,确保连接可靠,保证连接器的外壳没有松脱和损伤,导线的终端、屏蔽引线、屏蔽接地带要确保紧固连接。统计评级情况如表 6.14 所示。

表 6.14　统计评级情况

影响因素 区域	环 境 损 伤				偶 然 损 伤	
	温 度	振 动	液 体	其 他	维 修	使 用
主起落架轮舱	2	2	2	1	2	2
	ED 敏感度等级:2				AD 敏感度等级:2	
综合的 ED/AD 敏感度等级	2					

本节基于 MSG - 3 防护部件分级情况,以大型客机维修间隔确定需对"L/HIRF 防护项目预期的功能退化结合 L/HIRF 事件是否会妨碍飞机持续安全飞行或着陆"作判断,将防护项目是划分为 A 级系统、B 级系统,采取两种不同的维修间隔。

根据之前确定的综合的 ED/AD 敏感度等级评定,当防护项目属于 A 级系统时,采用表 6.15 检查间隔。

表 6.15　A 级系统检查间隔

	是		
综合 ED/AD 敏感度等级	1	2	3
检查间隔	16 000 FH/8 年	8 000 FH/4 年	4 000 FH/2 年

根据之前确定的综合的 ED/AD 敏感度等级评定,当防护项目属于 B 级系统时,采用表 6.16 检查间隔。

表 6.16　B 级系统检查间隔

	否		
综合 ED/AD 敏感度等级	1	2	3
检查间隔	32 000 FH/16 年	16 000 FH/8 年	8 000 FH/4 年

主起落架轮舱对 ED/AD 敏感,会引起防护部件退化,且无相似结构,不在常规的区域检查范围内,检查过程中无须拆解,所以针对其需要进行专用的 L/HIRF 任务。经过专家评级确定其综合的 ED/AD 敏感度等级为 2 级,L/HIRF 防护部件功能退化会妨碍飞机持续安全飞行或降落,根据表 6.15 确定检查间隔 8 000 FH/4 年。

对于任务类型的确定,通过 5 个问题进行任务有效性判断来确定适用有效的预定维修任务类别,可以得到 GVI 检查是无效的,且其结构件所处位置结构件密度值低,所以采用详细检查 DET,最终的任务汇总如表 6.17 所示。

表 6.17　任务汇总

区域号	区域描述	任务类型	间隔	任务描述	接近方式	暴露情况（IPV/OPVP/OPVE）	是否区域候选任务
133	主起落架轮舱,机体站位 663.75 到 727.00–左边	DET	8 000 FH/4 年	对区域中连接器进行详细检查,确保所有的连接器都要被拧紧,可靠连接;确保连接器连接螺母在配套销钉和套筒之间被很好地安装;保证连接器的外壳没有松脱和伤害,导线的终端、屏蔽引线、屏蔽接地带要确保紧固连接	起落架舱门打开,起落架被锁定	OPVE	否

思　考　题

(1) 民用飞机 L/HIRF 防护分析逻辑流程及发展历程分为几个阶段?

(2) 针对飞机上的易遭受雷击的某个结构部件,如何制定合适的维修间隔与维修任务?

(3) ED/AD 对雷击防护部件有哪些危害？

(4) 飞机上常用哪些雷击防护措施避免复合材料在雷击过程中出现较大的损伤？

民航故事——从跨国"寻冰"到国内"破冰"

摘自

(1) 新华社客户端：https://baijiahao.baidu.com/s? id=1737522133943666454&wfr=spider&for=pc

(2) 央视网：https://news.cctv.com/2022/10/06/ARTIV2iedzzf3qT2ZR00inso221005.shtml

2022 年 2 月 17 日，国产大型客机 C919 自然结冰适航审定试飞在陕西阎良取得关键性突破，影响国产大型客机适航审定的"重量级拦路虎"——自然结冰试飞"冰消瓦解"。自然结冰试飞一直以来都是飞机取证中至关重要的环节，用以验证在结冰气象条件下飞机仍具备安全飞行和运营的能力。

飞机结冰被认为是诱发飞行失控的三大因素之一。美国联邦航空管理局(FAA)的统计数据显示，每年大约有 8 起因结冰导致的飞行事故。因此，国际上任何一部适航法规，都不可能忽视结冰对飞行安全带来的影响。国产大型客机要想在国际上拿到适航证，就必须完成自然结冰的试飞科目。

中国飞行试验研究院作为"试飞国家队"，为了啃下自然结冰试飞这块硬骨头，多年来一直在锲而不舍地探索。1986 年、1997 年和 2018 年，试飞院在新疆先后组织了多次自然结冰试飞。然而，ARJ21-700 飞机的自然结冰试飞可谓命运多舛。2002 年立项的 ARJ21-700 飞机，是 21 世纪我国立项的第一个民用飞机项目，被看作国产大飞机的影子工程。2010 年 3 月起，ARJ21 拉开了自然结冰试验的序幕。2011 年至 2014 年，试飞院与中国商飞公司在新疆地区组织实施了 ARJ21-700 飞机自然结冰试飞，始终未能完全捕捉到理想结冰气象，仅在 2012 年 3 月 19 日取得一次有效数据。2014 年 3 月，ARJ21-700 飞机不得不远赴北美五大湖地区进行此项试验。在国外专家团队的指导下，困扰 ARJ21 适航取证长达 4 年之久的自然结冰试飞，连去带回仅用了 1 个多月就顺利结束。

"自然结冰试飞，属于航空学与气象学的交叉学科，气象需要寻冰，航空技术需要'破冰'。"国产大型客机试飞副总师丁军亮说。自然结冰试飞的困难主要体现在两方面，一是科目本身风险很高，二是结冰气象环境难以捕捉。结冰天气条件主要由结冰云层范围、液态水含量、过冷水滴平均有效直径和空气温度等参数确定。按照中国民用航空规章 CCAR-25 和美国联邦航空条例 FAR-25 的规定，商用飞机进行自然结冰试验的气象条件必须满足：连续最大结冰试验时液态水含量在每立方米 0~0.8 克，水滴直径在 15~40 微米；间断最大结冰试验时液态水含量在每立方米 0~3.0 克，水滴直径在 15~50 微米。尤其后者更属于极其罕见的极端气象条件。北美五大湖区地理位置特殊，并拥有丰富的水体，有利于结冰气象的产生，被称为"天然的结冰超市"。美国联邦航空条例 FAR-25 的自然结冰适航条款，就是由美国专家基于北美五大湖区的气象数据而研究制定的。

C919 大型客机进入适航取证阶段以后，2020 年，受新冠肺炎疫情影响，赴北美五大湖地区执行自然结冰试飞的可行性微乎其微。依赖外国资源才完成的 ARJ21 飞机自然结冰试飞，让试飞院的试飞工程技术人员感到极其"憋屈"。中国这么大，难道就真的找不出一块适合大型飞机开展自然结冰试飞的空域？要想不受制于人，就得自力更生。2020 年 12 月，航空工业试飞中心被工信部确定为国产大型客机自然结冰试飞任务的牵总单位，吹响了在国内开展 C919 飞机自然结冰试飞攻坚战的号角。

自然结冰试飞前，能否提高结冰气象的探测能力是重中之重。航空工业试飞中心决定，先租赁一架气象飞机对中国境内的结冰资源进行探测，为 C919 飞机的自然结冰试飞蹚路。通过结冰探测飞机将近一年的飞行探测，航空工业试飞中心基本掌握了陕西、新疆等地区及周边省份的结冰资源，初步形成并检验了结冰预测、结冰气象实时监测方法，建立了结冰资源数据库。找到了结冰规律以后，探测飞机在陕西阎良空域，多次找到了符合条件的结冰源。根据预测的结冰气象，2021 年 12 月 8 日，试飞院首次组织了国产大型客机自然结冰研发试飞，试验机穿云 4 次，成功遭遇符合试验要求的结冰气象，圆满完成自然结冰条件下的试飞内容。此架次飞行，是国产大型客机在结冰环境下的首次飞行，它的成功给所有参试人员打了一剂"强心针"。

2022 年 1 月，局方审定试飞阶段正式开始。10 份审定试飞大纲、16 个试飞科目、70 个试验点，涵盖飞行品质、动力装置、机翼防冰、风挡加温、驾驶舱视界、结冰探测、沉积静电、电源等多个专业与系统，国产大型客机自然结冰适航审定试飞注定不凡。1 月 20 日至 22 日，试飞团队抓住难得的气象"窗口"，连续组织 3 架次、每架次 5 小时以上的审定试飞，试验机累计飞行 15 小时 20 分钟，穿云 18 次，执行试验科目的效率达到 70%，远远高于国内外同类型飞机的审定试飞效率。其中，1 月 20 日的一场试飞被参与人员认为是"一场完美试验"。试飞员赵明禹、赵生、马海军和局方试飞员赵志强紧密配合，与指挥员赵鹏、陈明高效合作，克服长时间云中飞行和复杂环境带来的风险，精确控制每个航段的时间，争分夺秒抢占结冰时机，历时 5 个小时，成功完成防冰系统提前打开、告警时打开、延迟打开、失效构型、左发最大爬升状态风扇冰脱落、待机 45 分钟飞行品质等 6 个试验块共计 33 个试验点的飞行试验内容。

2022 年 2 月 17 日 12 时 15 分，随着国产大型客机试验机在跑道上滑落，其适航审定自然结冰试飞结束。国产大型客机成为继空客 350 和俄罗斯 MC21 之后，全球范围内第 3 款完成了美国联邦航空条例 FAR 25－121 修正案要求的自然结冰试飞验证的飞机。

不惑于"没有先例"，不囿于"现有惯例"。国产大型客机自然结冰试飞在国内取得关键性突破，打破了存在已久的"国内不具备自然结冰试飞条件"的思想枷锁。

第7章
维修大纲

本章主要介绍民用飞机维修所依据基本文件的内容、制定方法及其中包含的技术,包括维修大纲、维修方案的内容和制定方法。

学习要点:

(1) 熟悉维修任务分析方法;

(2) 掌握维修间隔的确定和优化技术。

维修大纲是民用航空器初始最低维修要求,其制定和优化也是维修工程分析的关键技术。由于我国大多使用欧美发达国家制造的民用飞机,而国外航空发达国家的民用飞机制造历史较长,经验丰富,维修大纲制定也积累了相对成熟的技术和方法,我国航空公司维修工程分析技术更多地依赖航空器制造商所提供的技术资料,通常在此基础上针对国内实际情况进行一些改进和优化,维修大纲制定的核心技术并不为我国所掌握。

要成为飞机制造强国,不仅仅是能够制造国产大飞机,更重要的是能保证国产大飞机平稳、安全、经济地运行,这就离不开维修工程分析技术的支撑,特别是维修大纲分析和制定技术。随着国产民用飞机项目的逐步深入开展,ARJ21飞机已经成功进行商业运行,市场交付投入运行的飞机也越来越多,C919飞机已经交付运行,国内越来越认识到维修工程分析关键技术的重要性。同时,随着国产民用飞机设计制造的深入推进,维修大纲的制定技术方法也在进行研究和完善,学者在针对其理论方法进行深入研究,民航企业也在探索切实可行且实用的维修大纲制定方法和流程。

7.1 维修大纲制定

7.1.1 维修大纲概述

维修大纲又称为维修审查委员会报告,是针对新型和衍生型航空器,由航空器制造商制定并由民航局批准的初始最低计划维修和检查要求,包括维修任务和维修间隔,但其中并不包含独立未装机发动机的维修要求。维修大纲是航空器营运人针对该机型制定初始维修方案的基础,它的目的是保持航空器固有的安全性和可靠性水平。维修大纲的目标是:① 保证实现设备的固有安全性和可靠性水平;② 出现性能衰退时,将安全性和可靠性恢复到固有的水平;③ 未能达到固有水平时,需要收集调整和优化维修大纲所需的信息;④ 对固有可靠性不够的项目,需要收集信息进行设计改进;⑤ 以最低的总费用完成上述目标。

目前,通过 MSG - 3 分析获得的结果,可以制定出新型和衍生型飞机的初始维修大纲以便运营人使用。飞机制造商以局方批准的文件,即维修审查委员会报告形式予以发表。该报告包括初始计划维修大纲,运营人根据此大纲制定出航空公司维修方案以获得局方批准。

7.1.2 维修大纲制定机构及其流程

MRBR 是在适航当局代表的指导或参与下,由制造厂和航空公司组成的工业指导委员会组织编写的维修技术规程,经适航当局组织的维修审查委员会(maintenance review board, MRB)审查通过后,形成航空器的维修审查委员会报告,最后由 MRB 主席代表适航当局正式批准生效,由制造商负责印刷并向有关单位提供。制定维修大纲需要遵循下述基本原则:① MSG 是维修评审及大纲制定的逻辑推断方法,目前建议使用的是 MSG - 3;② 保持应有的安全性和可靠性,降低成本费用;③ 充分发挥各种优势;④ 贯彻全寿命、全机队管理的原则;⑤ 确定维修大纲的适用范围;⑥ 确定维修大纲与适航性要求和运行要求的关系。图 7.1 和图 7.2 分别从不同角度说明了维修大纲制定和批准过程及其机构。

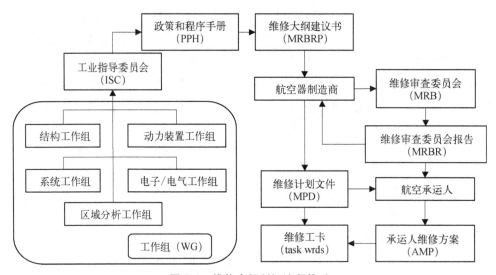

图 7.1 维修大纲制订流程体系

整个维修大纲的制订过程都是在适航当局代表的指导下进行的。首先由工业指导委员会按照维修大纲制订文件(MSG - 3),并结合维修工作组提供的专业技术内容,组织编写 PPH 和维修大纲建议书(maintenance review board report proposal, MRBRP);然后经适航当局组织的维修审查委员会审查通过后,形成航空器的维修审查委员会报告,即 MRB 报告(初始维修大纲);其次由 MRB 主席代表适航当局正式批准生效,制造商负责印刷并

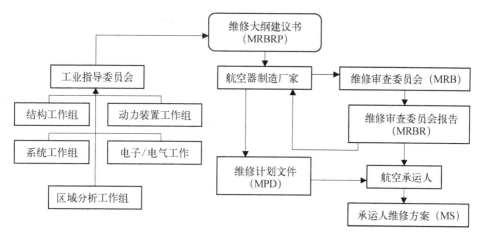

图 7.2 MRBR 制定机构和流程

向有关单位提供；最后，由于初始维修大纲在制订时还有许多内容不能确定，如最低设备清单 MMEL、飞行手册等，以及在确定维修任务过程存在一些假设条件，所以在初始维修大纲出版后还需要根据其运行过程发现问题的实际情况不断进行调整和修订(图 7.3)。

相关机构与职责的具体职能如下。

(1) 维修审查委员会。维修审查委员会由中国民航局组建，其成员主要由局方的持续适航维修监察和型号设计审定专业人员组成，经飞行标准司、AEG 和适航审定司推荐，由民航局飞行标准司批准成立。MRB 在该型航空器整个运行寿命期间始终存在，主要完成对维修大纲制订政策和程序手册的审定，对 MSG - 3 分析过程和分析结果的审定和批准。

MRB 的主要职责：① 向 ISC 提供一份 MRB 人员清单包括他们的姓名、单位、专业等信息；② 评估 PPH，并提出修改意见，待 ISC 修改完成后，予以认可；③ MRB 成员作为工作组顾问参加各专业工作组会议，监督工作组成员严格按照 PPH 的要求进行工作，并及时提出意见；在每次工作组会议后，审查会议纪要，并针对无法达成共识的、有争议的及可能出现的问题和工作组共同编写问题报告；最迟在下一次 ISC 会议之前，向 MRB 主席提交工作进程报告，包括对工作组工作的评估和会议纪要及问题报告，MRB 主席审核后，对需要解决的问题以书面形式通知 ISC 主席；所有问题报告应进行跟踪直到关闭；每个工作组顾问至少包括持续适航维修监察和型号设计审定专业人员；④ 召开 MRB 会议，并邀请 ISC 主席和有关人员参加；⑤ 应 ISC 主席的邀请参加 ISC 会议；⑥ 建立 MRB 的工作档案，包括会议纪要、问题报告、信函、分析资料、PPH、MRB 建议书和 MRBR 等；⑦ 评审航空器制造人提交的 MRBR 建议书或改版，提出修改意见；待修改完成后，形成最终报告，经 AEG 向民航局飞行标准司建议批准发布 MRBR 或其改版。

(2) 工业指导委员会。当航空器制造人计划开始编写 MRBR 时，应成立工业指导委员会。ISC 的成员由航空器、发动机、螺旋桨、设备制造人和航空运营人的代表组成，作为技术方面的审查者，其职责是组织编写维修大纲政策和程序手册，然后对制造厂制订的重要维修项目和重要结构项目进行审查，如果合理，则将其按照 ATA 章节的归属分配到各

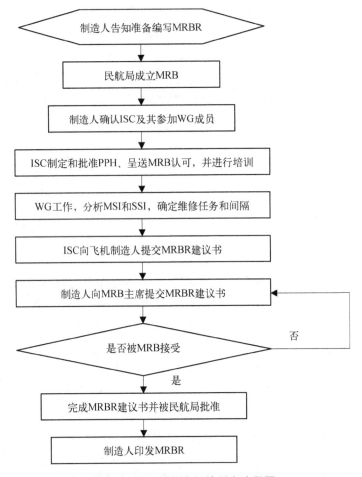

图 7.3 预订维修大纲的制定流程图

MRBR：维修审查委员会报告；MRB：维修审查委员会；ISC：工业指导委员会；
WG：工作小组；PPH：政策和程序手册；MSI：重要维修项目；SSI：重要结构项目

个维修工作组,当维修工作组完成所有分析后,对其进行全面的审查和分析验证,保证所有维修任务都是按照 MSG - 3 分析所得结果。

ISC 的主要职责:① 编写政策与程序手册,并交由航空器制造人审核后提交给 MRB 获得认可;② 确定必须的工作组类型和数量,ISC 应该制定具有相关工程背景的专业人员参加工作组活动,并确保人员稳定;③ 向 MRBR 提供各个工作组类型和人员清单,包括姓名和单位;④ 对所有 ISC、工作组成员、MRB 成员和工作组顾问进行必要的机型熟悉培训、MSG - 3 和 PPH 培训;⑤ 指导工作组的工作,监督工作组成员按照 PPH 的要求进行工作;⑥ 审查所有 WG 的分析报告,提出修改意见;⑦ 对 MRB 在制定 MRBR 建议书过程提出的问题,在下一次 ISC 会议予以解决,并应记录在案;⑧ 邀请 MRB 主席和选定的 MRB 成员参加 ISC 会议,会议内容根据工作进展,包括工作计划的制定和调整、工作进度和工作情况的报告、争议问题的解决等;⑨ 应 MRB 主席的邀请参加 MRB 会议;⑩ 审查 MRBR 建议书,提供支持性的技术数据和分析,并将其提交给制造人;⑪ 审查 MRBR 的改版建议。

（3）编写工作组。工作组是 ISC 的下属组织,工作组的类型和成员数量由 ISC 确定,同时为了便于维修审查委员会及时了解任务进展及分析任务中存在的问题,一般还必须包括顾问身份参加维修审查委员会的代表及工业指导委员会的代表。每一工作组中应包括航空运营人和制造人[航空器、发动机(适用时)、螺旋桨(适用时)和设备(适用时)]的代表。工作组的组长由 ISC 指定的人员担任,MRB 成员作为工作组顾问参加工作组活动。对于工作组,根据专业组成不同,将其分为系统/动力装置工作组、结构工作组、区域工作组和电子/电气工作组等,然后由他们分别完成工业指导委员会分配的维修项目任务和间隔确定。

WG 的工作职责:① 按照 PPH 的要求,运用最新版 MSG-3 程序制定新型或衍生型航空器的初始最低计划维修和检查要求;② 当 MSG-3 分析证实某些失效可能对飞机的持续适航性或安全性造成负面影响,且通过抽样检查能有效确定失效原因时,制定相应的抽样要求。

（4）制造人。制造人的主要职责:① 从 ISC 处接收 PPH 建议书,加以审核后转交MRB;② 按照 PPH 的要求,为 MRB、ISC、WG 成员提供一般熟悉性培训;③ 向 ISC 提供重要维修项目和重要结构项目等的初始清单,并提供充分的数据,说明每个项目被选取的原因;④ 及时向 WG 提供充足有效的数据来分析 MSI 和 SSI;⑤ 及时向 ISC 和相应的 WG 提供在航空器审定过程中所产生的维修任务信息,如适航限制项目(airworthiness limitation item, ALI)和审定维修要求(certification maintenance requirement, CMR);⑥ 确保局方批准的 MRBR 上所列的有关航空器系统/动力装置的维修要求包含在制造人提供的手册中;⑦ 参与 ISC 和 WG 的工作;⑧ 提前 90 天将 MRBR 建议呈交 MRB 主席批准。

7.1.3　维修大纲的内容

用 MSG-3 原理制定的维修大纲包括四个主要部分,即系统/动力装置部分(包括部件、附件和辅助动力装置)、飞机结构部分、区域检查、闪电/高强度辐射场部分。维修大纲内容包括:计划维修,用以保持设备和系统处于最佳运营状态;非计划维修,用以当航空器性能衰减已经发生,为使安全性和可靠性恢复到固有水平来解决运营中的故障;持续分析和监控,改进维修大纲或者要求设备新设计;对整个的维修工作进行优化改进,努力减少维修费用。计划维修是通过一系列计划维修任务实现的。计划维修任务可以由设备制造商、航空公司的维修单位、第三方维修公司、某些工业支持单位或者这些单位中的某些联合体来制定。在通常情况下,制造商向营运人提供有关设备如何工作的基本资料和一些基本的排故技术,还提供维护、拆卸、安装程序和修理程序。非计划维修是通过用 MSG 程序制定的非计划维修任务和制造商维修手册包含的非计划维修任务来实现的。非计划维修任务由下列行动引起:决定问题的性质和原因的排故措施;拆卸和更换影响修理或修复的零件或部件;在安装完成以后,进行某些试验和调整,以保证系统或设备正常工作。制造商制定的非计划维修任务,有时在外场由营运人凭借经验进行更改,但是这种更改必须经过局方批准。维修审查委员会报告不仅包括系统和动力装置维修大纲、结构检查大纲和区域检查大纲,而且还包含飞机区域图、术语汇编,以及简略语表等。

典型的 MRB 报告的内容包括：简介；适用于所有部分的通用规则；系统和动力装置；结构；区域检查和营运人要求。典型的 MRB 报告的附录包括：区域图；术语和定义；缩写；管理机构；报告系统；修改参考清单。

MRB 报告的简介包括：序言；范围和目的；基本标准和程序；飞机使用条件；修订政策；项目总体描述；检查间隔。

维修大纲通用规则样例见图 7.4。

A318/A319/A320/A321 MRB REPORT

SECTION B

GENERAL RULES THAT APPLY TO ALL A318/A319/A320/A321 PROGRAMS

1. The operator's manuals shall contain the details and responsibilities for accomplishing the maintenance defined in this MRB Report.

2. The overall reliability of the aircraft will be monitored by each operator's system for continuous analysis and surveillance as required by the operator's Regulatory Authority.

3. Task intervals may be changed in accordance with the Operator's Regulatory Authority practices and rules. In this respect attention is drawn to the following:

   - for Systems and Powerplant Program, to the Failure Effect Category (FEC) noted in Section C, Systems and Powerplant Program

   - for Structures Program, to tasks derived from Damage Tolerance evaluation as noted in Section D, Structures Program

   - for Zonal Inspection Program, to the validity of the General Visual Inspections of the Structures Program.

   In addition, CMRs, mandatory structural inspections and life limits are to be handled with specific associated rules, as described in Rules 5, 6 and 7 below.

4. Each operator should be aware of the various inspection techniques such as X-Ray, ultrasonic, eddy current, radio isotope,.... which are available and described in the Non-Destructive Testing Manual (NTM).

5. Items that are life limited will be discarded according to the life limits stated in the appropriate section of the engine or aircraft manufacturer's manuals. These sections are referenced in the aircraft's Type Certificate Data Sheet.

6. Certification Maintenance Requirement tasks/intervals arising from analyses (eg System Safety Assessments) performed as part of the Type Certification process are given in Airbus Industrie document ST4/993.436/88 which is located in Appendix 1a of this MRB Report. The process by which CMRs are identified is independent of the MSG-3 analysis process. The CMR document is the controlling document for all tasks identified as CMRs. When the interval for a MRB task is less (more restrictive) than the applicable CMR task interval, the MRB Report interval will take precedence.

7. Mandatory structural inspection thresholds and intervals resulting from damage tolerance evaluation are given in the Airworthiness Limitation Items document ref SE-M4/95A.0252/96 which is located in Appendix 1c of this MRB Report. This is the controlling document for all tasks identified as Airworthiness Limitation Items.

8. Within the MRB Report the terms "test", "check" and "inspection" are not intended to imply a level of skill required to accomplish the task.

图 7.4　维修大纲通用规则样例

系统和动力装置的内容包括：概述；项目说明；系统和动力装置部分格式说明（图 7.5）。

结构部分的内容包括：序言；检查原理；检查等级；区域检查兼容性；抽样；防腐及控制；适用于结构部分的通用原则；重量变化适用范围；结构部分格式说明（图 7.6）。

A318/A319/A320/A321　MRB REPORT – Systems and Powerplant Program

MSI REFERENCE	TASK	MSI AND TASK DESCRIPTION	FEC	INTERVAL	ZIP REFERENCE	APPLICABILITY
21.00.00		AIR CONDITIONING				
21.21.00		AIR DISTRIBUTION AND RECIRCULATION				
	OP	01 READ CFDS FOR CLASS 3 FAULTS	9	I:　A		ALL
	DS	02 DISCARD FILTER ELEMENTS OF RECIRCULATION SYSTEM	9	I:　C		ALL
	GVI	03 GENERAL VISUAL INSPECTION OF MIXER UNIT AND SUPPLY DUCTS IN ZONE 137/138, AND IN THE UNDERFLOOR AREA	9	I:　4C	ZL-121-02-1 ZL-125-02-1 ZL-125-02-2 ZL-127-02-1 ZL-127-02-2 ZL-131-02-1 ZL-131-02-2 ZL-131-02-3 ZL-131-02-4 ZL-137-01-1 ZL-145-01-1 ZL-151-02-1 ZL-151-02-2 ZL-151-02-3 ZL-151-02-4 ZL-151-02-5 ZL-151-02-6 ZL-161-02-1 ZL-161-02-2 ZL-171-02-1	ALL
	GVI	04 GENERAL VISUAL INSPECTION OF RISER DUCTS IN THE PASSENGER COMPARTMENT	9	I:　8C		ALL
21.23.00		LAVATORY AND GALLEY VENTILATION				
	GVI	01 GENERAL VISUAL INSPECTION OF LAVATORY AND GALLEY VENTILATION DUCTING IN ZONES 171/172	7	I:　4C	ZL-171-02-1	ALL
	GVI	02 GENERAL VISUAL INSPECTION OF LAVATORY AND GALLEY VENTILATION DUCTING IN ZONES 210 THROUGH 260	7	I:　8C		ALL
	DS	03 DISCARD LAVATORY AIR EXTRACTION FILTER ELEMENT	7	I:　2A		POST 26364

ISSUE:　SEP 01/02	AIR CONDITIONING		SECTION: C-21	PAGE 1

Printed in Germany

图 7.5　系统和动力装置维修大纲样例

A318/A319/A320/A321　MRB REPORT – Structures Program

	TASK REFERENCE	ACCESS	ZONE	TASK DESCRIPTION	SAMPLE THRESHOLD INTERVAL	100% THRESHOLD INTERVAL	TPS	CPCP ALI	ZIP REFERENCE	APPLICABILITY
R	531102-01-1	831　841	220	DETAILED INSPECTION OF FORWARD PASSENGER/CREW DOOR FRAME, UPPER CORNERS, EXTERNAL SURFACE, LH/RH		T:　5 YE OR 11700 FC I:　5 YE OR 6700 FC		CPCP ALI		A319 OR A320 OR A321
N	531102-01-2	831　841	220	DETAILED INSPECTION OF FORWARD PASSENGER/CREW DOOR FRAME, UPPER CORNERS, EXTERNAL SURFACE, LH/RH		T:　5 YE I:　5 YE		CPCP		A318
R	531104-01-1	FORWARD CORNER SCUFF PLATE REMOVED	220	DETAILED INSPECTION OF FORWARD PASSENGER/CREW DOOR FRAME, FORWARD LOWER CORNER UNDERNEATH THE SCUFF PLATE, LH/RH NOTE: THIS TASK IS AN ALTERNATIVE TO TASK 531104-02-1	T: 24000 FC I:　8000 FC					A319 OR A320 OR A321
R	531104-02-1	FORWARD CORNER SCUFF PLATE REMOVED	220	SPECIAL DETAILED INSPECTION OF FORWARD PASSENGER/CREW DOOR FRAME, FORWARD LOWER CORNER UNDERNEATH THE SCUFF PLATE, LH/RH NOTE: THIS TASK IS AN ALTERNATIVE TO TASK 531104-01-1	T: 24000 FC I: 16100 FC					A319 OR A320 OR A321
	531106-01-1	N/A	200	GENERAL VISUAL INSPECTION OF FUSELAGE SKIN AND DOOR FRAME AROUND FORWARD PASSENGER/CREW DOOR, BETWEEN FR 12 AND FR 24 AND BETWEEN UPPER AND LATERAL STRINGERS, EXCEPT SCUFF PLATE AREA, EXTERNAL SURFACE, LH/RH		T:　5 YE I:　5 YE		CPCP	ZL-200-02-1 ZL-200-02-2 ZL-200-02-3 ZL-200-02-4	ALL
R	531107-01-1	110AL UPPER PROTECTIVE SHIELD REMOVED	110	DETAILED INSPECTION OF FORWARD FACE OF PRESSURE BULKHEAD, VERTICAL ANGLE (Y=675) AT CROSSING AREAS WITH HORIZONTAL STIFFENERS (Z=1 AND Z=1329), LH/RH	T: 24000 FC I: 20000 FC					A319 OR A320 OR A321
R	531109-01-1	N/A	100	GENERAL VISUAL INSPECTION OF ENTRANCE STAIRS DOOR SURROUND, UPPER AND LOWER CORNERS, EXTERNAL SURFACE, LH		T:　900 FC I:　900 FC		ALI		POST 20062 OR POST 23288

ISSUE:　SEP 01/02	FUSELAGE		SECTION: D-53	PAGE 1

Printed in Germany

图 7.6　结构维修大纲样例

区域检查的内容包括：序言；系统和结构部分的兼容性；比 A 检更频繁的检查；检查间隔；项目说明；区域检查部分格式说明（图 7.7）。

A318/A319/A320/A321　　MRB REPORT – Zonal Inspection Program (ZIP)

TASK REFERENCE	ACCESS	ZONE	DESCRIPTION	INTERVAL		MSI/SSI REFERENCE	APPLICABILITY
R ZL-200-02-1	N/A	200	UPPER HALF OF FUSELAGE (UP TO STGR 8 LH/RH INCLUDING DOOR SURROUNDS)	I:	C	MSI NONE SSI 531106-01-1 SSI 531117-01-2 SSI 531118-01-2 SSI 532110-01-1 SSI 532112-01-1 SSI 532164-01-1 SSI 533128-02-1 SSI 533128-02-2 SSI 533133-01-1 SSI 533133-01-3 SSI 534118-01-1 SSI 534118-01-2 SSI 534131-01-2	A319 OR A320
N ZL-200-02-2	N/A	200	UPPER HALF OF FUSELAGE (UP TO STGR 8 LH/RH INCLUDING DOOR SURROUNDS)	I:	C	MSI NONE SSI 531106-01-1 SSI 531117-01-2 SSI 531118-01-2 SSI 532164-01-1 SSI 533128-02-2 SSI 533133-01-4 SSI 534118-01-3 SSI 534131-01-2	A318
R ZL-200-02-3	N/A	200	UPPER HALF OF FUSELAGE (UP TO STGR 8 LH/RH INCLUDING DOOR SURROUNDS)	I:	C	MSI NONE SSI 531106-01-1 SSI 531117-01-2 SSI 531118-01-2 SSI 532110-01-1 SSI 532112-01-1 SSI 532164-01-2 SSI 533133-01-2 SSI 534118-01-1 SSI 534131-01-2 SSI 534176-02-1	A321-200
R ZL-200-02-4	N/A	200	UPPER HALF OF FUSELAGE	I:	C	MSI NONE	A321-100
			* * * * * C O N T I N U E D * * * * *				
ISSUE: SEP 01/02			UPPER HALF OF FUSELAGE TO REAR PRESSURE BULKHEAD			SECTION: E-200	PAGE 1

Printed in Germany

图 7.7　区域维修大纲样例

7.2　维修大纲制定方法

7.2.1　维修任务确定方法——CBR 方法

1. CBR 方法

CBR 理论的逻辑体系结构如图 7.8 所示。认知科学理论是整个 CBR 理论体系的支撑点和逻辑起点，也是 CBR 基本理论的一个重要方面。而对 CBR 技术实现的研究是整个体系的核心要素，一方面在对技术实现的研究过程中可以不断发现新问题，提出新观点，补充和完善 CBR 的基本理论；另一方面，也促进 CBR 在各领域的应用，扩大 CBR 的应用范围。CBR 应用领域的研究反过来可以促进 CBR 基本理论和实现技术的发展。

CBR 首先来源于认知科学，它是整个 CBR 理论体系的逻辑起点。CBR 的推理循环过程由四个环节组成，即 4R 循环图（图 7.9）：Retrieve、Reuse、Revise、Retain，分别对应相似案例检索、案例重用（新解）、案例调整和案例学习。从认知科学角度讲，CBR 系统的构建基于两个前提假设：① 相同或相似的情况有相同或相似的解法；② 相同或相似的情况会重复发生。

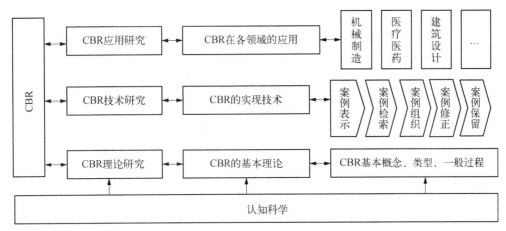

图 7.8　CBR 理论体系逻辑结构图

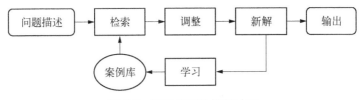

图 7.9　基于案例的推理过程

2. 应用 CBR 方法确定维修任务

维修任务是指选择整机各组成部分的维修策略和维修任务(维修工作和维修间隔),并进行全寿命的优化,达到以最高的利用率和最低的维修成本保持飞机投入运行时的安全性或可靠性的目的。大部分新产品是对产品改进的结果,产品的结构、功能、工作条件、功能故障、故障影响等各方面存在一定的相似性。对于新型号的飞机,在进行 MSG-3 分析时,飞机的使用、维修信息常常非常缺乏,分析人员会参考相似飞机系统/子系统、结构、部/附件的使用经验进行分析判断。这种思想和 CBR 的思想不谋而合,CBR 是使用或改写以前问题的解决方法解决新问题的一种技术。

确定维修任务的方法是使用一个循序渐进的逻辑决断图,在现有技术数据的基础上,评估维修对象的功能故障和故障原因,从而确定维修任务。确定维修对象的维修任务类型以后,多阶段框架结构确定维修间隔方法见图 7.10。

图 7.10　基于案例推理和广义近邻匹配法(generalized nearest neighbor, GNN)的
多阶段决策分析框架

基于案例推理的过程可以分为以下三个阶段。

1）第一阶段 案例表示

CBR 的效率和案例表示紧密相关。案例是能导致特定结果的一系列特征属性的集合。案例表示涉及这样几个问题：选择什么信息存放在一个案例中；如何选择合适的案例内容描述案例；案例库如何组织和索引，对于那些数量达到成千上万的复杂案例，案例组织和索引问题很重要。

维修任务案例包括大量的 MSG 分析信息，如 SSI 基本数据、MSG 逻辑决断信息等。如果上述信息都详细地描述，可能会给案例的表达和操作带来难度。因此基于"维修任务对象"相似的案例，只能将与维修间隔相关的主要部分提取出来，确定的主要属性见表7.1，属性分类如下：飞机类型、ATA 章节、SSI 号、供应商、功能、维修任务类型、维修任务间隔。

表 7.1　主要属性

属　　　性	备　　　注
飞机类型(l)	干线/支线
ATA 章节(l)	52 – 57
SSI 号(l)	选取 SSI 号
供应商(l)	维修对象的供应商
功能(a)	SSI 功能
维修任务类型(l)	LUB/SVC，OPC/VCK，IN/FNC，GVI，DET，SDI，RST，DIS
维修任务间隔(a)	维修工作时间间隔

案例采用层次结构存储，用多元组表示为

$$\text{Case} = (P_1, P_2, \cdots, P_i \cdots P_m ; I) \tag{7.1}$$

其中，$P_i = (a^p_{i1}, a^p_{i2}, \cdots, a^p_{ij}, \cdots, a^p_{in}, I^p_i)$，表示第 i 个案例，由 n 个属性组成，a^p_{ij} 表示第 i 个案例的第 j 个属性值，I^p_i 表示第 i 个案例的维修间隔值。案例表示如表 7.2 所示。

表 7.2　案例表示

	属性：基本特征信息					间　　隔
案例	a^p_{11}	$\cdots$	a^p_{1j}	$\cdots$	a^p_{1n}	I^p_1
	a^p_{21}	$\cdots$	a^p_{2j}	$\cdots$	a^p_{2n}	I^p_2
	a^p_{i1}	$\cdots$	a^p_{ij}	$\cdots$	a^p_{in}	I^p_i
	a^p_{m1}	$\cdots$	a^p_{mj}	$\cdots$	a^p_{mn}	I^p_m
目标问题	a^t_1	$\cdots$	a^t_j	$\cdots$	a^t_n	I^t

2）第二阶段 案例选择

案例的检索和选择是 CBR 系统的一个关键步骤，确定维修工作是基于"维修对象"相似的案例选择，包括检索和选择两步，案例检索是利用相似度知识和特征索引从案例库中找出与当前问题类似的一个或多个最佳案例。最近邻法(nearest neighbor, NN)是使用最多的检索方法,是指用户从案例库中找到与当前问题举例最近的案例的方法。使用这一方法首先需要给出案例间距离的定义,根据这个定义,计算出当前案例与所有案例的距离,然后从中选择距离最小者。对案例不同的表述方法,其案例间距离的定义和计算的方法也不同,通常采用如下方法。

(1)一般距离定义为案例中各组成部分的特征加权和,常表示为

$$d = \sum \omega_i T_i \tag{7.2}$$

其中,T_i 表示案例的每个特征分量,存在取值"1",不存在取值"0";ω_i 是特征分量的权重,一般由专家定义一个实数。

(2)当案例表示为集合形式时,NN 距离定义为两个集合的交集,交集越大,距离越近。这里没有考虑特征权重和匹配程度的问题。

(3)建立一个语义网络图,使概念特征包括在图中,两个概念间的距离定义为图中这两个概念间连接的个数。

(4)当案例被表示为空间向量时,距离定义为代数向量间的距离。

一般采用广义近邻匹配法计算案例相似度。

① 定量属性的相似测量 $s(a_i^t, a_i^p)$。考虑到定量属性值的大小范围不容易确定,因此,采用公式计算定量属性的相似测量值。

$$s(a_i^t, a_i^p) = 1 - \frac{|a_i^t, a_i^p|}{\mathrm{MAX}_i - \mathrm{MIN}_i} \tag{7.3}$$

式中,a_i^t、a_i^p 分别表示目标问题 t 和案例 p 关于属性 i 的属性值;MAX_i、MIN_i 分别表示在所有案例中(包括目标问题),第 i 个属性的最大值和最小值。

② 定性/符号属性的相似测量 $s(a_i^t, a_i^p)$。选取的定性属性是用自然语言描述的字符型字段,当目标问题和案例关于同一属性的文本一样时,属性相似值为1,否则为0。定性属性的相似测量公式为

$$s(a_i^t, a_i^p) = \begin{cases} 1, & a_i^t = a_i^p \\ 0, & \text{其他} \end{cases} \tag{7.4}$$

③ 定性的权重确定方法。权重是对属性重要程度的一种主观评价和客观反映的综合度量。考虑到维修大纲的制定是多方协作并且具有很多经验,决策群体 $K = \{$管理当局,制造商,承运人$\}$。

④ 综合相似度。对定性属性和定量属性进行集结得到综合相似度 $S(T, C)$,表示为

$$S(T,C) = \sum_{i=1}^{n} w_i \cdot s(a_i^t, a_i^c) \tag{7.5}$$

⑤ 基于"维修对象"相似的选择。案例选择就是选择相似度大于一个设定阈值的一批案例,表示为

$$S(T, P) \geqslant \omega, 0 \leqslant \omega \leqslant 1 \tag{7.6}$$

其中，ω 表示相似度阈值，根据实际情况确定具体数值，从而可以调整选择的案例数目。

选择出的案例的维修对象必须完全一样，否则忽略该案例。

3) 第三阶段 案例修改和保存

案例修改是指将一个检索到的与当前情况大部分匹配的案例改写成完全匹配的案例。目前大多数现有的 CBR 方法是将改写知识代码化为改写规则集或领域因果模型，一定程度上应用了基于规则推理或基于模型推理。目前，根据不同的案例改写分类原则，有不同的案例改写划分方法。每种改写方法有不同的使用条件。设计一个通用的、需要较少领域知识的案例改写算法是很困难的。对于维修工作的确定问题，案例的改写原则是：在第二阶段选择出的案例中，维修工作类型占多数的维修工作类型。如果选择出的案例的维修工作类型没有相同类型的，选择相似度最高的案例维修工作类型。公式如下：

$$\text{Task} = \text{Max}(\text{Task}_i), \ \text{Task} = \text{Max}(S(T, P_j)) \tag{7.7}$$

基于案例的推理系统采用增量式的学习，能不断积累经验和知识，这来源于对新案例及解法的保留：

（1）有选择地对新案例及解法进行保留，并适当地删除无效案例；

（2）在案例的特征值的抽取上，结合限制表示策略，设定匹配的尺寸上限，优先抽取案例库中没有出现过的案例的特征值进行保留。

7.2.2 维修间隔确定技术

针对不同项目的具体维修任务，需要确定其对应的维修间隔。通过在一定的间隔完成预定维修任务，可以有效保持飞机的固有可靠性水平；通过完成非预定的维修任务，可以使故障飞机恢复到其固有水平。另外预定维修大纲对于维修间隔也有明确规定，主要依据维修间隔的适用性和有效性。其中，适用性通过维修任务最灵敏的参数确定；有效性则利用完成工作需要的时间间隔确定。一般情况下，在确定维修间隔时，首先确定合适的参数，例如飞行小时、飞行循环、日历时间（YR/MO）等，然后依据维修经验、试验数据、预计或实际的故障间隔时间或平均非计划拆换时间（mean time between unscheduled removals, MTBUR），采用数学方法结合设计特点来确定最终维修间隔。在确定最合适的工作间隔时，应该考虑以下几个方面：

（1）供应商/制造商的试验数据；

（2）制造商及供应商提供的数据；

（3）用户的实际需求；

（4）通过类似系统获得的经验数据；

（5）由工程最优估计法得到的检查间隔。

目前，确定维修间隔的方法主要包括：矩阵法、根据使用可靠性数据确定系统维修间隔的方法（参数法和维修建模方法）、基于案例推理方法。确定飞机结构、区域和闪电/高强度辐射场部分的预定维修工作和间隔，一般可采用矩阵法，这是一种从 MSG-3 方法基础上发展起来的基于大量实践经验的具体方法。不同的航空器,设计理念和使用环境不同,矩阵法的具体内容就有所差异;如果已经积累了部件在类似飞机上大量的可靠性使用数据,可以根据使用数据确定该部件在新型航空器中的维修间隔,称为模型法,模型法简单,但是有误差;对于没有原型机的新型飞机,也可以采用 CBR 的方法即类比方法制定预定维修任务,CBR 需要大量的维修案例数据,计算结果有误差,但是案例越多,案例推理结果的精度就越高。

1. 矩阵法

矩阵法可用来确定飞机结构部分的维修间隔,该方法从 MSG - 3 思想基础上发展而来,在确定维修间隔的过程中充分体现了工程人员的经验,这就要求工程人员的经验要十分可靠。矩阵图法常用于质量管理领域,这是一种通过对多个因素综合考虑来得到解决答案的方法。矩阵法的具体做法是从包含多个影响因素的事件中,将影响因素配对,把属于因素群 L 的因素 L_1, L_2, L_i, $\cdots$, L_m 和属于因素群 R 的因素 R_1, R_2, R_j, $\cdots$, R_n 分别排列成行和列,这样就构成一个矩阵图,然后用行与列的交点来表示这两个因素关系,具体如图 7.11 所示。结合工程人员的实际经验,可以采用矩阵法确定飞机结构的预定维

		R			
		R_1	R_2	$\cdots$	R_n
L	L_1				
	L_2		X_{22}		
	$\cdots$				
	L_n				

图 7.11　矩阵图

修任务和维修间隔。但是不同的飞机在设计理念、结构和使用环境方面可能相差很大,这就使得在采用矩阵法确定其维修任务及间隔时,行和列中对应的影响因素会有所不同,这一点可以从波音公司和空客公司的具体做法中看到。

波音公司采用矩阵图法确定飞机结构的维修任务间隔。其具体做法是:在矩阵图中先确定每一 SSI 相应影响因素的等级,然后将得到的等级求和确定总等级,最后根据总等级确定相应的维修任务和间隔。

波音公司对飞机结构进行环境损伤评级时,考虑四个指标:SSI 部件在维修中的可见性、SSI 对损伤尺寸的敏感性、环境保护性及暴露于不利环境的影响。结合这四个指标,波音公司建立了适时检测矩阵和敏感性矩阵。适时检测矩阵是包含 SSI 部件在维修中的可见性和 SSI 对损伤尺寸敏感性这两个指标的矩阵图,通过这个矩阵,可以得到 SSI 的适时检测值,同理,敏感性等级可以通过比较 SSI 的环境保护性和暴露在不利环境的影响这两个指标得到。

表 7.3 是 SSI 适时检测矩阵,SSI 的适时检测等级与待检结构件对损伤尺寸的敏感性及结构件可见性有关,表中等级是根据制造商和营运人的使用经验给出的。根据表 7.3 确定环境损伤适时检测矩阵评级,首先要确定结构件对损伤尺寸敏感性是高、中还是低,然后确定维修检查中 SSI 的可见性。一旦确定了这两组数字,表格中二者的交集即为适时检查评级。例如,若 SSI 对损伤敏感性为中而且检查维护中可见性为均值,则这两列相交表格给出的适时检查评级为2。

表 7.3　适时检测评级矩阵

维修检查中 SSI 的可见性	SSI 对损伤尺寸的敏感性		
	高	中	低
低于均值	0	1	2
均值	1	2	3
高于均值	2	3	4

敏感性评级可以从表 7.4 的矩阵中得出。敏感性的评估建立在暴露于不利环境中的影响和环境保护措施的基础上。各等级的定义同样建立在制造商和营运人使用经验的基础上,等级确定的方法与表 7.3 的使用方法类似。环境保护等级定义如下:如果结构项目的保护措施与现有飞机上的保护措施相同或者相似,而且已经出现过直接的或者相关的使用问题,选择"标准";如果结构项目的保护性措施没有报告说在使用中出现问题,或者针对已有问题作了相应的改进,选择"改进";如果结构项目的保护性措施同现有飞机相比有较大改进,选择"特殊保护"。

表 7.4　敏感性评级矩阵

环境保护性	暴露于恶劣环境下		
	高于平均水平	平均水平	低于平均水平
标准	0	1	2
改进	1	2	3
特殊保护	2	3	4

结构环境损伤评级(environmental deterioration rating, EDR)等于适时检测评级和敏感性评级之和。确定了这两个矩阵中的等级之后,将二者求和,即得到腐蚀和应力腐蚀的 EDR。由于金属结构的环境损伤要考虑腐蚀和应力腐蚀两方面,所以每个 SSI 包含两个评级:应力腐蚀 EDR(S)和腐蚀 EDR(C)。波音公司认为评级与特定的区域相关,因而维修间隔应该根据不同部段分别给出,而且每个区域都应该包含一个经使用经验证明有效的外部和内部维修间隔。所以波音公司针对不同的飞机结构部段给出了与等级相对应的 SSI 内部和外部的维修间隔表,只要确定了 EDR,根据表中对应关系就可确定维修间隔。表 7.5 是其给出的机身结构的等级间隔对照表(d:天;m:月)。

表 7.5　机身结构等级间隔对应表

EDR	外　部	内　部
1	240 d	600 d
2	600 d	36 m
3	36 m	72 m
4 及以上	72 m	144 m

确定 L/HIRF 防护的预定维修工作和检查间隔,一般采用矩阵法。空客公司在制定

L/HIRF 防护分析预定维修大纲时,考虑两个等级的影响:ED 等级和 AD 等级。ED 需要考虑的因素有:温度(极端条件,温度的周期性)、振动、湿度(冷凝)、污染物(有机或矿物侵蚀剂、腐蚀性或磨损性粉尘、酸性或碱性粉尘等)、化学物质(厕所液体等)等。AD 需要考虑的因素有:地面操作、货物装卸、维护(在维护过程和维修期间影响,修理,检修,修改,导线用作托架,操作期间的影响,设计制造缺陷,由于材料清洁不足和/或方法造成的污染,除冰,TSP 应用,压力清洗由于结构性碎片和钻屑造成的污染,紧固件毛刺,破碎的钻头等)、天气影响(冰雹、积雪进入、泥浆、水分等)、外来物损伤、液体溢出(油、污水、电池电解液、禽畜污染物、酸性或碱性制品、盐水等)、乘客活动等。

维修工程人员通过实际工程经验,对 L/HIRF 防护部件对 ED/AD 影响因素的敏感度进行评级打分,具体的评级标准如表 7.6 所示。

表 7.6 敏感度评级标准

敏感度等级			
低(L)	中(M)	高(H)	N/A
1	2	3	0

根据上述影响因素和敏感度评级标准,采用矩阵图法确定检查间隔,因素群 L 和 R 分别对应 ED 和 AD 的评级打分情况,而 L 和 R 交点的位置则为检查间隔,构成一个矩阵图,具体方法如图 7.12 所示。

环境损伤(ED)	等级
考察因素	低:1;中:2;高:3;N/A:0
温度	
振动	
湿度	
污染物	
化学物质(厕所液体等)	
其他	

偶然损伤(AD)	等级
考察因素	低:1;中:2;高:3;N/A:0
地面操作	
货物装卸	
维护	
天气影响	
外来物损伤	
液体溢出	
乘客活动	
其他	

选择最高等级

偶然损伤(AD)		环境等级(ED)		
		1	2	3
	1	≥72M	48M~72M	24M~48M
	2	48M~72M	24M~48M	12M~24M
	3	24M~48M	12M~24M	≤12M

图 7.12 检查间隔确定

2. 模型法

随着现代设备构造的复杂程度越来越高,维修成为保证产品固有可靠性的有效手段。自20世纪60年代以来,随机失效系统维修模型的建立及求解受到了许多从事设备维修理论研究的工作者的青睐,航空领域也不例外,如果在飞机的运营过程中已经获得大量类似机型上相关部件的可靠性使用数据,就可以根据这些数据确定新机型的维修间隔,这种方法即模型法。

模型法建立在设备系统可靠性分析的基础上,用模型法确定维修间隔的步骤如下:① 收集飞机部件在使用过程中的可靠性数据;② 建模确定故障分布规律和维修间隔。采用模型法确定飞机维修间隔,收集可靠性数据是其基础,因此在工作过程中要尽量全面获取包括航线维修、基地维修和车间修理等各方面的数据;故障率是其核心,通过故障率确定出故障率分布函数,即可确定维修间隔。应用模型法确定维修间隔的具体实施过程如下:① 明确问题,规划数据收集方法和收集故障数据;② 对故障数据进行初步分析,即计算数据的统计量,如均值、方差等;③ 选择故障分布模型,对故障数据进行初步处理后进行拟合,在一定的置信水平下,采用一定的假设检验方法检验模型是否被接受;④ 模型参数估计与故障分布拟合检验,选定分布模型之后,针对数据进行模型参数估计和假设检验;⑤ 确定维修间隔,对故障分布模型进行分析以确定相应的维修模型,从而最终确定维修间隔。

3. CBR方法

确定维修间隔的方法除了矩阵法和模型法外,还有CBR方法。应用案例推理的方法确定维修间隔,应当借鉴相关研究所和先进制造厂商的技术资料及各航空公司相似机型中相同或相似部附件的维修经验,如果有完全匹配的案例则可直接借鉴,否则要借鉴多个案例并考虑采用组合改写。

应用CBR方法确定维修间隔的步骤如下:① 案例表示,维修任务案例包括大量的MSG分析信息,如SSI基本数据、MSG逻辑决断信息等;由于案例包含的信息量很大,为了使案例分析容易进行,应当选取某一侧重分析的信息为研究对象,例如选取基于"维修任务对象"相似的案例,把该案例中与维修间隔相关的主要部分提取出来,作为主要属性(如飞机类型、ATA章节、SSI号、供应商、功能、维修对象、维修任务类型等);② 案例选择,CBR方法的一个关键步骤是案例的检索和选择,维修工作的确定建立在对"维修对象"相似案例选择的基础上;案例检索是采用相似度知识和特征索引从案例库中找出与当前问题类似的一个或多个最佳案例;③ 案例修改和保存,案例修改是指将一个检索到的与当前情况大部分匹配的案例改写成完全匹配的案例;对于维修工作的确定问题,案例改写的原则是:在第二阶段挑出的案例中,选择其中针对所有维修对象采取的维修工作类型占多数的维修工作。若选出的案例维修工作类型没有相同类的,则选择相似度最高的案例的维修工作。

采用CBR方法确定维修间隔,可以借鉴类似或相同部件或子系统的使用维护经验,以及制造商的试验数据和技术分析资料。对于维修间隔的确定问题,如果有完全匹配的案例,则不需要修改,这是特殊情况。大多数情况下是不完全匹配的,几种案例都值得借鉴,需考虑采用组合改写。

7.3 维修方案制定与优化

维修大纲是针对新型和衍生型航空器的初始最低计划维修和检查要求,是航空器营运人针对该机型制定初始维修方案的基础,制定维修方案是一项复杂的系统工程,独立地制定维修方案往往超出了航空公司维修工程部门的能力。因此航空器制造厂会向航空公司提供一份维修计划文件,它是一种推荐性的技术文件,可以作为航空公司最初的维修方案使用或作为制定维修方案的参考文件。

7.3.1 维修计划文件

维修计划文件在波音公司称为维修计划数据文件,在空中客车公司称为维修计划文件,里面包含了来自 MRB 报告的所有维修任务,还包括了飞机制造商建议的补充任务。维修计划文件用不同的方式对各项任务进行分类,以便于计划的制定。该文件常常以字母检(如"C"检和"D"检)或按小时数、周期和日历时间进行分类。

MPD 也按照 MRB 流程制定,飞机制造商把各种文件要求的重复性维修任务打包成 MPD。MPD 的主要目的是为每个营运人制定自己的维修方案所必需的维修计划提供信息。MPD 既不是一个管理文件,也不是一个经批准的文件。MPD 中项目的维修任务要求等级是不一样的,在这些维修任务中,除被标识为"寿命限制件"、"适航限制"、"老龄系统维修"或者"适航审定维修要求"外,各个航空公司都有权利与局方一起决定什么维修任务要做什么及什么时候做。航空公司在制定维修方案时,初始维修方案必须包括 MRB 报告中的维修任务和维修间隔。以服务信函(service information letter, SIL)的形式提出的其他要求,如果不是强制服务通告(service bulletin, SB),那么各个航空公司有责任评估是否有必要将其加入公司的维修方案。MPD 的内容根据 MRB 报告、CMR 文件、ALI 文件等确定后,其内容将根据以下文件:适航指令(airworthiness dirctive, AD)、SB、SIL、所有营运人电报(all operators telegram, AOT)、增加/修改维修任务和维修间隔文件不断地进行更新。

MPD 的构成一般包括以下部分。

(1)第一部分为引言,包括以下内容:MPD 一般政策;MPD 的范围和目的,该型号飞机的正常使用方法,修订政策,项目的总体说明,检查间隔政策(使用情况参数概念和混合概念)。

(2)第二部分为参考文件列表,分为五个子部分:AD 参考文件列表,MOD 参考文件列表,ISB 参考文件列表,SIL 参考文件列表,MRBR 参考文件列表。

(3)第三部分为系统和部件,除了 APU 和动力装置,包括所有与飞机系统和部件相关的定时维修任务。

(4)第四部分为 APU,包括所有与 APU 相关的定时维修任务。

(5)第五部分为动力装置,包括所有发动机机型的计划维修任务。

(6)第六部分为结构,给出了适用于飞机结构的基本计划维修任务和间隔。

(7)第七部分为区域,给出了针对每个飞机区域的一般目视检查要求,以检查系统和动力装置的安全和总体状态。

（8）第八部分为时间控制项目,给出了执行飞机下发任务的具体位置,涉及以下部件:制造商给出的时间限值项目(消耗件除外);使用轨迹独立的项目(独立于机身或安装区域);返厂维修项目。

（9）第十部分为飞机分区,给出了该飞机机型的分区。

（10）第十一部分为接近/面板,给出了所有接近面板和接近门的标识。每个区域的接近面板和接近门标识有下列信息:安装在接近面板或接近门后面的系统或结构项目;面板或门的类型和尺寸;用于开/关面板和门的必需紧固件的类型和数量;功用。

（11）第十二部分是 SSI 图解,给出了与 MPD 卷 1 第 7 部分(结构部分)要求进行检查的结构重要项目相关的图解。每个图解包括如下内容:SSI 描述,SSI 参考文献,说明图,功用。

（12）第十四部分为地面支持设备和工具,给出了用于完成下列工作相关的计划维修任务所需的信息:保养,接近方式/平台,地面支持设备。

（13）第十六部分为供应商,包括推荐的与 MPD 涉及的计划维修任务有关的主要供应商名单。

7.3.2 维修方案

维修方案是规定具体型号的航空器运行全过程中对一整套维修工作具有指导性的基本技术文件,是民用航空器维修活动的依据和标准,因此编制民用航空器维修方案是航空运营人维修工程管理的重要内容。随着航空器设计的改进和维修经验的积累,航空运营人在编制维修方案时越来越多地具有自身特色,而且在保证航空器运行安全性和可靠性的同时,也越来越多地关注运营成本的控制。另外,航空运营人如果采用租赁航空器和引进使用过的航空器运行,维修方案之间的转换也越来越普遍。但不论如何,编制和控制维修方案的基本要求是能保证航空器运行的安全性和可靠性。

运营人必须根据维修大纲,结合自己的机队规模、航线结构、维修能力、使用经验,制定本公司的维修方案。在维修方案中规定的维修工作必须满足维修大纲的要求,只能超出维修大纲的要求,不能低于它。航空器在使用过程中,适航部门根据该型号航空器使用中的问题,以适航指令的形式,对影响安全的因素规定纠正措施,这些纠正措施必须包含在维修方案中。

制定维修方案的依据:适航当局批准的维修大纲;制造商推荐的维修计划文件;适航当局颁发的适航指令;本单位的实际情况和使用经验。

维修方案主要是指维修计划。MS 按 ATA 章节分系统编写,以表格形式列出每一系统的维修工作项目,包括工作内容、检查间隔、工作区域、工作类别等。与 MS 配套的是工卡,工卡是执行 MS 的作业标准。维修方案的制定流程如图 7.13 所示。

1. 航空器维修方案的制定要求

在航空器制定维修方案时,针对不同类别的航空器有不同的要求,具体要求如下。

（1）新运营人引进新航空器时,应当根据该机型现行有效维修审查委员会报告、制造厂家提供的有关持续适航文件(如:维修计划文件、审定维修要求)和中国民用航空局(Civil Aviation Administration of China,CAAC)的有关要求制定初始维修方案。

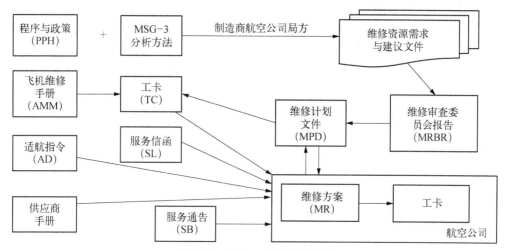

图 7.13 维修方案的制定流程

（2）新运营人引进使用过的航空器时,应当根据该机型现行有效的维修审查委员会报告、制造厂家提供的有关持续适航文件,并结合中国民用航空局的有关要求制定初始维修方案。如运营人的初始维修方案与航空器原维修方案有差别时,还应当制定初始维修方案的时间转换方案或者通过补做相应的检查工作后直接加入运营人的初始维修方案。

（3）运营人引进已有同样型号的新航空器时,可选择直接加入已有的维修方案或按照（1）的要求制定航空器的初始维修方案。

（4）运营人引进已有同样型号的使用过的航空器时,可制定时间转换方案加入已有的维修方案或者通过补做相应的转换检查工作后直接加入已有的维修方案。

2. 航空器维修方案的制定要求考虑的因素

在制定航空器的维修方案时,需要针对航空器的具体情况考虑不同的因素,从而制定适合每一架航空器的维修方式。具体需要考虑的因素包括如下几点。

（1）航空器预计的使用特点,如运行的环境、结构和系统的负荷等,并在维修方案中明确。

（2）航空器预计的利用率,如飞行循环/飞行小时的比值、平均航段长度等,在维修方案中需明确,并在选择计划检查间隔和维修任务时采用合适的控制值。

（3）航空器的设计,如飞行小时/时间与机身寿命的对比、预先估计的可靠性等。

（4）航空器的使用历史,尤其是使用困难情况和结构损伤/缺陷的状况,应当在维修方案中给予特殊控制说明。

（5）运营人的维修工程管理能力,对于维修工程管理能力较高的运营人可以采用复杂的但较经济的维修方案;对于维修工程管理能力较弱的运营人则需采用虽然经济性不好,但容易控制的维修方案。维修工程管理能力的衡量应当以专业工程师的配备、工程管理经验和工程管理的手段来确定。

（6）航空器维修的方便性,如运营人自身具备能力或可方便地获得较深度的维修,则可以制定将计划维修工作分散实施的维修方案,以减少航空器的集中停场时间。

3. 维修方案的实施和控制

维修方案制定并获得适航当局批准后,就进入了方案的具体实施阶段,在实施中也需要进行方案的控制,来保证航空器的维修始终按照维修方案进行。

（1）为保证航空器维修方案的实施,航空运营人应当建立航空器使用状况记录和运行性能监控的系统,以保证统计航空器的使用时间的准确性和统一性,并对机组报告或维修过程中发现的使用困难、故障/缺陷情况及时记录和处理。

（2）航空运营人应当按照规章的要求建立可靠性管理体系,以监控维修方案的有效性,并按照规定的程序对维修方案进行调整和优化。

（3）为保证航空器维修方案的规范实施,航空运营人应当建立有关的工作程序,并在获得相应民航地区管理局的认可后按照其控制规范来实施维修工作。

（4）航空运营人应当建立完善的质量管理系统,以监督所有维修工作是按照维修方案和工作程序实施的,发现问题及时提出改正要求并持续跟踪改正措施的落实情况和效果。

4. 维修方案的调整和优化

维修方案在执行过程中,通过可靠性分析与控制等不同的方法发现其中不再适合的内容时,需要向适航当局申请修改维修方案。

（1）航空运营人应当对航空器的初始维修方案进行必要的调整和优化,以持续保持航空器的维修方案符合民航局的要求,并达到保证航空器运行安全性和可靠性的目的。航空器维修方案调整和优化的来源至少应当包括以下情况:维修方案实施过程中发现问题的改正措施;民航局或型号审定当局规定的要求;航空器执行改装或服务通告后造成对维修方案中涉及部分的必要修改;航空器使用特点和利用率的改变后造成原维修方案的不适用性;航空运营人建立的可靠性管理体系分析的结果。

当初始维修方案建立后,MRBR 和制造厂家的 MPD 改变,但这并不意味着航空运营人就必须根据其修改自己的维修方案,而是航空运营人必须对 MRBR 和 MPD 的修订进行评估,评估其修改的原因及其对本身的适用性,并确定是否采纳。如果航空运营人已加入该型号航空器的工业指导委员或向工业指导委员会提供相关的数据,则 MRBR 和 MPD 的修改可以直接采纳。

（2）航空运营人可对维修方案调整和优化如下内容:维修间隔分类的修改（如:飞行小时、飞行循环、日历时间等）;维修间隔的增加或减少;维修任务或维修方式的改变（如:检查、功能检查、操纵检查等维修任务;定时、视情、监控等维修方式）;具体工作内容和要求的修改;维修任务的删减或增加;工作程序的修改。

（3）维修任务的修改或删减时,应当遵循如下限制:不涉及重要维修项目/重要结构项目的区域检查项目;不影响与视情/监控维修方式相关的系统维修任务;不涉及按照 MSG-2 逻辑决断涉及安全或隐蔽故障的维修任务;不涉及按照 MSG-3 逻辑决断涉及5/8 类失效相关的维修任务;不涉及与适航性限制和审定维修要求相关的维修任务。

（4）维修间隔的修改应当通过可控制方式（如抽样试验）来逐步实现,但事先必须获得相应民航地区管理局的批准,通过监控确认状况良好后才可逐步扩大范围直到实现预定目标值。控制原则如下:机身、发动机翻修或主要检查时间限制的延长,应当建立在对所有相关使用记录评估的基础上,至少对一架/台航空器/发动机在达到 95% 以上的翻修或主要检查时间限制进行相应的维修工作后,继续以不超过当前批准时间限制 5% 的间隔对其运行情况进行相关的检查和评估;航空器部件的检查、台架测试和修理时间间隔的延长,航空运营人应当在充分考虑其运行特点、利用率和使用经验的基础上,按照航空器或其部件制造厂家的建议进行;当航空器部件由监控维修方式转换为定时维修方式时,如没有上一次翻修的记录,则可用部件总的装机使用时间减去最后一次装机后的使用时间作为自翻修后的使用时间(TSO);如按上述原则仍无法确定,则该部件必须进行大修。

5. 新加入方案航空器的时间转换

当航空运营人引进使用过的航空器加入本身已获批准的航空器维修方案时,应当按照下述原则将航空器机身、所安装的动力装置、螺旋桨和部件已使用的累计时间转换到航空运营人的维修方案中:

(1) 当航空运营人的翻修时间限制低于航空器原获得批准的翻修时限时,可选择:采用时间限制转换的方法转到航空运营人的维修方案中;当航空器的实际使用时间低于航空运营人的翻修时间限制时,可直接加入维修方案;可以用批准的翻修时限与航空器的实际使用时间之差作为剩余的使用时间;

(2) 当航空运营人的翻修时间间隔高于航空器原翻修间隔时,应当采用时间限制转换的方法转到航空运营人的维修方案中。

如果运营人采用时间限制转换方法,则必须对航空器机身、所安装的动力装置、螺旋桨和附件进行时间限制转换。与航空器一起购买的备用发动机和螺旋桨或以后购买的使用过的备用件,也必须进行时间限制的转换。

有寿命的部件和适航指令中对时间限制有强制性要求的部件可以不用进行转换。

当航空器的机身、所安装的动力装置、螺旋桨和附件完成第一次翻修后,运营人所建立的基于时间限制转换的控制方案将被取消,从这以后,翻修将按照运营人获得批准的翻修时间限制来进行。

维修方案转换示例

(1) 飞行小时的转换,如已知:

8 000 小时:航空器原翻修时间限制;

2 000 小时:航空器翻修后使用时间;

12 000 小时:运营人获得批准的翻修时间限制。

步骤一:计算出航空器实际使用时间所占其翻修时间限制的百分比;

$$2\ 000 \div 8\ 000 = 0.250$$

步骤二:计算出航空运营人经过转换的自大修后使用时间;

$$12\ 000 \times 0.250 = 3\ 000$$

步骤三:计算出购买人截至大修所剩余的使用时间。

$$12\ 000 - 3\ 000 = 9\ 000$$

（2）日历时间（月）转换为飞行小时。

方法 A：

航空器原翻修时间限制为 18 个月：$18 \times 30 = 540$ 天；

航空器翻修后使用时间为 180 天；

航空运营人翻修时间限制为 2 000 小时。

计算：

$180 \div 540 = 0.333$（自翻修后使用时间所占百分比）；

$0.33 \times 2\,000 = 666$ 小时（航空运营人经过转换的翻修后使用时间）；

$2\,000 - 666 = 1\,334$ 小时（航空运营人经过转换的剩余使用时间）。

方法 B：

航空器原翻修时间限制：18 个月或 540 天；

航空器原日利用率：8 小时每天；

用小时表示的航空器原翻修时间限制：$540 \times 8 = 4\,320$ 小时；

用小时表示的航空器原翻修后使用时间：$180 \times 8 = 1\,440$ 小时；

航空运营人的翻修时间限制：2 000 小时。

计算：

自翻修后使用时间所占百分比：$1\,400 \div 4\,320 = 0.333$；

经过转换的自翻修后使用时间：$0.333 \times 2\,000 = 666$ 小时；

航空运营人经过转换的剩余使用时间：$2\,000 - 666 = 1\,334$ 小时。

6. 维修方案的偏离

航空运营人在合理维修计划安排中可提前完成维修方案规定时间间隔的维修任务，但下一次完成维修任务的时间自提前完成的时间开始计算，并且对于涉及与工龄有关的时限寿命件的损伤检查工作不能提前超过其给定时间间隔的 10%。

航空运营人在合理的不可预见的情况下，导致无法按计划实施维修方案规定时间间隔的维修任务时，在获得运营人总工程师的批准下，可在下述范围内偏离维修方案规定的时间间隔（适航性限制和审定维修要求除外）。

（1）由飞行小时控制的项目：① 5 000 飞行小时（含）以内的维修间隔，最多可偏离维修间隔的 10%；② 5 000 飞行小时以上的维修间隔，最多可偏离 500 飞行小时。

（2）由日历时限控制的项目：① 1 年（含）以内的维修间隔，最多可偏离 10% 和 1 个月中的小者；② 1 年以上 3 年（含）以下的维修间隔，最多可偏离 10% 和 2 个月中的小者；③ 3 年以上的维修间隔，最多可偏离 3 个月。

（3）由起落/循环控制的项目：① 500 起落/循环（含）以内的维修间隔，最多可偏离 10% 和 25 起落/循环中的小者；② 500 起落/循环以上的维修间隔，最多可偏离 10% 和 500 起落/循环中的小者。

由多个时间限制控制方式的项目，应当采用其最严格的偏离时间限制。

偏离发生后的下一次执行维修任务的时间自维修方案中给定的时间间隔到期时间（而不是实际执行时间）计算，并且任何偏离后不可连续再次偏离。上述偏离发生后应当及时报告相应民航地区管理局。

7. 使用其他运营人的维修方案

在符合下列条件下,航空运营人可使用另一航空运营人的维修方案作为其相同机型的维修方案:

(1) 维修方案的拥有人为 CCAR-121 批准的运营人,并且该维修方案已获得相应民航地区管理局的批准;

(2) 航空器的预计的使用特点,预计的利用率及维修的方便性与维修方案的拥有人一致;

(3) 航空运营人与维修方案拥有人具有相似的航空器使用状况记录和运行性能监控系统、工作程序和质量管理体系;

(4) 航空运营人及其航空器已加入维修方案拥有人的可靠性管理体系;

(5) 航空运营人必须与维修方案拥有人签订书面协议表明双方的责任和义务。

航空运营人使用其他运营人的维修方案不能减轻其任何适航性责任,并且其质量管理系统应当对维修方案持有人进行监督,发现任何涉及维修方案有效性的问题应当及时报告相应民航地区管理局。

7.3.3　维修方案的内容

维修方案由下面几个部分组成:

(1) 一般要求;

(2) 来自 MPD 的维修任务;

(3) 部件维修方案;

(4) 营运人专有任务;

(5) 可靠性方案等。

1. 维修方案一般要求

(1) 说明性信息:机型/型号和飞机、发动机、辅助动力装置的登记号;所有人、营运人或经批准的适航管理当局的名称和地址;引用文件,已批准维修方案发布日期和发布号;所有人、营运人或经批准的适航管理当局签署的声明,表示该飞机将按维修方案进行维修,并且如果需要将对维修方案进行评估和更新;目录、有效页码的清单和文件的修订版本;如果适用并经局方认可,增加检查间隔的程序;记录将修订内容写入维修方案的日期和参考文献;其他批准文件的对照表,包括与强制性寿命限制相关的适航审定维修要求和 AD 相关的维修任务的详细说明;声明表示,满足方案要求的操作和程序是符合 TC 持有人的维修指南规定的标准。如果批准的操作和程序不同,声明中应该指出;涉及的每个维修任务应在方案的定义部分加以定义。

(2) 任务信息:检查间隔,反映的是航空器的预计使用间隔。该使用间隔应该说明,并且应该允许有不超过 25% 的偏差。如果使用时间不能预计,那么应该给出日历限制时间;由维修人员完成的飞行前维修任务的详细说明;每个飞机部件和系统(发动机、辅助动力装置、部件、附件、设备)检查任务和间隔,包括要求的检查类型和等级;部件检查、清洗、润滑、补给、调整、测试时间和间隔;部件大修和/或更换的时间;由型号合格证持有人颁发的结构维修方案的详细说明,包括但不限于由损伤容限和补充结构检查方案要求的结构完整性维修,由 TC 持有人所做的 SB 评估而产生的结构维修方案,腐蚀预防和控制,修理评估,广布疲劳损伤;包含抽样检查方案的老龄飞机系统要求的详细说明;有关对照表、要求的可靠性方案、持续监控的统计方法的详细说明。

由各当局颁发的指南应包含完成推荐的,所有人/营运人直接使用的维修计划内维修任务需要的所有指南。

当局应核实维修方案对所列机型的持续适航性是可接受的,而且对于建议的运行环境和规定的用途是合适的,当局应该对原始文件进行评估,例如制造厂家推荐的维修方案、MRB 报告、营运人自己的经验以及其他经批准的方案。

当局可以批准一个不完整的维修方案:在一架飞机或营运人运营的初始阶段,为了将批准维修方案的时间限制在没有超过任何未经批准的必需的维修时间以内。

如果当局不再相信安全运营可以得到保证,那么该维修方案或它的一部分的批准可能被暂停或取消。引起这种情况的事件包括:更改飞机的用途;经批准的机构不能确保以保证飞机安全运营为目的的维修要求在方案中得到反映。

2. 来自 MPD 的维修任务

MPD 是一个合成文件,它包含了全部飞机机型的计划维修任务。一个飞机与其他飞机的设计标准一般不同,一个营运人的机队不应该关心所有任务,所以需要将 MPD 客户化。

MPD 客户化需要了解以下信息:飞机机型,重量变化范围,发动机型号,APU 机型,MOD 状态,SB 状态,客舱布局,应急设备清单。维修任务就是用上面列出的文件根据适用范围栏而选择确定的。

3. 部件维修方案

部件维修方案的作用是:列出飞机上安装的所有序列号 P/N 并提供相关的需要返厂维修(时控件)或报废(限寿件)的时间间隔。

基于下列文件确定哪些是已经安装在飞机上的 P/N:AIR/客舱布局,查阅原始文件以便确定正确间隔;APU 日志;发动机日志;起落架日志。

4. 营运人专有任务

营运人专有任务包括由于各种原因营运人增加到 MP 的所有任务:在役期间的经验;航空公司政策(质量标准、商业……);可靠性方案;飞机构型(舱室布置、娱乐……)。专有任务应该定期重新评估,并且必须保持跟踪能力以确定每个任务的起源。

5. STC 要求

与补充型号合格证(supplementary model certificate, STC)相关的维修要求必须体现在维修方案中。

6. 对于没有 MRB 报告的航空器制订维修方案的要求

对于没有 MRBR 的航空器,航空运营人可以按照下述原则制定航空器维修方案:

(1) 1987 年 5 月 4 日前制造的航空器,航空运营人应当根据本公司或其他航空运营人的运行或维修经验,或根据使用 MSG-3 文件规定的逻辑决断方法制定维修方案;

(2) 1987 年 5 月 5 日以后制造的航空器应当使用 MSG-3 文件规定的逻辑决断方法制定维修方案。

维修方案的制定过程中应当有民航局、航空器及其部件制造厂家的参与,航空运营人应当完整记录维修方案的制定过程。

航空运营人制定的维修方案应当满足法规文件规定的制定原则和内容要求。

7. 低利用率情况下的维修方案

如果在连续 6 个月内航空器的利用率小于维修方案中确定的预计利用率 50%,则航空运营人必须进行必要的补充检查和维修工作,以检查是否有下述情况产生:

(1) 水蒸气的累积(隔音阻燃棉、结构余水排放系统等);

(2) 润滑油/润滑脂的润滑效率降低;

(3) 润滑油/润滑脂可能发生化学分解;

(4) 系统或部件的封严可能老化,燃油、润滑油等渗漏;

(5) 结构、动力装置和部件的内部腐蚀;

(6) 操纵钢索和机构可能会受到腐蚀的影响;

(7) 航空器结构余水排放系统可能会产生水蒸气的累积,无法正常工作;

(8) 燃油系统内产生积水,滋生微生物和沉淀;

(9) 长期处于不工作或断电状态,电子/电气部件的可靠性降低。

对原 MRB 报告或制造厂家推荐有日历时限的工作任务,航空运营人必须在其维修方案中按日历时限执行维修任务。

通过向型号合格证持有人咨询,对本公司制定的维修资料和工作程序进行重新评估,并进行必要的修订。

8. 特殊运行航空器维修方案

航空运营人应当在其维修方案中说明批准其实施特殊运行的类别及涉及的航空器,并按照特殊运行的相应要求建立特殊工作单卡。

对于涉及双发动机延程操作标准(extended operation with two-engine airplanes,ETOPS)运行航空器还应当在维修方案中包括其发动机状态监控和发动机滑油消耗量监控计划。

9. 维修方案及其变更的申请和批准

航空器初始维修方案的申请和批准:

(1) 航空运营人对于计划制定初始维修方案的航空器,应当在其计划投入运营前至少 90 天向相应民航地区管理局申请航空器初始维修方案的批准;

(2) 上述申请资料应当向航空运营人的相应地区管理局提交,并可在与相应地区管理局协商保证使用及时的情况下不提交其数量较大的资料,而采取在航空运营人的资料存放地点现场查阅的形式;

(3) 相应地区管理局在审查并确认初始维修方案符合本咨询通告的要求后,在维修方案的首页及有效页清单盖批准印章并签字批准初始维修方案。

维修方案变更的申请和批准:

(1) 除按照民航局的规定必须进行的维修方案变更外,航空运营人应当在其计划变更航空器维修方案前至少 30 天向相应民航地区管理局申请,并提供如下资料的适用部分:① 航空运营人维修副总经理或其授权人员签署的申请函件和符合性声明;② 航空器维修方案的变更部分(草案);③ 维修方案中的维修间隔与 MRBR、制造厂家提供的持续适航文件、民航局的有关要求的符合性对照表的变更;④ 变更的来源及其支持性材料;

(2) 上述申请资料应当向航空运营人的相应地区管理局提交;

(3) 相应地区管理局在审查并确认航空器维修方案的变更符合本咨询通告的要求后,在变更后的有效页清单盖批准印章并签字批准航空器维修方案的变更。

使用其他运营人的维修方案的申请和批准:

(1) 对于计划使用其他航空运营人的维修方案的情况,航空运营人应当在其计划使用前至少 90 天向相应民航地区管理局提出申请,并提供如下资料的适用部分:① 航空运营人维修副总经理签署的申请函件;② 计划使用的航空器维修方案;③ 计划使用的航空器维修方案中的维修间隔与 MRBR、制造厂家提供的持续适航文件、民航局的有关要求的符合性对照表;④ MRBR、制造厂家提供的持续适航文件;⑤ 使用过的航空器的原维修方案(如适用);⑥ 使用过的航空器的初始维修方案与原维修方案的转换方案;⑦ 航空器维修方案拥有人的可靠性方案;⑧ 航空器维修方案拥有人的维修工程管理手册和有关工作程序;⑨ 航空运营人的维修工程管理手册和有关工作程序;⑩ 双方的书面协议及变更的协调计划;

(2) 上述申请资料应当向航空运营人的相应地区管理局提交,并可在与相应地区管理局协商保证使用及时的情况下不提交其数量较大的资料,而采取在航空运营人的资料存放地点现场查阅的形式;

(3) 相应地区管理局在审查并确认航空运营人使用该维修方案符合本咨询通告的要求后,以批准函件的形式进行批准。

航空器加入维修方案的申请:

(1) 航空运营人申请航空器加入已获批准的航空器维修方案时,应当在其计划投入运营前至少 90 天向相应民航地区管理局申请,并提供如下资料的适用部分:

① 航空运营人维修副总经理签署的申请函件;② 维修方案涉及的修订;③ MRBR、制造厂家提供的持续适航文件;④ 使用过的航空器的原维修方案(如适用);⑤ 使用过的航空器的初始维修方案与原维修方案的转换方案;⑥ 可靠性方案涉及的修订;

(2) 上述申请资料应当向航空运营人的相应地区管理局提交,并可在与相应地区管理局协商保证使用及时的情况下不提交其数量较大的资料,而采取在航空运营人的资料存放地点现场查阅的形式;

(3) 相应地区管理局在审查并确认初始维修方案符合本咨询通告的要求后,在维修方案修订的有效页清单盖批准印章并签字批准航空器加入维修方案。

没有 MRBR 的维修方案的申请和批准:

(1) 航空运营人对于制定没有 MRBR 的航空器维修方案时,应在其计划制定前至少 30 天向相应民航地区管理局申请,并提供申请函件、航空器维修方案制定计划、制造厂家提供的持续适航文件;

(2) 申请资料应向局方提交,并可在与局方协商保证使用及时的情况下不提交其数量较大的资料,而采取在航空运营人的资料存放地点现场查阅的形式;

(3) 局方将组织人员参加航空器维修方案制定的主要活动,并最终审查确认维修方案符合咨询通告后,以函件的形式批准。

思 考 题

(1) 维修大纲的制定流程是什么?其在维修工程中的作用是什么?

(2) 维修大纲的核心内容是什么?

(3) 维修任务的分析方法有哪些?

(4) 维修间隔的确定方法有哪些?查阅相关资料对其中一种方法进行分析。

(5) 维修方案与维修大纲的联系和区别是什么?

(6) 维修方案与 MPD 的关系是什么?

(7) 维修方案的优化都包含哪些内容?

(8) 维修方案与可靠性管理的关系是什么?(查阅相关资料进行分析)

民航故事——百年波音的首任航空工程师、中国航空前驱:王助

摘自

知乎网:https://zhuanlan.zhihu.com/p/275989740

波音是世界航天航空领域当之无愧的巨无霸,但在波音公司能够顺利度过发展初期,却和一个中国人有着密不可分的关系,他就是波音公司首位航空工程师——王助。关于王助对波音发展的贡献评价,波音公司在博物馆对王助的纪念文这样写道——"First,and best(最早,而且最好)"。王助教授不仅仅是波音历史上首位工程师,而且还是中国航空先驱、钱学森的导师和中国航空工业奠基人。

王助(1893—1965)波音公司首任工程师,中国航空先驱,中国航空工业奠基人。

1. 公派留学,英国造船,美国学飞

1893 年王助出生于北京,后为避庚子之乱搬家到河北省南宫县普济桥村。小学毕业考入烟台水师学堂后,其 16 岁时因为成绩优异被清廷选中赴英国学习。在 1910 年夏末,王助赶赴英国。在英国学习期间,王助由巴柔夜校考入阿姆斯壮海军大学。完成学业后王助留英,以跟进当时中国海军向英国船厂定制的"肇和"和"应瑞"两艘军舰的监造进度。在 1912 年时,王助和好友巴玉藻在飞行家波特的帮助下,体验了人生中的第一次飞行,而这次体验也是王助和巴玉藻的航空之路的起点。1915 年,王助被派往美国,先在纽约寇蒂斯航空学院学习飞行,后考入麻省理工学院航空工程系,跟随亨萨克教授学习研究航空工程理论。同时巴玉藻也在麻省理工学习,二人学习期间互相勉励,在繁重的课业下还一起去寇蒂斯、通用等飞机工厂实习,就连硕士论文《多种组合圆柱外型之空气阻力》也是两人共同撰写。1916 年 6 月 9 日王助成为麻省理工学院航空工程第二期毕业生,当时获得此项学位者仅有七人,其中五名都是中国留学生。

2. 学有所成,初遇波音,小试牛刀

在当时,航空工程人才即使在美国也是非常稀缺的人才。王助在导师亨萨克介绍和师兄维斯特维尔的介绍下,进入波音公司。王助在进入波音公司后,根据 B&W 原型机提出新的设计方案。经过改进的 C 型机(Model C)可以自动更正飞机的稳定状态,还能自动回归三轴中偏转的一轴。美国海军试飞后十分满意,向波音下达了 50 架订单,价值高达 57.5 万美元,这为正处于创业初期的波音公司提供了极大一笔发展资金,帮助公司渡过了最艰难的创业初期(图 7.14)。

图 7.14　王助和 Model C 的合影,王助的到来挽救了波音公司的第一次危机

3. 学成回国,设计飞机,初显身手

1917 年底,王助、巴玉藻等人一起回国,怀揣报国之心投身我国的飞机制造业中,他们也是中国最早一批学成归来的高级航空工程人员。1918 年 2 月,北洋政府海军部在福州马尾设立海军飞机工程处,巴玉藻担任主任,王助、王孝丰、曾诒经担任副主任。1919 年 8 月,王助和巴玉藻共同设计出海军首架水上飞机"甲一"号初级教练机。1922 年春,巴玉藻和王助又成功设计出世界上首座水上飞机浮站,解决了水上飞机的维修和放置问题。马尾不仅是近代造船工业的发源地,还是我国航空工业的摇篮。在 1917 年到 1930 年的 13 年间,这里创建了中国第一家正规的飞机制造厂,自行设计、制造出了在当时达到世界水平的飞机,还创办了中国首家飞潜学校,培养出中国本土的首批航空工程师。

4. 因公忘私,走马上任,助力中航

1929 年 4 月美国寇蒂斯-莱特飞机公司与国民政府签订中美航空运输和航空邮政合同,共同经营沪汉等航线,双方在 1930 年重新修订合约,成立中国航空公司,简称"中航",飞行基地设在上海龙华机场。中航公司成立后因母公司远在美国,飞机维护出现大麻烦,频出的故障导致调度出现问题,维斯特维尔再次想起同窗王助,王助辞去马尾海军制造处处长一职,赴上海担任中航总工程师。中航公司在王助的主导下在龙华机场修建维修工厂,添置设备器材,聘请维修技师,使飞机的后勤保障达到执行需求

标准,将陆地飞机着陆设备改为水机设备,将飞机故障减少的同时性能得以提升,并使航线延伸至重庆(图 7.15)。

图 7.15　一架 DC-3 在中国航空公司上海龙华机场维修中

5. 钱学森的"经验设计"老师

王助还和我国"航天之父"钱学森颇有渊源(图 7.16)。1934 年王助曾担钱学森留美前导师,他曾安排钱学森到国内各飞机相关制造厂见习,并指导工厂技术实践和制造工艺。王助很是欣赏这个上进的后辈,并特意叮嘱他要注意工程技术实践和工艺的问题。王助还以个人名义给自己在麻省理工学院的老师亨萨克去信,为钱学森赴美学习做好铺垫。钱学森在晚年曾亲手写下对自己影响深刻的 17 名老师,其中对于王助的备注为"经验设计"。

图 7.16　王助(右)和钱学森(左)

第8章
适航限制部分

本章主要介绍适航限制部分相关规章条款的要求及技术含义、基本定义和分类，以及适航限制项目和审定维修要求的产生背景、分析流程和确定方法，在学习过程中体会民航规章的"法规性"和"务实性"，树立民航"三个敬畏"意识。

学习要点：

(1) 熟悉适航限制部分相关规章条款的要求及技术内涵；

(2) 掌握适航限制部分(适航限制项目、审定维修要求)的基本定义、分类及其制定。

适航限制部分(airworthiness limitation section，ALS)是适航标准要求的、强制性定期维修和检查要求，在飞机型号合格审定过程中确定，属于持续适航文件的一部分。而适航标准是为保证实现民用航空器的适航性而制定的最低安全标准，因此适航限制部分可以看作是影响飞机适航的计划维修工作的"底线"，在维修活动中必须严格执行，以保障飞机安全运行。

安全是民航业的生命线，任何时候任何环节都不能麻痹大意。民航安全依赖于飞机设计、制造、使用和维修的各个环节，任一环节出问题都会导致不安全风险。因此，在民航活动中，"遵章守纪、按章办事"尤为重要。历史上曾发生过一些由于相关人员没有遵守适航管理规定或者违反操作规程等原因造成的空难，例如，我国境内死亡人员最多的空难——西北航空图-154M飞机空难。事故发生后，局方通常会根据事故调查反映出来的问题，采取措施完善管理流程、强化部门管理职能、甚至修订规章。所以民航规章凝聚了大量经验教训，每一个民航人都应把规章要求作为自己的行为准则，将"安全"意识扎根于心，树立良好作风。"凡善怕者，必身有所正，言有所规，行有所止"，我们需时刻谨记规章要求，树立民航"三个敬畏"意识——"敬畏生命、敬畏规章、敬畏职责"，严守安全底线，守护民航生命线。

8.1 适航规章条款的要求

CCAR - 21 第 21.50 条中规定：型号合格证或者型号认可证持有人向用户交付取得适航证的第一架航空器时,应当同时提供至少一套适航规章要求制订的完整的持续适航文件。不同类型的航空器,规章对持续适航文件的要求体现在不同的条款中,例如《正常类、实用类、特技类和通勤类飞机适航规定》(CCAR - 23)的第 23.1529 条,《运输类飞机适航标准》(CCAR - 25)的第 25.1529 条、第 25.1729 条,《正常类旋翼航空器适航规定》(CCAR - 27)的第 27.1529 条等。

对于运输类飞机,现行有效的适航标准是 2011 年发布的 CCAR - 25 - R4,其中第 25.1529 条款明确规定：“申请人必须根据本部附录 H 编制适航当局可接受的持续适航文件。如果有计划保证在交付第一架飞机之前或者在颁发标准适航证之前完成这些文件,则这些文件在型号合格审定时可以是不完备的。”该条款明确要求型号合格证申请人(制造商)按照 CCAR - 25 的附录 H 编制持续适航文件,且需经过适航当局审批,同时规定了持续适航文件的完成时间。

CCAR - 25 - R4 的附录 H 共包含 5 部分内容,分别为 H25.1 总则、H25.2 格式、H25.3 内容、H25.4 适航限制部分和 H25.5 电气线路互联系统的持续适航文件。具体内容如下。

H25.1 总则

(a)本附录规定第 25.1529 和 25.1729 条所需的持续适航文件的编制要求,以及 CCAR - 21 部和 CCAR - 26 部的适用条款。

(b)飞机的持续适航文件必须包含：发动机和螺旋桨(以下统称“产品”)的持续适航文件,中国民用航空规章要求的设备的持续适航文件,以及所需的有关这些设备和产品与飞机相互联接关系的资料。如果装机设备或产品的制造厂商未提供持续适航文件,则飞机持续适航文件必须包含上述对飞机持续适航性必不可少的资料。

(c)申请人必须向适航当局提交一份文件,说明如何分发由申请人或装机产品和设备的制造厂商对持续适航文件的更改资料。

H25.2 格式

(a)必须根据所提供资料的数量将持续适航文件编成一本或多本手册。

(b)手册的编排格式必须实用。

H25.3 内容

手册的内容必须用中文编写。持续适航文件必须含有下列手册或部分(视适用而定)以及下列资料：

(a)飞机维护手册或部分

(1)概述性资料,包括在维护和预防性维护所需范围内对飞机特点和数据的说明。

(2)飞机及其系统和安装(包括发动机、螺旋桨和设备)的说明。

(3)说明飞机部件和系统如何操作及工作的基本操作和使用资料(包括适用的特殊

程序和限制)。

(4) 关于下列细节内容的服务资料:服务点、油箱和流体容器的容量、所用流体的类型、各系统所采用的压力、检查和服务口盖的位置、润滑点位置、所用的润滑剂、服务所需的设备、牵引说明和限制、系留、顶起和调水平的资料。

(b) 维护说明书

(1) 飞机的每一部分及其发动机、辅助动力装置、螺旋桨、附件、仪表和设备的定期维护资料。该资料提供上述各项应予清洗、检查、调整、试验和润滑的推荐用周期,并提供检查的程度、适用的磨损允差和在这些周期内推荐的工作内容。但是,如果申请人表明某项附件、仪表或设备非常复杂,需要专业化的维护技术、测试设备或专家才能处理,则申请人可以指明向该件的制造厂商索取上述资料。推荐用的翻修周期和与本文件适航性限制条款必要的相互参照也必须列入。此外,申请人必须提交一份包含飞机持续适航性所需检查频数和范围的检查大纲。

(2) 说明可能发生的故障、如何判别这些故障以及对这些故障采取补救措施的检查排故资料。

(3) 说明拆卸与更换产品和零件的顺序和方法以及应采取的必要防范措施的资料。

(4) 其他通用程序说明书,包括系统地面运转试验、对称检查、称重和确定重心、顶起和支撑以及存放限制程序。

(c) 结构检查口盖图,和无检查口盖时为获得检查通路所需的资料。

(d) 在规定要作特种检查(包括射线和超声检验)的部位进行特种检查的细节资料。

(e) 检查后对结构进行防护处理所需的资料。

(f) 关于结构紧固件的所有资料,如标识、报废建议和拧紧力矩。

(g) 所需专用工具清单。

H25.4 适航限制部分

(a) 持续适航文件必须包含标题为适航限制的部分,该部分必须单独编排并与文件的其他部分明显地区分开来。该部分必须规定:

(1) 按第25.571条批准的每一个强制性的更换时间、结构检查时间间隔以及相关结构检查程序;

(2) 对燃油箱系统的每一个强制性的更换时间、结构检查时间间隔以及按第25.981条批准的所有关键设计构型控制限制。

(3) 25.1701条定义的EWIS部件的任何强制更换时间。

(b) 如果持续适航文件由多本文件组成,则本节要求的这部分内容必须编在主要手册中,必须在该条显著位置清晰说明:"本适航限制部分经过适航当局批准,并规定了中国民用航空规章有关维护和营运的条款所要求的维护,如果适航当局已另行批准使用替代的大纲则除外。"

H25.5 电气线路互联系统的持续适航文件

(a) 申请人必须准备第25.1701条定义的,适用于EWIS的持续适航文件,经局方批准,并包含下列内容:

(1) 通过增强区域分析程序制定的,EWIS的维护和检查要求,包括:

(i) 飞机每个区域的识别

(ii) 含有 EWIS 的每个区域的识别

(iii) 含有 EWIS 以及易燃材料的每个区域的识别

(iv) EWIS 与主用和备份液压、机械或电气飞行控制和管线都密切接近的每个区域的识别

(v) 以下识别:

(A) 减少点火源和易燃材料积聚可能性的任务,和执行这些任务的间隔,和

(B) 如果没有有效减少易燃材料积聚可能性的任务,则有效清除 EWIS 部件易燃材料的程序,和执行这些程序的间隔,

(vi) 在进行维护、改装或修理过程中,对 EWIS 造成污染和意外损坏降至最低的保护和告诫信息。

(2) 标准格式的可接受的 EWIS 维护措施

(3) 第 25.1707 条确定的线路分离要求

(4) 说明 EWIS 识别方法的信息,以及按第 25.1711 条对 EWIS 更改识别的要求

(5) 电气负载数据和更新该数据的说明

(b) 按 H25.5(a)(1) 条要求制定的 EWIS 持续适航文件,必须用适合于提供信息的文件形式,并容易被作为 EWIS 的持续适航文件所识别。该文件必须包含要求的 EWIS 持续适航文件,或明确提及包含该信息的持续适航文件的其他部分。

可以看出,总则部分规定了附录 H 的使用范围、持续适航文件范围以及对持续适航文件的修订和更改要求;格式部分规定了持续适航文件的编制形式和编排格式;内容部分规定了持续适航文件编写的语言和内容要求等;适航限制部分规定了 ALS 需要包含的内容及其控制要求,目的是将型号合格审定过程中批准的维修任务和维修程序的数据要求纳入持续适航文件,并按持续适航文件的方式进行管理;电气线路互联系统的持续适航文件规定了对 EWIS 持续适航文件编制的要求。

适航限制部分通常由制造商编写,作为飞机维修大纲的附件或独立手册提供给客户。ALS 属于持续适航文件中的维修要求,在飞机型号合格审定过程中需要经局方批准,是强制执行的指令性维修要求。此外,尽管附录 H25.4 中没有明确要求,但是为满足 CCAR-25.1309 条而制定的审定维修要求通常也作为限制来进行管理,所以适航限制部分包含了适航限制项目和审定维修要求两方面的检查维修要求和时限要求,以下将分别介绍。

8.2 适航限制项目

适航限制项目是为防止飞机在运行过程中发生灾难性破坏所做的必需的检查或其他步骤,分为结构适航限制项目、燃油系统适航限制项目等。结构适航限制项目提供了符合 CCAR - 25.571 条款、CCAR - 25.1529 条款和附录 H25.4 条款要求的安全寿命结构件的强制更换时间和损伤容限结构件的检查要求,以及针对每一个结构检查项目制定的详细的检查方法和检查间隔。燃油系统适航限制项目包含了 CCAR - 25.981 条款和附录

H25.4条款要求的保持燃油箱安全性关键设计构型控制限制项目(critical design configuration control limitation, CDCCL)对应的定期强制维修说明及维护检查任务。

8.2.1 结构适航限制项目

1. 规章条款要求

运输类飞机的结构适航限制项目制定以 CCAR – 25.571(a)(1)(3)款、CCAR – 25.571(b)款、CCAR – 25.1529 及附录 H25.4 为依据。CCAR – 25.571 条旨在要求对重要飞机结构进行疲劳评定或损伤容限评定,以保证飞机结构不发生疲劳破坏。飞机一旦发生疲劳损伤,其后果通常都是灾难性的。例如 1988 年发生的阿罗哈空难,执飞飞机为B737 – 200 型客机。飞机在夏威夷飞往檀香山的途中驾驶舱后方的机身蒙皮搭接连接处产生了广布疲劳损伤,导致一块 18 英寸长的蒙皮脱落(图 8.1),最终造成 1 人死亡,65 人受伤(该型飞机设计服役目标为 20 年,75 000 飞行循环,在事故发生时已飞行 19 年,累计89 680 飞行循环)。

图8.1 阿罗哈空难飞机结构疲劳损伤

CCAR – 25.571(a)(1)(3)条、CCAR – 25.571(b)款内容及其含义如下。

(a)总则 对强度、细节设计和制造的评定必须表明,飞机在整个使用寿命期间将避免由于疲劳、腐蚀、制造缺陷或意外损伤引起的灾难性破坏。对可能引起灾难性破坏的每一结构部分(诸如机翼、尾翼、操纵面及其系统、机身、发动机架、起落架,以及上述各部分有关的主要连接),除本条(c)规定的情况以外,必须按本条(b)和(e)的规定进行这一评定。对于涡轮喷气飞机,可能引起灾难性破坏的结构部分,还必须按本条(d)评定。此外,采用下列规定:

(1)本条要求的每一评定,必须包括下列各点:

(i)服役中预期的典型载荷谱、温度和湿度;

(ii)判明其破坏会导致飞机灾难性破坏的主要结构元件和细节设计点;

(iii)对本条(a)(1)(ii)判明的主要结构元件和细节设计点,进行有试验依据的分析。

(2)根据本条要求的评定,必须制订为预防灾难性破坏所必须的检查工作或其他程

序,并必须将其载入第 25.1529 要求的"持续适航文件"中的"适航限制章节"。对于下列结构类型,必须在裂纹扩展分析和/或试验的基础上建立其检查门槛值,并假定结构含有一个制造或使用损伤可能造成的最大尺寸的初始缺陷:

(i)单传力路径结构;

(ii)多传力路径"破损-安全"结构以及"破损-安全"止裂结构,如果不能证明在剩余结构失效前传力路径失效、部分失效或止裂在正常维修、检查或飞机的使用中能被检查出来并得到修理的话。

(b)损伤容限评定 评定必须包括确定因疲劳、腐蚀或意外损伤引起的预期的损伤部位和型式,评定还必须结合有试验依据和服役经验(如果有服役经验)支持的重复载荷和静力分析来进行。如果设计的结构有可能产生广布疲劳损伤,则必须对此作出特殊考虑。必须用充分的全尺寸疲劳试验依据来证明在飞机的设计使用目标寿命期内不会产生广布疲劳损伤。型号合格证可以在全尺寸疲劳试验完成前颁发,前提是适航当局已批准了为完成所要求的试验而制定的计划,并且在本部第 25.1529 要求的持续适航文件适航限制部分中规定,在该试验完成之前,任何飞机的使用循环数不得超过在疲劳试验件上累积的循环数的一半。在使用寿命期内的任何时候,剩余强度评定所用的损伤范围,必须与初始的可觉察性以及随后在重复载荷下的扩展情况相一致。剩余强度评定必须表明,其余结构能够承受相应于下列情况的载荷(作为极限静载荷考虑):

(1)限制对称机动情况,在直到 V_C 的所有速度下按第 25.337 条的规定,以及按第 25.345 条的规定;

(2)限制突风情况,在直到 V_C 的速度下按第 25.341 条的规定,以及按第 25.345 条的规定;

(3)限制滚转情况,按第 25.349 条的规定;限制非对称情况按第 25.367 条的规定,以及在直到 V_C 的速度下,按第 25.427(a)到(c)条的规定;

(4)限制偏航机动情况,按第 25.351(a)条对最大到 V_C 诸规定速度下的规定;

(5)对增压舱,采用下列情况:

(i)正常使用压差和预期的外部气动压力相组合,并与本条(b)(1)到(4)规定的飞机载荷情况同时作用(如果后者有重要影响);

(ii)正常使用压差的最大值(包括 1 g 平飞时预期的外部气动压力)的 1.15 倍,不考虑其他载荷。

(6)对于起落架和直接受其影响的机体结构,按第 25.473 条、25.491 条和 25.493 条规定的限制地面载荷情况。

如果在结构破坏或部分破坏以后,结构刚度和几何形状,或此两者有重大变化,则必须进一步研究它们对损伤容限的影响。

25.571(a)款是总则条款,对结构损伤容限和疲劳评定提出了总体要求。可以看出,进行结构损伤容限和疲劳评定的目的是保证飞机在整个使用寿命期间避免由于疲劳、腐蚀、制造缺陷或意外损伤而引起灾难性破坏。损伤容限和疲劳评定的对象是飞机主要结构件,即能够承受飞行、地面、增压载荷的结构件。在重复载荷作用下,这些结构件的损伤可能导致灾难性破坏,影响飞机结构完整性。典型的主要结构件包括机翼、尾翼、操纵面及其系统、机身、吊挂、起落架,以及上述各部分有关的主要连接结构。

在现代运输类飞机结构设计中,除类似起落架的单传力结构和一些局部不可检结构属于安全寿命结构,必须按照25.571(c)款要求进行疲劳评定外,凡是能够按照损伤容限设计的结构都应当按照损伤容限设计思想设计,并按照25.571(b)款要求进行损伤容限评定或者25.571(e)款要求进行损伤容限(离散源)评定;同时还要进行疲劳分析与评定。对于涡轮喷气飞机可能引起灾难性破坏的结构部分,还必须按照25.571(d)款要求进行声疲劳强度评定,而对于涡轮螺旋桨飞机,一般不需要进行声疲劳评定。

同时,该条款明确了规章中提出的评定内容的要求:① 确定服役中预期的典型载荷谱、温度和湿度;② 判明其破坏会导致飞机灾难性破坏的主要结构原件和细节设计点;③ 对主要结构原件和细节设计点进行有试验依据的分析。该条款还要求对单传力路径结构、多传力路径破损安全结构及破损安全止裂结构确定检查门槛值,并且必须根据本条款要求得到的评定结果,制定为预防灾难性破坏所必需的检查工作或其他程序,将其纳入"持续适航文件"中的"适航限制"章节。

25.571(b)款首先明确了损伤容限评定的目标,即在飞机设计服役目标期内,如果发生严重的疲劳、腐蚀或意外损伤,在损伤被检出前,保证结构能承受合理的载荷而不发生破坏或过度变形。损伤容限评定必须包括确定因疲劳、腐蚀或意外损伤引起的预期损伤部位和形式,应特别注意可能导致灾难性破坏的开裂模式。疲劳评定须结合有试验依据和使用经验支持的重复载荷和静力分析来进行。损伤容限分析和评定的内容主要包括三部分:剩余强度分析、裂纹扩展分析和检查大纲制定。通过剩余强度分析,确定结构在限制载荷下的最大损伤程度,或者预测结构在一定的损伤情况下是否能够满足剩余强度要求,在分析中必须考虑加强件弯曲及紧固件柔度。通过裂纹扩展分析,可确定在使用载荷环境下的裂纹扩展寿命,确定出损伤从初始可检门槛值扩展到最大允许损伤的时间间隔。最后是按照25.1529条的要求,基于分析预测、完整结构或部件的试验及使用与设计经验来编制结构检查大纲,这是损伤容限评定和疲劳评估的重要任务,以防止由疲劳、环境和意外损伤引起的灾难性破坏。

在损伤容限评定中确定损伤部位的基本原则如下。

(1) 一般损伤部位:① 根据设计审查和过去的服役经验,确定由腐蚀、脱胶、意外损伤、制造缺陷等原因可能造成损伤的区域;根据损伤结构上的应变,确定高应力集中部位及应力集中程度;② 在静力试验中发生永久变形的部位;③ 通过疲劳分析确定的潜在疲劳损伤部位;④ 类似设计结构服役经验表明容易发生疲劳损伤或其他损伤的设计细节。

(2) 关键损伤部位:① 根据审查分析结果,确定具有最大应力或较低安全裕度的部位;② 随着损伤的出现,相邻结构中应力达到最大值的部位;③ 在出现局部损伤的剩余结构中出现高应力集中的部位;④ 难以检测的部位。

对于按损伤容限设计的飞机结构,特别强调要用充分的试验依据证明在飞机的设计使用目标寿命期内不会产生广布疲劳损伤。一般来说,足够全尺寸试验验证包括2倍或2倍以上的设计服役目标的疲劳试验,随后进行特定的检查分析,确定是否发生广布疲劳损伤(规章要求在该试验完成之前,任何飞机的使用循环数不得超过在疲劳试验件上累计的循环数的一半）。最后,如果结构的破坏引起结构刚度或几何形状的重大变化,则必须研究其对损伤容限的影响。

2. 结构适航限制项目制定流程

结构适航限制项目属于飞机设计审定项目,必须在颁发型号合格证之前得到局方审批。飞机结构 ALI 包括强制性检查间隔和程序,考虑疲劳损伤等在重复载荷作用下的不断扩展,在其发展成临界损伤并导致灾难性破坏之前,要求能够检测到损伤并进行修理或替换。

结构适航限制项目的制定流程见图 8.2。首先根据结构失效后对飞机安全性造成的后果,确定是否为重要结构项目。重要结构项目是指对于承受飞行载荷、地面载荷、增压载荷或操纵载荷具有重要作用的任何结构细节、结构元件和结构组件,并且它们的失效可能影响保证航空器安全性所必需的结构完整性。然后,对每一个重要结构项目进行判断,若为安全寿命项目则进行安全寿命分析,并给出使用限制,列入适航限制项目;若为损伤容限项目则进行疲劳和损伤容限分析,根据分析选择与疲劳检查相关的项目,并且给出检查方法、检查门槛值和检查间隔,列入适航限制项目,以保证尽可能及时检测出损伤,使机队采取行动检测或防止机队中任何损伤。

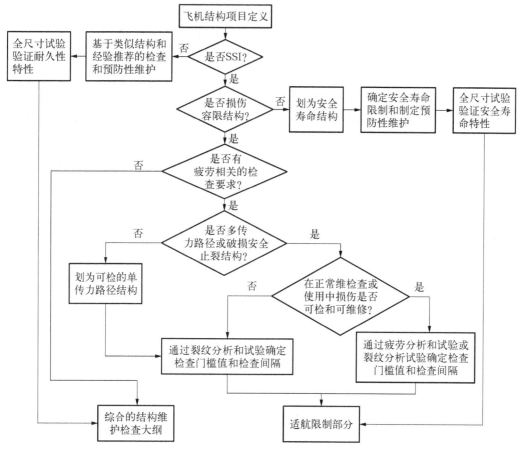

图 8.2　结构适航限制项目制定流程

　　飞机上的承载结构可以划分为主要结构和次要结构,主要结构包含主要结构件和其他结构。主要结构件是指对承受飞行、地面或增压载荷具有重要贡献的元件,其完整性是维系飞机整体完整性的基础,飞机上典型 PSE 包括:① 机身,周向框及相邻蒙皮,驾驶窗支柱,切口周围的蒙皮及单框或加强件,环向/轴向载荷下的蒙皮、蒙皮对接区域,窗框等;② 机翼和尾翼,操纵面、缝翼、襟翼和它们的机械系统及连接(包括铰链、滑轨和接头),整体加筋板,主要搭接件,主要对接件,蒙皮或开口周围或不连续处的加强件,蒙皮长桁组合件,翼梁缘条,翼梁腹板等;③ 起落架及其连接;④ 发动机安装节和吊挂;⑤ 反推部件。所有的 PSE 都属于 SSI,对于一个新研制的飞机,每一个主要结构件都列入适航限制项目。

　　3. 结构疲劳损伤评定

　　20 世纪 50 年代以前,飞机结构设计对结构疲劳寿命问题没有足够重视。那时的飞机结构是单纯采用静强度设计准则与刚度设计准则进行设计的。在第二次世界大战以后的十年中,世界各国军用和民用飞机发生了多起疲劳事故,其中以 1954 年英国"彗星"号飞机的灾难性事故最严重。从此,基于经验教训、科技进步,以及对飞机使用要求的不断提高,飞机结构设计思想发生了很大变化。20 世纪 50 年代中后期,发展了以安全寿命为设计准则的设计和评估思想,这种思想以结构件无初始损伤的假设为基础,以结构无裂纹寿命作为设计目标,一旦飞机出现可检裂纹则认为安全寿命终止。但在 20 世纪 60 年代末期至 70 年代,大量飞机结构由于材料初始缺陷、制造缺陷或各种损伤源产生的损伤在服役中扩展而导致破坏,表明安全寿命设计思想并不一定能保证飞机安全可靠。

　　之后提出了破损-安全设计思想,这种思想要求飞机结构在带有缺陷损伤和裂纹的情况下仍能承受规定的外载荷,并安全地运行一段时间,直到下一次维修时发现裂纹并修复。所以,当时的飞机结构设计采用破损-安全与安全寿命相结合的设计思想。破损-安全设计虽然克服了安全寿命设计的一部分缺点,但由于未考虑多处损伤和损伤检测,使飞机往往要付出质量代价却仍不能有效地保证安全。

　　后来,随着断裂力学和其他科学的发展,出现了损伤容限和耐久性设计思想,其核心是承认结构件中存在初始缺陷的可能性,并设法控制损伤的扩展,从而使飞机结构在规定期限内具有规范要求的抗破坏能力和经久耐用的品质。1974 年,美国空军首次颁发了飞机断裂设计规范(美国空军飞机损伤容限要求),1978 年以后美国联邦航空局规定在民用机上采用损伤容限和耐久性设计来代替原来的破损-安全与安全寿命设计,并修订了FAR-25。中国民用航空局颁发的 CCAR-25,也对新研制和已经运营的民用飞机提出必须进行疲劳和损伤容限评定的强制性要求,从而使耐久性与损伤容限技术成为设计与制造长寿命、高可靠性和低维修成本的民用飞机的关键。

　　对于采用不同抗疲劳设计思想的飞机结构,其疲劳损伤评定方法也不同。对采用安全寿命设计思想设计的飞机结构件,应进行安全寿命估算和评定,以保证在构件使用期内,不大可能出现由使用中的重复载荷而引起灾难性疲劳破坏事故。对采用损伤容限设计思想设计的飞机结构,则应确定结构损伤的扩展规律和剩余强度特性,以制定合理的检修周期和检查方式。在损伤容限评估过程中,确定了评估的结构部位后,还要研究分析并根据使用经验确定裂纹的可能起始位置、扩展类型以及在残存结构中出现多条疲劳裂纹的可能性。初始裂纹尺寸的长短对计算的扩展寿命影响很大。这是因为在短裂纹阶段,裂纹扩展较慢,较小的初始裂纹尺寸差别将引起裂纹扩展寿命的较大变化。因此,对飞机结构进行损伤容限评估时,合理确定初始裂纹长度是一项十分重要的工作。目前,通常根据无损检测能力确定初始裂纹长度,或者从规范、指南中查取,另一种方法是依据结构件中初始裂纹尺寸的概率分布确定初始裂纹尺寸。

按照规章要求,根据疲劳和损伤容限评定结果,制造商将飞机结构中安全寿命件的更换时限和损伤容限件的检查要求纳入适航限制项目,以下简要介绍损伤容限件的检查门槛值和检查间隔的确定。

1)检查门槛值确定

检查门槛值为第一次疲劳裂纹检查应当进行的那一刻所对应的飞行循环次数或飞行小时,即首次检查期。

(1)由观察、分析、试验证明,多传力路径结构中,"破损-安全"结构的一条路径失效或"破损-安全"止裂结构的部分失效,在飞机的正常维护、检查或使用期间,在残余结构失效之前能够被发现和修理。检查门槛值可由下述方法之一确定。

① 缺少任何结构特征的疲劳试验结果的情况,检查门槛值 I_{th} 按以下公式确定(式中 N_f 为计算的疲劳寿命):

$$I_{th} \leqslant \frac{N_f}{5} \tag{8.1}$$

② 如果有结构特征的疲劳试验结果,并且有证据表明在疲劳试验或后续的拆毁检查中发现裂纹,则检查门槛值 I_{th} 按以下公式确定(式中 $N_{f,m}$ 是考虑疲劳试验结果的计算的疲劳寿命):

$$I_{th} \leqslant \frac{N_{f,m}}{3} \tag{8.2}$$

③ 如果有结构特征的疲劳试验结果,并且有证据表明在疲劳试验或后续的拆毁检查中没有发现裂纹,则检查门槛值 I_{th} 按以下公式确定(N_{test} 是疲劳试验寿命):

$$I_{th} \leqslant \frac{N_{test}}{3} \tag{8.3}$$

④ 在适当的初始制造缺陷上的缓慢裂纹扩展分析和试验(n_i 为从初始缺陷尺寸至临界裂纹尺寸之间的扩展次数, k 为分散系数,通常可取 2),则检查门槛值 I_{th} 按以下公式确定:

$$I_{th} \leqslant \frac{n_i}{k} \tag{8.4}$$

(2)对于单传力路径结构和多传力路径结构及"破损-安全"止裂结构,如果不能够证明，在正常的维护、检查和使用中，传力路径失效、部分失效或裂纹止裂在残余结构失效前能够被查出并修理，检查门槛值应通过裂纹扩展分析、试验来确定，假定结构存在一个最大可能的制造或使用损伤。门槛值确定公式为

$$I_{th} \leqslant \frac{n_i}{k} \tag{8.5}$$

2）检查间隔的确定

这里的检查间隔是在检查门槛值之后开始的一次检查到下一次检查之间的重复检查时间间隔，按以下公式确定：

$$I_{re} \leqslant \frac{n}{k} \tag{8.6}$$

式中，n 为从可检裂纹尺寸至临界裂纹尺寸之间的裂纹扩展次数；k 为分散系数，通常对单传力路径结构可取 3，对损容限结构或多传力路径结构可取 2。

8.2.2 燃油系统适航限制项目

多年来，燃油箱爆炸对航空安全构成持续不断的严重威胁。从 1959 年起，已有多架飞机由于燃油箱爆炸而损坏或损毁。调查研究发现，在大多数情况下，着火或爆炸与设计方法、维修措施或燃油系统的不当改型有关。1996 年 7 月 17 日，一架具有 25 年机龄的波音 747－100 系列飞机，从纽约肯尼迪国际机场起飞后发生空中解体，导致 230 人丧生（图 8.3）。经事故调查确认是飞机线路故障产生的电火花进入中央油箱而导致爆炸。

图 8.3　重组后的飞机残骸

为了避免类似灾难性事故的发生，2001 年 FAA 发布了 FAR－25 第 25－102 号修正案《运输类飞机燃油箱系统设计评审，降低可燃性以及维护和检查要求》，增加了预防燃油箱内产生点火源的新要求，并且要求燃油箱暴露于可燃蒸气的运行时间最小或使燃油箱蒸气的点燃后果最小。同年，FAA 发布了 SFAR88《燃油箱系统故障容差评定要求》，要求

型号合格证和补充型号合格证的持有人/申请人对在役飞机和新设计飞机进行深入评估，查明所有可能的点火源，并制定点火源防护相关的适航限制类维护、检查和关键设计构型控制限制。经过多年研究，在广泛征求公众意见和建议的基础上，2008 年 FAA 发布了 FAR-25 第 125 号修正案《降低运输类飞机燃油箱可燃性》。该修正案中增加了燃油箱可燃性的特定要求，强化了对燃油箱可燃环境的控制，明确提出燃油箱可燃性暴露在可燃蒸气中的运行时间及程度。

因此，燃油系统适航限制项目是为了防止燃油箱内部由于潜在的失效、改装、修理或维护措施引起的潜在点火源，而制定的适航限制类维护、检查和关键设计构型控制限制，以及对燃油箱内可燃环境进行控制，将燃油箱可燃性降低至可接受的水平，对点火源起到防护作用，降低点燃概率。

1. 规章条款要求及其含义

中国民用航空局在 CCAR-25-R4 中明确规定了对运输类飞机的燃油箱点火源及可燃性的定性与定量要求；2016 年 3 月 17 日，交通运输部以中华人民共和国交通运输部令（2016 年 19 号）的形式对油箱可燃性适航要求进行了重新修订。此外，CAAC 颁布了 CCAR-26《运输类飞机持续适航与安全改进规定》，其中 D 分部对燃油箱可燃性提出了限制要求，对已投入航线运行和正在申请型号合格证以及已取得型号合格证新生产的运输类飞机分别提出追溯性要求，要求飞机的设计批准持有人完成对燃油箱及燃油箱设计更改的可燃性评估，并根据评估结果制定燃油箱的降低可燃性措施（flammability reduction measures，FRM）改装措施及相关的维修和检查方案。

CCAR-25.981 条款为"燃油箱点燃防护"，其目的是防止飞机正常工作和失效情况下可能存在的热表面或其他潜在点火源的出现，同时结合对燃油箱内可燃环境的控制，降低燃油箱的可燃性暴露程度，从根本上防止灾难性的燃油箱爆炸事故发生。条款具体内容如下。

第 25.981 条　燃油箱点燃防护

（a）在可能由于燃油或其蒸气的点燃导致灾难性失效发生的燃油箱或燃油箱系统内的任一点不得有点火源存在。必须通过以下表明：

（1）确定燃油箱或燃油箱系统的最高温度低于预期燃油箱内燃油的最低自燃温度，并留有安全裕度。

（2）证实其内的燃油可能被点燃的每个油箱内，任何一处的温度不会超过本条（a）（1）确定的温度。如果某些部件的工作、失效或故障可能提高油箱内部的温度，则必须在每一部件所有可能的工作、失效和故障条件下验证本条。

（3）证实点火源不会由每个单点失效、每个单点失效与每个没有表明为概率极小的潜在失效条件的组合或者所有没有表明为极不可能的失效组合引起。必须考虑制造偏差、老化、磨损、腐蚀以及可能的损伤的影响。

（b）除本条（b）（2）和（c）规定的以外，一架飞机上每一燃油箱的机队平均可燃性暴露时间均不得超过本部附录 N 中定义的可燃性暴露评估时间（FEET）的 3%，或所评估机型机翼燃油箱的可燃性暴露时间，取较大者。如果机翼不是传统的非加热铝制机翼，则必须在假定的、与传统的非加热铝制机翼油箱等效的基础上进行分析。

（1）机队平均可燃性暴露时间应按照本部附录 N 来确定。必须按照中国民用航空局适航部门认可的方法和程序进行评估。

（2）除主燃油箱以外，飞机上的任何燃油箱，只要有部分位于机身轮廓线以内，就必须满足本部附录 M 规定的可燃性暴露标准。

（3）本段用到的术语：

（i）等效的传统非加热铝制机翼燃油箱，是一个位于亚音速飞机非加热半硬壳式铝制机翼内的整体油箱，该机翼在气动性能、结构能力、油箱容量以及油箱构型上与所设计的机翼相当。

（ii）机队平均可燃性暴露在本部附录 N 中定义，是指在一个机型机队运行的各个航段距离范围内，每个燃油箱的空余空间处于可燃状态的时间比例。

（iii）主燃油箱指直接向一台或多台发动机供油，并且在每次飞行过程中持续保持所需燃油储备的燃油箱。

（c）本条（b）不适用于采用减轻燃油蒸气点燃影响措施的燃油箱，该措施使得燃油蒸气点燃所造成的损伤不会妨碍飞机继续安全飞行和着陆。

（d）必须建立必要的关键设计构型控制限制（CDCCL）、检查或其他程序，以防止：依照本条（a）的燃油箱系统内形成点火源；油箱可燃性暴露时间超过本条（b）的允许值；以及按照本条（a）或（c）采用的任何措施的性能和可靠性的降低。这些 CDCCL、检查和程序必须纳入第 25.1529 条所要求的持续适航文件的适航限制部分。飞机上可预见的维修行为、修理或改装会危及关键设计构型控制限制的区域内，必须设置识别这些关键设计特征的可视化措施（如用导线的颜色编码识别隔离限制）。这些可视化措施也必须被认定为 CDCCL。

CCAR-25.981（a）条款考虑从两个方面进行点火源防护：一是防止油箱内及邻近部位存在可能点燃油箱内燃油蒸气的热表面，即燃油箱内的最高温度应低于预定使用燃油的自燃温度，并留有一定的安全裕度（例如，Jet A 航空煤油的自燃温度为 435℉，而 JP4 为 468℉，一般规定燃油箱内最高温度不超过 400℉，即留有 30~50℉ 的安全裕度）；二是防止由于燃油箱内或临界部位燃油系统的单一故障、潜在故障及组合故障导致形成点火源。

CCAR-25.981（b）条款给出了不同燃油箱的可燃性暴露限制并强制给出了燃油箱的可燃性评估方法，确定了可燃性暴露水平的定性和定量要求，并指定型号申请人必须采用蒙特卡罗方法来进行燃油箱可燃性分析，其提出的可燃性暴露评估时间控制指标综合考虑了经济性、安全性等诸多因素，对位于机身轮廓线内的辅助燃油箱提出了更严格的要求；CCAR-25.981（c）提供了 25.981（b）可燃性限制的一个替代选项，即使用减轻点燃影响的措施。这两项条款意在降低油箱内的可燃性或抑制点燃影响：在点火源防护基础上，进一步强化对燃油箱内可燃环境的控制，并明确要求降低燃油箱可燃性至可接受的水平（定量指标 3%），通过显著降低飞机燃油箱内无油空间中可燃油气混合气的可燃性或有效减轻点燃后对飞行安全的影响，从根本上解决燃油箱防爆安全问题。

CCAR-25.981（d）条款要求制定 CDCCL 和强制性维护、检查措施，防止"降低可燃性措施、点火源防护措施及减轻点燃影响的措施"的性能退化和可靠性降低。其中 CDCCL 指在燃油系统设计中针对点火源防护方面、降低燃油箱可燃性措施方面,以及减轻燃油蒸气点燃影响措施方面的关键设计特征所制定的适航限制要求,以防止由于改装、修理或维护行为疏忽而导致这些关键设计特征的构型改变。点火源防护关键特征可能存在燃油系统及相关安装中,或者存在其他系统中(如该系统中出现某一失效时,假设没有该 CDCCL,则失效会导致燃油系统出现不安全的状况)。

此外,CCAR-25 附录 M 和附录 N 分别为"燃油箱系统降低可燃性的措施"和"燃油箱可燃性暴露和可靠性分析",与条款正文具有等效性。除主燃油箱外,其他位于机身内的燃油箱均需要满足附录 M 的要求,附录 M 中含有降低可燃性措施的详细规范要求,以确保其性能和可靠性。附录 N 规定了为满足第 25.981(b)款和附录 M 所需进行的燃油箱机队平均可燃性暴露分析的要求,包含表明受影响的飞机燃油箱符合建议的可燃性暴露限制所需的全部或温暖天气条件下燃油箱可燃性暴露值的计算方法。

2. 燃油箱系统

飞机燃油系统是为存储和输送动力装置燃料而设置的。燃油系统主要有如下作用:

(1)存储燃油;

(2)在规定的飞行条件下安全可靠地把燃油输送到发动机和 APU;

(3)调整重心位置,保持飞机平衡及机翼结构受力;

(4)冷却其他附件。

飞机燃油系统包括处于燃油箱结构或燃油箱系统内的任何部件,以及连接、穿透或位于燃油箱内的所有飞机结构或系统部件,主要分为燃油存储系统、燃油分配系统及燃油测量与指示系统。存储系统包括燃油箱、燃油箱通气系统和连续除水系统,其中燃油箱用来存储飞机燃油,供发动机和 APU 使用。飞机油箱包括软油箱、硬油箱和结构油箱三种类型,目前软油箱在大型民航运输机上很少采用。硬油箱由防腐能力较强的铝锰合金制成箱体,箱内有防止油液波动的带孔隔板,隔板可以提高油箱刚度和强度,通常作为大型飞机的中央辅助油箱。民用飞机的油箱大多采用结构油箱,即油箱本身是飞机结构的一部分,利用机身、机翼或尾翼的结构元件直接构成的油箱。一架飞机上通常会布置多个油箱,即中央油箱、机翼主油箱,在主油箱外侧设有通气油箱。有些飞机还配有机尾配平油箱和辅助中央油箱,如图 8.4 所示。在燃油箱内部,燃油蒸气与空气混合会形成易燃气体,当混合气体处于燃烧极限范围内时,在油箱内部潜在点火源的作用下会发生燃烧甚至爆炸,影响飞机运行安全。

3. 燃油系统适航限制项目分析流程

SFAR88 给出了燃油系统适航限制项目的制定流程,见图 8.5。左侧框图包含了针对"不安全"状态应采取的 ALI 及等效的设计更改等措施,右侧框图则是针对"非不安全"状态的其他 ICA 制定流程。区分"不安全"与"非不安全"两类状态,需要使用 FAA 和 EASA 共同制定的"四元素"判断规范对安全性评估中识别出的点火源防护特征来进行评估。需要注意的是,"非不安全"并非指不影响安全,而是指此类点火源防护特征失效不会直接引发不安全状态,而后继的其他失效与之叠加,将可能会直接影响运营安全。

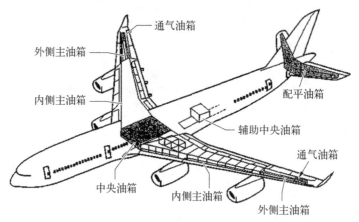

图 8.4 飞机油箱布局

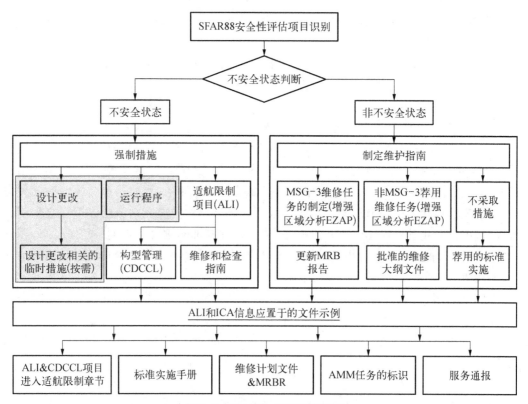

图 8.5 SFAR88 ALI 制定流程

4. 燃油系统安全状态评估

燃油系统 ALI 是系统安全状态分析判断的结果,这些分析判断表明系统存在与规章中定义的由于系统构型改变、修理或维修差错所导致的与"不安全状态"有关的失效状态。若不按照相关法规采取特定的工作或操作,这些失效状态将会导致燃油箱有着火和爆炸的风险,进而将导致飞机产生严重的后果。

对燃油系统的安全性分析,首先分析飞机的燃油系统,明确其组成及各个部件的功能;然后对飞机燃油系统进行功能危险性评估(functional hazard analysis, FHA),找出能导致危险性后果的故障模式,作为故障树分析(fault tree analysis, FTA)的顶事件;再根据 FHA 分析出来的顶事件建造故障树,运用故障模式和影响分析(failure mode and effect analysis, FMEA)对飞机燃油系统进行详细的安全状态评估;最后根据"四元素"法找出符合该方法中所述的单点失效和失效组合,判断它们是否会导致灾难性或危险性点火源的发生,从而确定它们的安全状态。

"四元素"判断规范建立在安全性评估的基础之上,是指分别从单点失效、组合失效及在役经验三方面,即第 1、2、3 元并结合第 4 元"可燃性暴露时间"这一因素来评估不安全状态的一套逻辑规范(表 8.1)。针对第 1、2、3 元三种情形规定的"不安全"状态判断条件分别如下。

表 8.1　"四元素"不安全状态评估表

SFAR88 不安全状态确定标准			
	元素 4:可燃性暴露时间		
	A 高可燃性暴露时间油箱>7%	B 高可燃性暴露时间油箱通过惰化或其他措施降低为可燃性暴露时间油箱	C 低可燃性暴露时间油箱
元素 1:评估单点失效	不安全状态:可预知的单点失效危及飞行安全 要求措施:所有识别的单点失效必须制定纠正措施(如:AD)		
元素 2:评估故障组合	不安全状态:任何不符合 25.981(a)或(b)(102 修正案)或 25.901 的规定; 要求措施:任何不符合之处应被视为不安全状态,并通过纠正措施予以解决(如:AD)	不安全状态:已知的失效组合危及飞行安全 要求措施:所有已知的失效组合必须通过纠正措施予以解决(如:AD)	
元素 3:评估在役经验	不安全状态:在役中存在以下某方面的失效:散布能量至点火源/产生点火源;损坏燃油箱安全防护措施 要求措施:所有在役失效必须通过纠正措施予以解决		

(1)"第 1 元"单点失效评估:任何可预见的能引发潜在点火源的单点失效,为不安全状态。

(2)"第 2 元"组合失效评估(根据"第 4 元"可燃暴露时间的高低区分两种情形):在低可燃暴露时间的情况下,任何可危害运行安全的已知失效组合为不安全状态;在高可燃暴露时间的情况下,任何不符合 25.981(a)或(b)款(102 修正案)或 25.901 条之处为不安全状态。

(3)"第 3 元"在役经验评估:在役运行中发生任何可导致热量在燃油箱中散布造成点火源或损坏安全防护装置的失效,为不安全状态。

(4)燃油箱可燃性暴露时间高低的定性("四元素"判断规范中"第 4 元"),应采用定性检查和设计审查、定量判断、蒙特卡罗分析法三种方法对燃油箱是否符合低可燃暴露时间油箱特征进行判断。可燃性暴露时间的确定步骤如下。

步骤1：通过定性检查和设计审查，判断燃油箱能否满足低可燃性暴露时间的特征，如果满足，则燃油箱是低可燃性暴露时间燃油箱，如果不满足，则转到步骤2。

步骤2：判断燃油箱是否达到低可燃性暴露时间燃油箱的定量标准，如果达到，则燃油箱是低可燃性暴露时间燃油箱，如果达不到，则转入步骤3。

步骤3：判断燃油箱是否达到使用蒙特卡罗分析法分析的低可燃性暴露时间燃油箱标准，如果达到，则燃油箱是低可燃性暴露时间燃油箱，如果达不到，则燃油箱是高可燃性暴露时间燃油箱。

蒙特卡罗分析方法是 FAA 发展的定量评估燃油箱可燃性的一种分析方法。它的主要内容有：① 基于仿真计算软件搭建燃油箱热模型；② 通过飞行试验获得燃油箱温度数据对燃油箱热模型进行验证，并表明可满足 AC25.981-2A 规定的油温仿真精度要求；③ 将燃油箱热模型输出的燃油箱热参数作为蒙特卡罗模型的输入数据；按照用户手册要求对模型输入参数进行设置并进行计算。蒙特卡罗分析方法的主要流程如图8.6 所示。

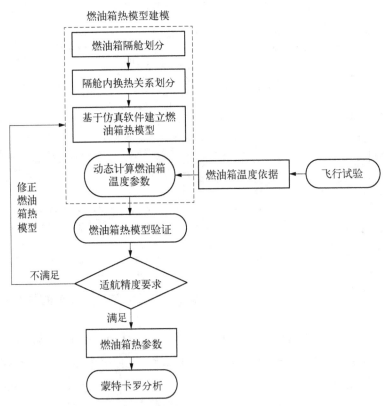

图8.6 蒙特卡罗分析方法流程图

5. 燃油适航限制项目制定

针对"四元素"判断规范识别出的"不安全"状态，必须通过制定适航限制项目或设计更改等予以纠正。燃油箱系统的适航性限制可以是关键设计构型控制限制或者是检查及其他必要程序。CDCCL 是保持和控制燃油箱系统点火源防护特征完整性的重要手段,其目的是在飞机整个寿命过程中保持点火源防护特征的初始构型完整性,避免由于维修、改装等原因使构型发生变化,从而引发不安全状态。

　　1) 关键设计构型控制限制

　　关键设计构型控制限制是为保持飞机对燃油箱不安全状况的防护特性而进行的限制要求,根据规章要求,CDCCL 的一个目的在于,避免由于不正确的维修程序和行为导致关键设计构型零部件或组合件的设计特征改变,而影响飞机的可靠性和安全性。因此应确保维修人员知晓维持原始型号设计中已按防止形成点火源的需要所定义的设计特征的必需信息。制造商在确定油箱系统关键设计构型特征的过程中,要识别出任何可以预见的维修、检查或其他行为可能会损害油箱系统关键构型特征的原因。可预见的原因是指过去飞机使用过程中发生过的,或者工程上可预见的会损害油箱系统零部件或组合件关键构型设计特征的原因。制造商必须正确制定维修和检查规定,提供使用信息以防止关键点火源防护特征的设计构型发生可预见的更改。为了确保进行改装的营运人或维修人员关注到这些关键设计特征,需要在某些文件中给出交叉参考来符合 CDCCL。

　　制定 CDCCL 时,首先需要对燃油箱系统进行构型评估,分析出可能会由于维修或检查活动等原因导致关键构型特征破坏的情况,从而识别出需要制定 CDCCL 的零部件。一项 CDCCL 可适用于单个零件级(如燃油泵叶片)或是更上一层的组件级别(如燃油泵)。为减小在飞机寿命周期内对单个零件追踪的烦琐性,可选择在组件级别识别一项 CDCCL。

　　定义关键设计构型控制限制的一般规则如下:

　　(1) 关键设计构型控制限制中列出零部件的危险点火源的防护特性必须与取证构型保持一致;

　　(2) 关键设计构型控制限制中列出零部件的危险点火源的防护特性的修复和检查必须按照设计批准的运营商维护手册或局方批准的规范进行;

　　(3) 关键设计构型控制限制中列出零部件的危险点火源的防护特性的任何改变属于重要改变的,须经局方批准;

　　(4) 当部件的危险点火源的防护特性确定后,对该部件维修和检测所用的工具必须符合 CMM 或局方颁布的维修标准。

　　在适航限制章节中,列出 CDCCL 有关的以下内容:CDCCL 的描述,须保持的设计特性要求,失效影响,检查要求和检查间隔等。为了对 CDCCL 进行有效的标识和提醒,需要在相关的手册中为其提供交叉索引。根据每项 CDCCL 的具体情况,在 AMM 中为其相关任务标识警告、警戒,在标准实施手册中提供相关信息,指出 CDCCL 维护适用的 CMM,并在 AMM 和 CMM 等手册中插入声明,告知运营人或维修方必须按照 CMM 或局方审定部门批准的维修程序进行涉及 CDCCL 的修理或改装行为。

　　2) 维护检查任务

　　维护检查任务类的 ALI 项目可以是检查、测试、修理、更换或大修等多种类型的维修措施,一般是周期性任务,应包含下述内容:① 零部件位置及接近方式;② 特殊的程序要求,例如有特殊的详细检查或对双人签署维护记录等方面的要求;③ 任务相关的特定信息,如示意图等;④ 任务间隔;⑤ 任务操作的方法、技术及实施方面的要求,Pass/Fail 判断标准;⑥ 所需要的特殊设备、测试装置。

需要周期性维修、检查或翻修的示例包括:① 老化的燃油管路接头密封/O 型圈;② 泵衬套、轴承和密封的磨损;③ 存在潜在失效模式的燃油泵保护特征;④ 存在潜在失效模式的瞬态抑制/能量限制设备;⑤ 电线的屏蔽、接地;⑥ 可能需要检查和测量以确保接地的部件和导线;⑦ 燃油箱维护面板/口盖密封泄漏、电阻检查;⑧ 燃油箱内接头的腐蚀和磨损;⑨ 燃油泵电缆。

制定此类 ALI 需要确保与已有的其他持续适航文件、地面操作程序、MMEL 等协调一致。

8.3　审定维修要求

8.3.1　概述

在民用飞机的发展过程中,飞机的安全性始终是飞机设计人员、适航管理当局和公众关注的焦点。20 世纪 50~60 年代的统计数据表明,飞行事故大多由飞机单点故障引发。针对这种现象,美国和欧洲适航当局对飞机的设计提出系统裕度的要求,以提高飞机系统的可靠性,消除由单点故障引发的飞行事故。

之后,工业界开始使用系统安全分析的方法来表明其设计的航空器符合适航规章对系统安全的要求,同时使用相应的检查项目来管理对安全有重大影响的潜在失效。随着科学技术的发展,飞机系统的复杂性大大增加,系统集成化程度越来越高,从而导致在判定飞机设计对适航系统安全符合性方面遇到很大困难,并且工业界所使用的系统安全分析方法与局方的理解之间存在着差异。鉴于这种情况,美国联邦航空局于 20 世纪 80 年代初,针对 FAR-25 的 §25.1309 条"设备、系统及安装"颁发了咨询通告 AC 25.1309-1"系统设计和分析",以统一局方和工业界对运输类飞机系统进行安全性分析和评估的认识,同时正式将审定检查要求作为可接受的符合性方法。这也使得审定过程中由系统安全分析方法产生的审定检查要求更科学、更合理。

1994 年,FAA 颁发了 AC 25-19,这份咨询通告进一步定义了审定维修要求的产生及审定过程。从这个时候起,CMR 才正式作为型号合格证使用限制部分,成为飞机设计和审定过程中必须进行的定期工作项目。1996 年,CAAC 发布了 AC-25.1529-1,作为国内开展 CMR 工作的指南性文件。

审定维修要求项目是在飞机系统设计合格审定过程中,作为型号合格审定的运行限制而要求制定的计划维修任务,属于持续适航文件的一部分。CMR 项目通常通过系统安全性分析确定(正规的数值分析,表明对灾难性和危险性失效情况的符合性),也可采用定性的工程判断方法确定。

CMR 是指要求的维修任务和相应间隔,用以探查对安全性有重大影响的隐蔽失效,隐蔽失效与一个或多个其他特定失效或事件相结合,会造成危险性或灾难性失效状态。重大隐蔽失效存在于系统运行过程中,对于这种失效,机组人员通常不能发现,只有当其他失效或事件发生时,这种失效才显现出来。系统正常工作时,通常不依赖于这种设计特征,属于故障-安全类,即使隐蔽失效发生后,系统仍能运行一段时间,例如备用系统失效,在无火情或烟雾的情况下就不知道烟雾探测器失效,飞机仍能飞行。因此为保证飞机安全飞行,在设计阶段应尽可能消除可能导致危险性或灾难性失效状态的隐蔽失效。

CMR 项目是强制性维修要求,这些维修要求与 MRB 报告中的安全性项目相结合,形成了维修要求的安全性项目。它们是营运人制定飞机维修方案的重要依据之一,需要特殊的持续适航管理。

8.3.2　规章条款要求

在对飞机的系统进行安全性分析和评估时,CCAR - 25.1309 提出了故障探测要求,以防止危害性和灾难的故障发生,具体内容如下。

第 25.1309 条　设备、系统和安装

(a)凡航空器适航标准对其功能有要求的设备、系统及安装,其设计必须保证在各种可预期的运行条件下能完成预定功能。

(b)飞机系统与有关部件的设计,在单独考虑以及与其他系统一同考虑的情况下,必须符合下列规定:

(1)发生任何妨碍飞机继续安全飞行与着陆的失效情况的概率极小;

(2)发生任何降低飞机能力或机组处理不利运行条件能力的其他失效情况的概率很小。

(c)必须提供警告信息,向机组指出系统的不安全工作情况并能使机组采取适当的纠正动作。系统、控制器件和有关的监控与警告装置的设计必须尽量减少可能增加危险的机组失误。

(d)必须通过分析,必要时通过适当的地面、飞行或模拟器试验,来表明符合本条(b)的规定。这种分析必须考虑下列情况:

(1)可能的失效模式,包括外界原因造成的故障和损坏;

(2)多重失效和失效未被检测出的概率;

(3)在各个飞行阶段和各种运行条件下,对飞机和乘员造成的后果;

(4)对机组的警告信号,所需的纠正动作,以及对故障的检测能力。

(e)在表明电气系统和设备的设计与安装符合本条(a)和(b)的规定时,必须考虑临界的环境条件。中国民用航空规章规定具备的或要求使用的发电、配电和用电设备,在可预期的环境条件下能否连续安全使用,可由环境试验、设计分析或参考其他飞机已有的类似使用经验来表明,但适航当局认可的技术标准中含有环境试验程序的设备除外。

(f)必须按照 25.1709 条的要求对电气线路互联系统进行评估。

CCAR - 25.1309 条作为通用要求,适用于飞机上安装的任何设备和系统。25.1309(a)款的“各种预期的运行条件”指的是飞机预期可能的所有运行条件,例如环境温度条件、高度条件、各种气象条件、飞行包线等。25.1309(b)和(d)定性地规定了所要求的安全性水平,并要求进行安全性评估,条款中规定的安全性水平对应一定的概率水平,例如“极不可能失效状态”是指那些在一种型号所有飞机的全部使用寿命期间发生的

可能性很小且预计不会发生的状态,概率数量级在 1×10^{-9} 或以下,飞机发生灾难性失效状态的概率即为极不可能。25.1309(c)对系统监控、失效告警和机组人员的恰当纠正动作能力提出总的要求,要求提供告警信息,向飞行机组告诫系统的不安全工作情况。告警的目的是为飞行机组提供时间或机会去采取合适的纠正动作,在时间上或影响程度上检查发生其他潜在继发的灾难性失效状态或机组差错的可能性。系统、控制器件和有关的监控告警装置的设计必须尽量减少可能产生附加危险的飞行机组人员的差错。25.1309(e)要求特别考虑电气系统的临界环境条件。25.1309(f)强调必须按照 H 分部25.1709 条的要求对电气线路互联系统进行评估。

8.3.3 CMR 项目的制定

安全性分析与 MSG-3 分析在飞机设计过程中是并行的两条分析线路。从安全性分析中产生的候选审定维修要求(candidate certification maintenance requirements, CCMR),需要与相应的 MSG-3 分析结果比较之后才能形成正式的 CMR 项目。但由于这两项工作均由飞机的设计方承担,为了给飞机用户提供参加选择 CMR 项目、评估 CCMR 和所建议的 MRB 维修工作和时间间隔的机会,因此在设计过程中制造商要召开审定维修协调委员会(certification maintenance coordination committee, CMCC)会议。在确定一个 CMR 项目时,有可能为了使所需的维修工作最优化,牺牲一项或更多项其他工作的时间间隔来延长某一项工作的时间间隔。在 CMCC 会议后,将会议结果提交 ISC,ISC 接受的更改归入MRB 项目,不接受的归入 CMR 项目。

1. CMR 的制定流程

CMCC 由制造商、工业指导委员会指派的营运人代表、适航审定部门专家和 MRB 主席组成,其职责是分析并确定所有的 CCMR 项目。在此基础上确定飞机系统 CMR 项目及其分类,分为一个星号还是二个星号。CMR 项目的工作流程见图 8.7。

具体步骤如下:

(1)根据安全性分析、工程判断提出各个系统的审定维修要求候选项目;

(2)各专业将完成的 CCMR 报告提交给相应的专家进行审查,汇总审查后的各CCMR 报告,形成飞机级 CCMR 报告,供召开 CMCC 会议使用;

(3)制造商将确认后的 CCMR 项目和相关的支持性材料一并提交 CMCC 会议,进行CCMR 项目的讨论;

(4)制造商召开审定维修协调委员会会议;在会上,CMCC 应对 CCMR 的目的、关键性和其他相关因素进行评审,并通过对 CCMR 与 MRB 工作的比较初步产生 CMR 项目;

(5)CMCC 的会议结果,包括在型号设计说明中建议的 CMR 项目和对 MRB 维修工作和(或)间隔的建议的更改,会由制造商转交给 ISC 考虑;

(6)对于 ISC 接受了的对 MRB 维修工作和(或)间隔建议的更改,将反映在建议的MRB 报告中;

(7)对于 ISC 未能接受的对 MRB 维修工作和(或)间隔建议的更改,将其归入 CMR项目;若参与 CMCC 会议的各方代表就某些 CCMR 项目存在较大分歧,应返回到系统设计,对系统重新进行安全性分析,或是重新设计;

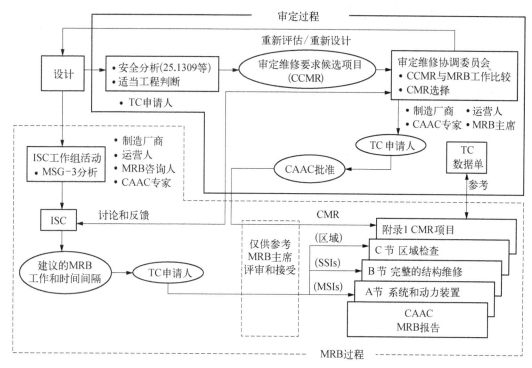

图 8.7　CMR 项目的工作流程图

（8）制造商将已完成的 CMR 项目形成报告，提交 CAAC 批准，批准的 CMR 报告在 TC 数据单中提及。

在飞机设计阶段，制造商应尽可能提早并定期召开 CMCC。CMCC 评估 CCMR 项目的失效状态、危险程度、预期工作和其他相关因素。每个 CCMR 都应经 CMCC 评估，以确定是否成为 CMR 项目。制造商应向 CMCC 提交足够的信息，以便使 CMCC 理解由失效状态及失效或事件组合导出的 CCMR，并根据失效状态（例如隐蔽失效是双重失效或更复杂失效状态的一部分）对 CCMR 进行评估。制造商应向 CMCC 提供下列资料：① 系统说明，给出被评审失效状态中涉及的组件（包括位置）；② 相关失效状态，以故障树的形式或通过分解简化故障，准确描述失效状态；③ 设计替代，其可消除重大隐蔽失效；④ 如果没有采用设计替代，做出合理解释；⑤ CCMR 项目任务和间隔的说明；⑥ 相关的使用经验；⑦ 合格审定准则；⑧ CCMR 的合理性。

2. CCMR 的制定

CCMR 任务通常源于正式的、定量的安全性分析。一般来说，所有重大的潜在失效都应在系统安全性分析中列出。然而系统在进行 CCMR 项目的识别工作时，可能存在这样一种情况，根据安全性分析，即使包含一些在飞机整个寿命期间内都不需要检查的部件，失效状态仍能满足定量的概率要求，也就是说，这一类部件的潜在失效允许存在于飞机的整个服役期。这种情况下，仍然有必要在飞机寿命期内进行适当的检查工作，以避免飞机过度暴露在灾难性和危险性的状况下，此时应通过定性分析确定所需的任务时间间隔。

1）与 CCMR 相关的设计考虑

民用飞机安全性评估的工业标准 SAE ARP 4761 中明确说明：系统设计的潜在目标应该是 CMR 的绝对数量最少，以没有 CMR 为最理想的状态，可见每一条 CMR 项目的制定都应该是相当慎重的。当决定产生一个 CMR 项目时，应权衡费用、重量或监控/告警装置的复杂度与例行维修检查工作两者之间的优劣。在确定一个 CMR 项目时，应考虑以下几点：① 对于增加一个可靠的监控或警告装置来暴露潜在失效，对系统、飞机的更改有多大及系统复杂性的费用增加有多少；② 是否可能引用通电时自检测的设备；③ 监控和警告系统是否可靠；④ 由于可能存在的潜在失效，监控或警告系统本身是否需要一个 CMR 项目；⑤ 考虑到 CMR 项目所要处理的失效状态的各个方面，该 CMR 是否合理；⑥ CMR 工作时间间隔；⑦ 建议的 CMR 项目是否在实施起来费时费力，操作时是否要借助其他工具；⑧ 简单的检查是否能够代替复杂正规的检查；⑨ 对建议的工作是否有"增加的价值"；⑩ 所有的替代方法是否都评估过了。

2）CCMR 确定流程和方法

CCMR 项目的制定过程，实际上就是对整个飞机的所有故障进行筛选的过程，最终找到那些可以导致灾难性或危险性的潜在失效。整个筛选过程应结合功能危险性评估、系统安全性评估、故障模式影响分析和故障树分析，过程概述如下：通过 FMEA 分析，可获得系统中存在的所有潜在失效，结合系统安全性评估过程，考虑飞机级 FHA 和系统级 FHA 中那些灾难性或危险性的失效状态，判断 FMEA 分析的潜在失效是否包含在 SSA 中这些失效状态的故障树中，如果包含，意味着这些潜在失效与其他特定失效或事件组合将导致灾难性或危险性后果，则这些潜在失效将成为 CCMR 分析的对象，之后对确定为 CCMR 的项目构建故障树确定检查间隔。

CCMR 项目制定的流程如图 8.8 所示。

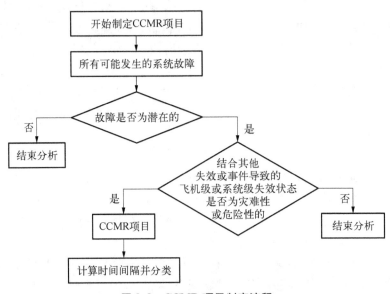

图 8.8　CCMR 项目制定流程

（1）功能危险性评估。功能危险性评估是系统地、综合地检查飞机的各种功能,识别各种功能失效状态,并根据功能失效状态的严重程度进行危险性分类的一种安全性评估过程。

功能危险性评估用来确定系统安全性的设计目标,提出飞机或系统的安全性要求,确定系统设计方案的可接受性。它还用来确定和评估飞机系统可能存在的隐蔽性失效（包括由磨损引起的即将发生的失效）及失效后果。这是确定 CMR 项目的基础。

功能危险性评估需要在飞机级功能和系统级功能上展开,分别称为飞机级 FHA 和系统级 FHA。飞机级 FHA 是将飞机整机视为研究对象,研究飞机在飞行包线内和不同飞行阶段内,影响飞机持续安全飞行的功能失效。这是飞机设计的初始阶段在高层次上对飞机基本功能的定性评估,用于识别与整架飞机相关的失效状态并给出危险性分类,从而确定飞机必须满足的安全性要求。系统级 FHA 为合格审定计划中确定的那些影响系统安全性的安全性设计要求。其以 ATA 章节或系统为对象,研究在飞行包线和不同阶段内,可能影响系统和飞机整机安全飞行的功能失效。系统级 FHA 是在系统设计过程中对其功能进行的反复定性评估。系统级 FHA 考虑影响飞机功能的一个或多重的系统失效,也提供关于隐蔽功能失效的信息。

此外通过 FHA 识别各种功能失效状态,确定和评估可能存在的隐蔽失效,可以给出故障树顶事件功能失效影响等级,确定顶事件的发生概率,为 CMR 项目确定检查间隔提供输入;FHA 还可以用来确认 FMEA 生成的失效模式和影响清单（其是构建故障树的基础）。

（2）失效模式与影响分析。失效模式与影响分析是一种系统的、自上而下的识别系统、单元或功能的失效模式及其对上层影响的方法,可以在系统的任一层（零件或功能）上进行失效模式与影响分析,通常用于单一失效的失效影响,不涉及组合失效。通过失效模式与影响分析可以确定每种失效模式的检测方法。失效模式与影响分析可以是定量分析,也可以是定性分析,适用于任何类型的系统（如电气、电子和机械系统）。

FMEA 可以是硬件 FMEA,或者是功能 FMEA。当从功能 FMEA 获得的故障率能够满足初步系统安全性分析时,可以不进行硬件 FMEA。FMEA 的结果可以用编写失效模式与影响综合（failure mode and effect synthesis, FMES）,为故障树分析等提供技术支持,从而为确定 CMR 项目的检查间隔提供支持。CMR 项目的维修检查任务需要按照 MSG - 3 逻辑决断方法,在失效模式与影响分析和失效模式与影响综合过程中采用定性分析给出。另外,在构造故障树的过程中,也需要通过失效模式与影响分析对构造故障树和对故障树进行定量分析提供技术支持和补充。

FMEA 必须说明所有与安全相关的影响和要求确定的其他影响。如果不能确定失效模式的本质,则必须假设最坏的情况。如果对故障树而言,最坏的情况是不可接受的,则必须检查约定层次以下的失效模式（即,如果 FMEA 实施层次为功能级,则需向下延伸到零件级,并排除与考虑事件无关的成分;如果分析的实施层次为零件级,则需进一步考虑零件内部的失效机理。另外的选择是重新设计以提高裕度或增加监控）。

（3）故障树分析—确定 CCMR 项目检查间隔。

① 最长任务时间间隔（门限时间）的计算。最长任务间隔时间,是基于安全性分析的

门限时间,如果检查潜在失效的任务间隔时间超过基于安全性分析的门限时间,相关的灾难性/危险性的失效状态的安全性要求就不能得到满足,存在安全性风险。图 8.9 是潜在失效的两种类型。

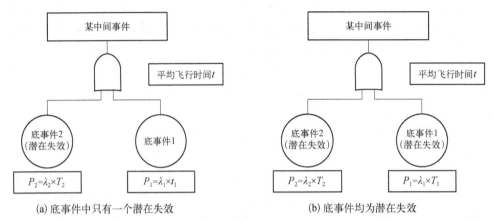

(a) 底事件中只有一个潜在失效   (b) 底事件均为潜在失效

图 8.9   潜在失效的两种类型

根据故障树的逻辑关系及 ARP 4761 中故障树的概率运算方法计算项目时间间隔:对于图 8.9(a),在该故障树中,只有一个潜在失效,而另一个为非潜在失效的情况下,$P = P_1 \times P_2 = \lambda_2 \times T_2 \times \lambda_1 \times t_1$,根据 λ_2、λ_1、t_1(底事件 1 平均单次飞行时间)和 t(平均单次飞行时间),那么底事件 2 的暴露时间 T_2 注,可按照下式计算:

$$P_{平均} = \frac{1}{2}\lambda_1\lambda_2 t(T_2 + t_1) \tag{8.7}$$

对于图 8.9(b),在该故障树中,二个同为潜在失效,根据 λ_2、λ_1 和 t(平均单次飞行时间)已知,那么底事件 1、2 的暴露时间 T_1、T_2,可按照下式计算:

$$P_{平均} = \frac{1}{2}\lambda_1\lambda_2 t(T_2 + T_1) \tag{8.8}$$

对于 3 个或以上的潜在失效的与门模型,需要进行单独计算,可以限定条件或通过联立方程组求解。此外,基于暴露时间的分析方法,对于潜在失效的计算,将任务检查时间作为暴露时间,可以认为是一种保守算法。

② 确定推荐任务时间间隔的原则。在确定了最长暴露时间(安全性门限值)的基础上,考虑到后续的 CCMR 与 MSG - 3 任务合并工作,且基于保守的考虑,需要确定一个推荐的任务时间间隔。推荐任务间隔时间是对于最长任务时间间隔的工程化处理,主要依据为:推荐的任务间隔时间,应小于最长任务间隔时间;为便于后续 CCMR 与 MSG - 3 任务的合并工作,推荐的任务间隔时间应尽量与 MRB 的维修间隔政策框架相协调。

3. CMR 的制定

CMR 项目是持续适航审定的项目,因此对于维修间隔的管理极为严格。如果一架飞机的 CMR 项目过多,将增加维修成本,降低维修计划的灵活性,所以任何系统在设计时应当尽量减少 CMR 项目,以没有为目标。当 CMR 项目无法避免时,在综合考虑可靠性、质量、费用等因素后,可以利用 MSG-3 任务与 CCMR 项目重叠的部分代替 CMR 项目,以提高维修的经济性和灵活性。

MSG-3 分析将系统的失效类型分为五类(分类编号为 5、6、7、8、9),按照不同的失效类型用不同的方法来完成任务。MSG-3 中第 8 类(危及安全的隐蔽失效)任务与 CMR 项目一样,都是对潜在安全故障的分析,在一定情况下可以用 MSG-3 工作代替 CCMR 项目。

如果 MSG-3 任务和建议与其合并的 CCMR 项目的维修工作和/或间隔不一致,CMCC 会议上将对 MSG-3 任务提出建议的更改,通过型号合格证申请人将 CMCC 会议的结果转交给 ISC 进行评估。具体流程如图 8.10 所示。

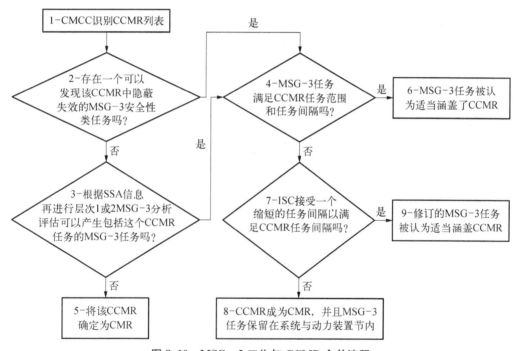

图 8.10　MSG-3 工作与 CCMR 合并流程

在该程序流程图中,步骤如下:

(1) CMCC 确定通过系统安全性评估和工程判断所给出的 CCMR;

(2) CMCC 确定是否存在由 MSG-3 确定的相应安全类任务(这个任务可发现在 SSA 中所识别的隐蔽失效);

(3) 如果不存在一个 MSG-3 任务,CMCC 将询问 ISC/WG 是否有可能根据 SSA 报告所提供的附加信息对 MSG-3 分析进行再评估,以合并这个任务;

(4) 如果重新评估,并生成一个 MSG-3 任务,该任务满足 CCMR 间隔和任务吗? 如果该任务不符合 CCMR 目的,则直接去框 8;

(5) 如果未进行重新评估,或者重新评估后没有产生 MSG-3 任务,那么 CCMR 将成为 CMR;

（6）MSG－3 任务认为能覆盖 CCMR；

（7）ISC/WG 可能接受 CCMR 缩短 MSG－3 任务间隔的建议，以满足 CMR 的间隔要求；

（8）如果 ISC/WG 不接受 CMCC 提出的更改，则确定一个 CMR，CMR 和 MSG－3 任务保持独立；

（9）如果 ISC/WG 接受了 CMCC 所建议的任务，则修改的 MSG－3 任务能够恰当覆盖 CCMR。

通过上述流程图，可以明确 MSG－3 任务如何替代 CCMR 项目。具体到某一个项目上，需要 CMCC 与会人员集体讨论协商。

根据 AC－25.1529－1，所有确定为 CMR 的项目都应根据控制的严格程度不同，划分为一星或二星：一星 CMR 项目（＊），规定的维修工作和时间间隔是强制性的，未经适航审定部门同意，不得更改、延长或取消；二星 CMR 项目（＊＊），用户可以按照批准的延长方法或批准的可靠性方案对维修工作间隔进行调整，但是在适航审定部门批准以前，不得更改或取消该项工作。

为 CMR 项目分配一星或二星时，考虑下述情况：

（1）失效状态影响等级考虑的保守程度；

（2）考虑 CMR 项目的故障率或已有事件发生概率保守程度；

（3）考虑能达到安全性目标的最大暴露时间和通过 MRB 分析的时间间隔的差距；

（4）考虑 CMR 暴露时间的增加对故障发生概率的敏感性；

（5）考虑最长暴露时间与飞机寿命的接近程度。

思 考 题

（1）适航限制项目与审定维修要求的异同点有哪些？

（2）适航限制部分与通过 MSG－3 分析得出的维修任务有什么区别和联系？

民航故事——适航标准，保证民机安全的最低标准

摘自
《历程》
出版社：中国民航出版社
作者：李健
出版时间：2020.9

所谓适航标准，是保障航空安全最基本的法定技术要求，航空器的设计制造和运营必须满足或高于适航法规标准要求。大部分适航法规标准的制定/修订都与空难事故或事故征候直接相关，可以说适航标准是在对空难、不安全事件深入调查的基础上，进行深入

研究获得的,是用生命和鲜血换来的全人类共同的财富。

以运输类飞机 25.571"结构的损伤容限和疲劳评定"为例,该条款最早来源于英国"彗星号"客机事故。"彗星号"客机由英国哈维兰公司研发生产,1952 年投入航线运营,采用客舱密封增压,是世界上第一架喷气式客机。但是从 1952 年 10 月到 1954 年 4 月的 18 个月里,在交付给 4 家航空公司的 17 架"彗星"中,就有 6 架相继发生事故,总共 99 名旅客和机组人员遇难。连续发生空难,令全世界为之震动。英国首相丘吉尔下令,要不惜一切代价,搞清飞机失事原因。所有的"彗星号"飞机被勒令停飞。英国海军出动舰队,从上百米深的海底打捞起失事飞机的残骸,送到英国皇家航空中心。科学家和工程师对几千块碎片进行各种分析。甚至不惜成本,先后将 3 架"彗星"客机整体放入水槽进行模拟试验,这种水槽专门用于模拟飞机空中飞行状况。终于,飞机失事原因查清楚了,起因是制造飞机机体结构的金属材料发生了疲劳破坏。飞机增压舱方形舷窗处的机身蒙皮存在应力集中,在反复的增压载荷作用下,逐渐形成裂纹并不断扩展,最终导致金属蒙皮疲劳断裂。在高空中,在座舱内外压差作用下出现下的疲劳断裂,使得飞机机体顷刻解体。而这之前,公认的设计要求只是在静强度设计中考虑适合的安全系数。事故表明,原有的安全系数对于压力反复变化的机身增压结构远远不够,"彗星号"事故的教训使得航空工业企业和政府部门对飞机结构和材料的疲劳破坏重视起来,将飞机结构的疲劳强度要求正式列入飞机强度设计规范,提出了"安全寿命"设计的概念,美国联邦航空局也于 1965 年正式颁布 25.571 条款,明确要求座舱及相关部件必须进行循环增压载荷和其他气动载荷共同作用的疲劳试验。该条款还进一步提出了破损安全强度的概念,如果某一主要结构件失效,其他结构必须能够承担规定的载荷而不出现灾难性的失效或者过大的变形。

但是,因为航空结构疲劳破坏导致的空难仍在延续。从 1969 年开始,美国空军 F-111 等战机连续失事。经过调查发现,F-111 机翼接头在制造过程中出现了难以检出的微小裂纹。由于材料断裂韧性太低,这个初始缺陷在循环载荷作用下不断扩展,迅速扩展到临界尺寸造成机翼脱落。为此,美国空军在 1974 年颁布了飞机结构"损伤容限"设计规范,FAA 随后在 1978 年通过修正案 FAR 25-45 修订了 25.571 条款,增加了损伤容限适航要求。即假设飞机在开始服役时,结构中存在一定程度的未被发现的初始缺陷、裂纹或其他损伤,要求通过损伤容限分析与试验,确定检查周期和检查方法,确保这种初始缺陷发展为危险性的临界裂纹之前被检出来,避免发生机毁人亡的事故。

后来,25.571 条款又经过几次较大修改,最著名的是源于 1988 年阿罗哈事件的 25-96 修正案。1988 年 4 月 28 日,一架波音 737 飞机(编号 N73711)在当地时间 13:25 从希洛国际机场起飞,前往檀香山,飞机爬升至巡航高度 24 000 英尺(7 300 米),机身前部左边蒙皮爆裂,机舱瞬间失压,导致从驾驶室后方一直到机翼附近的一段长达 18 英尺(5.48 米)的机身上部结构被掀掉,一名机组成员被吸出舱外,多人受伤。阿罗哈事件后美国国家交通安全局(NTSB)展开全面调查。波音 737-200 飞机设计目标为 20 年,75 000 个飞行循环,失事飞机已累计飞行了 89 680 个循环和 35 496 小时。由于设计制造缺陷、环境腐蚀等原因,导致登机门后方的上机身蒙皮纵向搭结连接区域,很多相似部位同时萌生了微小裂纹,这些裂纹在飞行过程中相互连通,从而导致快速断裂。传统的基于单裂纹的损伤容限要求不足以保证飞机的安全。FAA 历经十年,在充分研究的基础上,于 1998 年发布 25-96 修正案,提出了飞机结构广布疲劳损伤评定要求,即要求对可能产生广布疲劳损伤的结构,必须用充分的全尺寸疲劳试验依据来证明飞机在设计使用目标内不会产生广布疲劳损伤。

通过适航条款 25.571 的演变过程可以看出,适航规章是保障航空器安全的最低要求,若不满足,将危及航空器安全,进而危及公众利益。保证民用航空产品的适航性就是保证民用航空产品符合适用适航规章要求,使民用航空器具备规章规定的最低安全水平。适航规章要求是保障民用航空器安全、维护公众利益的底线要求,所有相关从业者,包括航空器设计制造人员、维修使用人员、适航审定人员都必须牢固树立适航意识,必须严格遵守适航规章,刚性执行适航规章。

第 9 章
系统故障模式和影响分析

本章主要介绍维修工程分析中的故障模式和影响分析、排故分析方法,并用案例介绍方法的应用情况。

学习要点:

(1) 掌握 LSA FMEA 的分析程序;

(2) 了解 TSA 的分析方法。

维修工程分析中的故障模式和影响分析也称为 LSA FMEA,其将 FMEA 置于后勤保障分析这个大的范围,研究其中的分析方法和应用程序。在维修工程分析中,LSA FMEA 的一个重要作用就是支持排故分析。顺利排除飞机系统故障可以保障航班安全正点飞行。从马克思主义唯物辩证法的角度思考,排故分析是一项"透过现象看本质"的工作。在学习和研究专业领域问题的过程中,通过学习掌握唯物辩证法的根本方法,不断增强辩证思维能力,可以提高驾驭复杂局面、处理复杂问题的本领,这也是维修工程分析中贯穿始终的"系统工程"的思想,正所谓"事必有法,然后可成"。

9.1 系统故障模式和影响分析程序

为了进行 FMEA 分析,需要将产品(这里主要指飞机)至少分解到 LRU 级别。物理划分(或者产品划分)给出了主产品的分解。相关项目的分解深度可能会有所不同,仅当有助于明确描述故障模式和故障特点时,才有必要将 LRU 划分至下一级。在划分中,LRU 应该是容易识别的。

通过故障模式和影响分析,可以给出可能发生故障的部件清单、相关的故障率、预测得出的相关故障模式、故障模式发生的概率、故障模式在 LRU 的可用性及其对安全性和整机可用性方面的影响、故障的信号(例如物理征兆、功能征兆、内置测试结果)。

故障模式影响分析可能会作为产品安全性分析的一部分、产品可靠性分析的一部分或者由设备供应商提供。在适用和需要的情况下,需要进行危害度分析,以确定故障后会导致不可接受影响的关键项目。该分析将支持定期维护行为以排除可能的关键故障的发生。

根据 S3000L,FMEA 分析程序如图 9.1 所示。

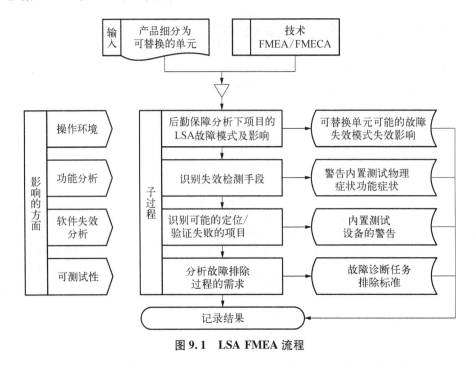

图 9.1 LSA FMEA 流程

9.1.1 LRU 故障模式影响分析建模

为了达到详细说明的目的,产品物理划分一般都划分至零件。对于故障分析的需要,划分不需要超过 LRU 级别。如果更细的划分对于理解和描述故障模式或 LRU 的检查和修理有帮助,则可继续划分。限制物理划分到恰当的水平通常通过抽取和简化已经完成的物理划分的方式实现。LRU 含有软件时,基于构型管理的目的,需要将软件作为子部件。倘若软件的再加载能力与硬件的替换能力相当,这将独立于软件的再加载能力。一些软件可能会有一些缺陷,在不成熟的系统中应尤其注意。

LSA FMEA 必须进行物理划分,这意味着易于故障的项目一定是物理划分的项目,因此,必须列出或对每个 LRU 的故障进行分组。完成分组需要考虑以下标准:

(1) 对于导致一个或者相同系列的维修活动的技术 FMEA/故障模式、影响和危害性分析(failure mode,effects and criticality analysis, FMECA)中所有发生的故障模式,应该归入一个 LSA 故障模式中;

(2) 最好通过 LSA 指导委员会,使客户和制造商在故障模式分组要考虑的所有方面达成一致。

在分组过程中,分析项目的故障率分布在 LSA 故障模式中。需要考虑 LSA 故障模式中纠正任务的相应的任务频率。故障模式比率给出了单个故障模式占全部故障比率的百分数,见表 9.1。

基于 LSA FMEA 的目的,需为每个 LSA 故障模式建立故障率。如果没有可用的分析方法,则故障率根据类似部件的使用经验得出。

表 9.1 故障模式贡献比率

故 障 模 式	故障模式比率	纠　正　任　务
LSA 故障模式 1	10%	修理程序 1+故障探测程序 1
LSA 故障模式 2	15%	修理程序 1+故障探测程序 2
LSA 故障模式 3	50%	修理程序 2+故障探测程序 1
LSA 故障模式 4	25%	修理程序 3+故障探测程序 3

9.1.2　确定可用的故障探测方法

对于 LRU 的每个可能故障,需要核对故障是否可以以任何形式的可以触发报警装置的自动探测方式进行探测;核对故障是否可以用内置测试的方式进行探测(如果有,则评估这种内置测试的探测率和假报警率。这些比率在此处与 LRU 相关,与功能无关)。不考虑以上几个问题的答案,核对可能有助探测故障的功能征兆和物理征兆。这可以从 FMEA 中的故障影响入手。列出通过以上方法可以探测到的所有故障,记录下相关的探测方法。此外,还要列出通过以上方法不能探测的故障。

探测率是通过探测方法有效探测故障的可能性。如果自检系统集成在 LRU 内,分析方法将作为测试性分析的一部分来评估探测率。如果没有分析方法可用,应用定性的方法。这个定性的估计应基于最佳工程决断。表 9.2 为探测能力等级的示例。

表 9.2 探测能力等级

等　级	探 测 可 能 性	描　　述	探测率
1	高的可能性	探测的效力高	高于 80%
2	适度高的可能性	探测的效力适度高	60%~80%
3	中等可能性	中等的探测效力	40%~60%
4	适度低的可能性	中等低的探测效力	20%~40%
5	低的可能性	低的探测效力	低于 20%

可能要用表 9.2 来确定附加测试设备或者内置测试的要求,这样可以增加探测率到一个可以接受的水平。

9.1.3　确定可能的定位故障部件的方法

对于 LRU 中每个探测到的故障,核对故障件是否可以以任何形式的可以触发报警装置的自动探测方式进行定位? 是否可以用内置测试的方式进行定位? 是否可以通过监控系统或健康管理系统进行定位? 针对有物理征兆的故障,在无须更换或拆卸的条件下,是否可以通过目视检查和测量进行定位? 以上所说的定位可以是直接准确定位,也可以是划定故障件范围,即定位可能的 N 个故障件。另外,需要考虑是否有内置测试的互验方法,提高准确定位能力,但需要注意共因影响。

对探测到的故障应进行定位。定位能力等级应作为于产品(整个覆盖产品自测)测试分析的一部分而详细描述。表 9.3 为内置测试定位能力的例子。

表 9.3　内置测试的定位能力

等　级	定位可能性	描　述	定位能力等级
1	高的可能性	非常高效力的上面提到的定位方法	高于90%
2	适当高的可能性	适当高的定位效力	80%~90%
3	中等可能性	中等的定位效力	60%~80%
4	适度低的可能性	适度低的定位效力	40%~60%
5	低的可能性	低的定位效力	低于40%

9.1.4　分析排故程序的要求

当出现以下情况时,需要进行排故程序(分析排故程序要求需要工程师的专业工程判断):

(1) 通过上述任何定位方式均无法准确地定位故障部件;

(2) 通过内置测试已经探测到了具有很高假警报率的故障发生。

在任何排故之前,如果怀疑探测到的故障的真实性,那么就需要对故障探测进行证实;当不考虑测试设备的假警报率时,非重复故障可能是由于测试设备的随机故障导致。

排故任务分析的实施与其他维护任务分析一样,需要确定详细的工具、备件、测试设备、为可接近性和安全性所做的准备工作、原料及耗材、修理需求。

这个程序需要确定以下内容:

(1) 进行排故需要使用的技术文件(如技术计划、线路图、接口描述),这些文件会在排故工作单中做出引用和说明;

(2) 合理的测试顺序,直至准确定位故障件;

(3) 能够帮助确定和定位故障部件的互验的方法;

(4) 互验过程中需要监控和记录的征兆;

(5) 用于检查 LRU 的功能征兆和物理征兆的测量方法;

(6) 以上测量方法的测试设备要求;

(7) 以上测量方法的期望值和非期望值的含义;

(8) 以上互验和测量方法的人员资质和数量要求;

(9) 可能的特殊设施需求(如黑暗环境、无尘环境);

(10) 排故需要的维修级别(如果适用);

(11) 如没有在相关的维修程序中提出,还要确定每个 LRU 的拆除和修理标准;

(12) 用来修理故障部件的维修程序参考。

9.1.5　记录及输出

经过上述分析,应将结果进行记录。结果的记录就像排故任务本身一样,是纠正维护任务的预备工作。这些任务附属于下个高级的包含所有 LRU 的装配中。除了包含维护任务的通常数据外,它们还列出了所有的支持元素。

LSA FMEA 可以得出的信息见表9.4。

表 9.4　每个子程序的输出

子　程　序	输　　出
为可更换单元建立故障模式影响分析	可更换单元可能的故障模式 故障影响
确定可能的故障探测方法	警告 内置测试报告物理征兆 功能征兆 对新的测试设备的要求
确定可能的故障部件的定位方法	警告 内置测试报告地面测试设备 对新的测试设备的要求
分析排故程序要求	回答是否需要排故 如果需要，给排故任务分析输入

FMEA 分析结果可以以表格形式呈现，如表9.5 所示。

表 9.5　表格报告

栏　目	描　　述
1	LRU 识别 项目名字。假如每行只含有一个项目或子部件，项目可能跟随其物理划分。部件名称可能会与合适的物理识别参考号同时出现或被替换
2	功能 项目实现的功能
3	故障模式 导致故障的原因结果现象
4	故障原因 触发故障模式的事件或情况
5	故障影响 故障的后果或者影响，在安全性和功能可用性，附带损害，对规章和规范的违背方面。这栏用来描述共同原因的影响
6	故障率 LRU 的更换频率，每小时每个故障模式的数量
7	探测能力等级 在易测性分析中评定的探测率或者在上文中评定的探测率
8	探测方法 探测故障的方法的简短描述。这些方法可能在系统运行时使用(在控制板上的警告、系统的不正常行为、发现的功能丧失、功能征兆)或在维修活动中(目视检查、附带检查、维修任务、内置测试报告的利用、物理征兆)
9	定位能力等级 在易测性分析中评定的探测率或者在上文中评定的探测率
10	定位方法 定位可能故障部件方法的简要描述；这栏可以用来记录故障信号
11	排故要求 如不需要进行排故，则这栏空白

栏　目	描　述
12	程序要求 维护任务的简短的摘要或者标题。这个程序可能是现有的维护任务(例如,因为故障部件已经明确定位,而不需要排故的情况)或者上文中所描述的排故程序
13	测试设备要求 有助于排故的附件测试的设备的简短的功能描述。这个测试设备可能是内置测试设备或者分离的设备

9.2　故障模式分析

在进行 LSA FMEA 和危害性分析时,一般可以通过统计、试验、预测和参考相似产品等方法获取不同类型的故障模式。LSA FMEA 分析必须适应物理划分,这意味着容易识别的故障模式一定是物理划分的项目,同样意味着必须列出或分组每个航线可更换件的故障。对于新研制的产品,可根据该产品的功能原理和结构特点进行分析、预测,进而得到该产品的故障模式,或以与该产品具有相似功能和相似结构的产品所发生的故障模式为基础,分析判断该产品的故障模式。

9.3　故障模式影响度分析

在分析影响的过程中,需要考虑几方面的影响。

(1)局部影响。局部影响指故障模式在所分析的层次上,对产品工作或功能方面的影响。当考虑故障对产品造成的后果时,则应结合它引起的二次故障的影响。在某些情况下,局部影响就是故障模式本身。

(2)高一层影响。分析故障模式对高一层次的产品工作和功能方面的影响,例如,设备的故障对分系统的工作和功能的影响。

(3)最终影响。分析和确定故障模式对最高层次产品工作、功能或状态方面的最终影响,一般是对飞机的影响。

故障影响度是对故障模式导致最坏的潜在影响的一种定性量度,也称严酷度。民用飞机系统危害类别的严酷度按表 9.6 划分。当严酷度类别不能按表 9.6 进行分类时,可以根据需要进行调整确定出与上述规定相类似且适合于被分析系统的分类方法,并写入 FMECA 报告中。

表 9.6　严酷度定义表

类　别	严酷度	定　义
I	灾难性	影响持续安全飞行或着陆、安全乘员死亡及飞机损毁
II	危险性	身体不适或过分的工作负担导致飞行机组不能准确或完全地完成其任务,个别乘员遭受严重伤害或死亡

类别	严酷度	定　义
Ⅲ	比较大	增加机组工作任务或机组效率削弱的情况,乘客或飞行机组身体不适或者受到轻微伤害
Ⅳ	比较小	不会明显降低飞机安全性,机组操作仍在能力范围之内
Ⅴ	无安全性影响	不产生任何影响飞机营运能力或增加机组工作任务的安全性影响

9.4　故障危害度分析

在适用和需要的情况下,需要进行危害度分析,以确定故障后会导致不可接受影响的关键项目。这个分析将支持定期维护行为以排除可能关键故障的发生。在计划维修分析执行后,没有无法察觉有可能故障的关键项目被遗留。

在民用飞机后勤保障相关的故障模式影响与危害性分析中,每种故障模式的"破坏力"是通过危害性指标来评估的,根据危害性的大小,可以确定各个故障模式的重要度顺序。传统危害度的评估公式为:危害度 = 故障发生频度×故障影响度×故障检出可能性,即 RPN 方法。在危害性分析时可根据具体情况选择合适的分析方法,下面主要介绍根据故障模式的发生概率确定危害性级别的定性法和定量法。

(1)定性法。当没有获得故障率数据时,一般采用定性法,获得故障率数据后采用定量分析。

(2)定量法。对每个故障模式进行危害度计算,然后得到故障模式发生概率的大小,并划分其类别。

危害度计算主要包括故障模式危害度 C_m 和产品危害度 C_r。其计算参数主要有单个部件的故障率 λ_p、故障影响概率 β、故障模式频数比 α、暴露时间 t。

1. 单个部件的故障率

指可靠性预计中获得的故障率数值或按 DJB/Z299A 方法计算的数值。λ_p 还可以从外场、试验或其他可靠性数据中得到,但应该对环境条件、工作应力等进行分析,并根据其差异程度,对单个部件的故障率数值进行适当地修正。对于民用飞机来说,飞机制造商将可靠性数据视为高度商业秘密,航空公司无法获取,所以需要利用维修类数据,对其进行分析处理,得到故障率 λ_p。

2. 故障影响概率

β 是条件概率,表示该故障模式发生将会导致潜在影响的严酷度等级的条件概率。一般情况下,β 的取值由分析人员根据经验判断,并按照表 9.7 的规定确定。

表 9.7　故障影响概率值

故障模式影响	β
造成的严酷度一定发生	1.00
造成的严酷度很可能发生	0.5~0.99

故 障 模 式 影 响	β
造成的严酷度可能发生	0.1～0.49
造成的严酷度发生可忽略	0.01～0.09
造成的严酷度实际不发生	0

大多数情况下 $\beta=1$，这说明只要故障模式存在，造成的严酷度一定发生。为了强调故障模式发生的特定状态，确定故障模式的实际影响，β 值应根据功能、特定的工作方式、外部因素等确定，并在 FMECA 报告中说明 β 取值的理由。

3. 故障模式频数比

α 是故障模式故障率占该产品故障率的百分比，用百分数表示，产品所有的 α 值和为 1。

4. 暴露时间

暴露时间即工作时间，根据系统定义确定，按照产品执行一次任务的工作循环次数或工作小时表示。

5. 故障模式的危害度

故障模式的危害度表示在一定严酷度下，某个故障模式的发生概率，是产品危害度的一部分。第 j 个故障模式的 C_{mj} 按下式计算：

$$C_{mj} = \lambda_p \alpha_j \beta_j t \tag{9.1}$$

式中，λ_p 为单个部件的故障率；α_j 为第 j 个故障模式的频数比；β_j 为第 j 个故障模式的故障影响概率；t 为工作时间。

6. 产品的危害度

产品的危害度表示在一定严酷度、任务阶段与工作方式下，产品发生故障的概率，其值为各故障模式危害度 C_{mj} 的和，C_r 可按下式计算：

$$C_r = \sum_{j=1}^{n} C_{mj} = \sum_{j=1}^{n} \lambda_p \alpha_j \beta_j t \tag{9.2}$$

式中，j 为第 j 个故障模式；n 为产品可能发生的故障模式个数；λ_p、α_j、β_j、t 的含义与式（9.1）相同。

9.5　排故分析方法

当任何定位方法均无法准确定位故障件，或通过机内测试已经探测到具有很高假警告率的故障时，需要进行排故分析。

在任何排故之前，如果怀疑探测到的故障的真实性，那么就需要对故障探测进行证实。然而，必须记住，不考虑测试设备的假警报率时，非重复的故障可能是由于测试设备的随机故障导致。

因此,建议根据故障后果的重要性来评估是否需要这个步骤,如表 9.8 所示。

表 9.8　基于假警报的排故

故 障 后 果	消除模糊的重复测试	下 一 步 措 施
可以忽略的	测试可能要重复一定次数(需要确定)使用常规测试或内测试,直至被证实或者无效	如果故障探测是无效的,不需再进行分析,并且设备可以进入运行状态。如果故障被证实,需要进行评定排故
不可以忽略,但是可以接受	测试可能要重复一定次数(需要确定)使用常规测试或内测试,直至被证实或者无效	如果故障探测是无效的,不需再进行分析,并且设备可以进入运行状态。如果故障被证实,需要进行排故
不可以接受	不需要进行重复测试	需要进行后续分析

对产品进行的危害度分析及表 9.8 左面栏目的内容需要与故障模式的后果和 LRU 关键性保持一致。在这个方法下,故障的最严重的后果需通过伤害、财产损失、系统损伤或者可能最终发生的环境影响进行考虑。这个故障模式的潜在的后果需要结合故障发生概率分析。即使可能有一个失效警报探测的可能性,危险的或者非常严重的失效模式的故障也一定被认为是不可接受的。因此这个排故程序需求分析需同 FMECA 设置接口。

对探测到的而未定位的故障进行排故,可以参考表 9.9,可根据需要对其进行裁剪。

表 9.9　对内置测试定位等级的排故评估

定 位 等 级	需 要 的 排 故
1	不需要排故,由内置测试进行定位
2	需要排故,但是可能需要用内置测试的结果进行交叉测试
3	需要排故,并且需要维修队的参与
4 或 5	需要排故,需要使用测试设备以补偿内置测试的不足,以定位故障的部件

9.6　案 例 研 究

本节以某机型燃油系统为例,展开基于维修类数据的 FMECA 分析。

燃油系统是民用飞机内部一个复杂而又关键的系统,影响燃油系统安全性和保障性的因素很多,包括系统的零部件故障、飞行天气及维修工作人员的技术等。因此,燃油系统在外场飞行时具有很高的故障率,一旦故障发生,将会危及飞机的安全飞行。

9.6.1　燃油系统的组成和功能

本节研究机型的民机燃油系统采用两油箱结构布局。燃油储存在左右两个机翼整体结构油箱中,每个油箱可以给一台或两台发动机供油。发动机供油采用常规的双交流电动泵供油方案。依靠重力作用,油箱内燃油能够自然输送,不设燃油传输系统。典型分系统包括储存、分配和指示三个系统,其主要结构组成如图 9.2 所示。

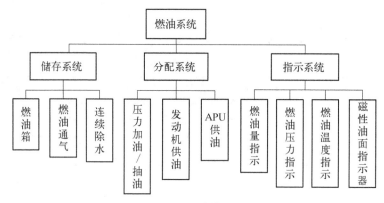

图 9.2　燃油系统的结构组成

1．储存系统

（1）储存系统包含燃油箱系统、燃油通气系统和连续除水系统。

（2）该型飞机设有左机翼和右机翼油箱,两者均为整体式燃油箱,分别称为左油箱和右油箱,燃油箱由机翼的前梁、后梁、上壁板、下壁板及端部密封肋所构成。

（3）燃油通气系统能防止燃油虹吸和溢出。在所有的飞行状态下,通气系统都可使燃油箱与环境压力之间的压差保持在允许的限制范围内。在压力加油切断装置失效时,通气系统应具有足够的能力防止油箱超压。

（4）连续除水系统去除积存在燃油箱底部的水分,以防止燃油箱腐蚀和结冰。

2．分配系统

（1）分配系统设置有压力加油/抽油系统、发动机供油系统和 APU 供油系统。

（2）压力加油/抽油系统的功能是快速完成燃油箱加油或抽油。

（3）压力加油/抽油系统设有加油控制板和一个国际标准的压力加油接头。加油控制板控制加油/抽油操作,并显示各油箱的燃油量,通过加油控制板可自动进行加油,同时还具有手动操控功能。当地面压力加油设施的压力加油软管接嘴与飞机压力加油接头对接后,便可实施压力加油或抽油。

（4）每个机翼燃油箱内应设置两台交流增压泵,一台交流增压泵的流量可以满足一台发动机工作需要,两台交流增压泵互为备份。

（5）每台发动机都有一个独立的供油系统。在正常工作中,左机翼油箱向左发动机供油,右机翼油箱向右发动机供油。这两套系统相互独立。左右油箱也可以交叉供油,打开交叉供油切断阀后,可由任一个油箱向任一台发动机或同时向两台发动机供油。

3．指示系统

（1）指示系统由燃油量指示系统、燃油压力指示系统、燃油温度指示系统及磁性油面指示器组成。

（2）燃油量指示系统在驾驶舱内显示各油箱燃油量和飞机总油量,并可提供燃油低油面警告信号。当左、右油箱燃油不平衡量时,系统提供告警信号。各燃油泵和燃油交输阀的工作由驾驶舱顶部控制板上的燃油控制板控制,并给出状态指示。

（3）燃油温度指示系统在驾驶舱内显示左机翼油箱内的燃油温度。

（4）各油箱底部都装有磁性油尺,用于地面目视检查各油箱燃油量。

9.6.2　功能框图和可靠性框图的构建

对燃油系统进行故障模式影响和危害性分析必须构建能够反映系统各组成部分间功能逻辑关系的功能框图,如果设计资料中已有系统功能框图,则可直接使用。如果系统简单,可靠性框图已能充分说明其逻辑关系,也不用画出功能框图。

功能框图主要说明系统的功能及其相互关系,有助于显示各种产品相互之间的功能关系,与较高的系统乃至整机的功能关系,有助于分析主要功能和次要功能之间的关系和功能流程顺序,以及每项功能的输入和输出关系。本节研究燃油系统的功能框图和可靠性框图如图 9.3 和图 9.4 所示。

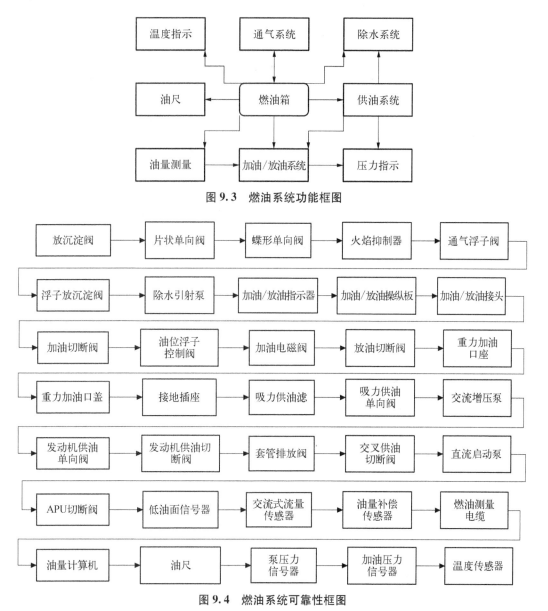

图 9.3　燃油系统功能框图

图 9.4　燃油系统可靠性框图

9.6.3 燃油箱系统的 FMEA 分析

该机型燃油箱系统包含在燃油系统的储存系统中,是民用飞机燃油系统的重要组成部分。根据分析步骤对燃油箱系统进行详细的故障模式和影响分析。

(1)燃油箱系统的工作原理:该型飞机设有左机翼油箱和右机翼油箱,两者均为整体式燃油箱,分别称为左油箱和右油箱,燃油箱由机翼的前后梁、上下壁板及端部密封肋构成;左、右油箱设有放沉淀阀,用以排放燃油箱内的沉积物及水分;左、右油箱的上翼面,各有一个重力加油口,燃油箱的下翼面各肋之间均设有可拆卸的检修口盖;每个油箱外侧端部密封肋附近,设有通气/防溢油箱。通气/防溢油箱通过潜伏式通气口与外界大气相连通并设有火焰抑制器。

(2)燃油箱系统组成:燃油箱系统由放沉淀阀、片状单向阀和蝶形单向阀等主要部件组成。主要部件的相关信息如表 9.10 所示。

表 9.10　燃油箱系统主要部件的相关信息表

部件	数量	安装位置	功能
放沉淀阀	6	左右机翼下壁板(1 肋内外各 1 个、17 肋外 1 个)	放掉油箱底处的沉积水
片状单向阀	22	1 肋 2 个,9 肋 5 个,17 肋 1 个,1 展向梁 3 个	在油箱中允许燃油向内侧流动,阻止其向外侧流动
蝶形单向阀	4	左右 1 肋各 2 个	在油箱中允许燃油向内侧流动,阻止其向外侧流动

(3)绘制燃油箱系统的功能框图。燃油箱系统各组成部分的功能框图如图 9.5 所示。

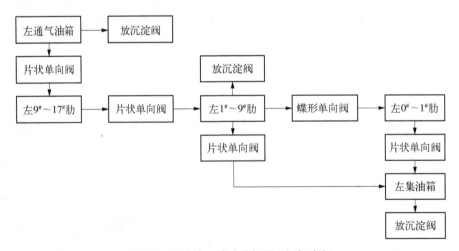

图 9.5　燃油箱系统功能框图(左右对称)

(4)确定燃油箱系统主要部件的故障模式及原因。民用飞机燃油箱系统主要由三个部件组成,其典型的故障模式主要有 6 种。

（5）严酷度分类。依据严酷度定义表提出适用于本项研究的严酷度分类,评分值即相应的等级。

（6）确定各个故障模式的飞行阶段。

（7）燃油箱系统每个部件的故障率。燃油箱系统主要部件故障率数据由燃油系统供应商提供。

（8）暴露时间。依据工程实际定义燃油系统使用的典型暴露时间主要分为四类:飞机一次航线飞行的时间 1.3 FH;飞机一次 A 检的时间 500 FH;飞机一次 C 检的时间 4 000 FH 和飞机的全寿命时间 60 000 FH。

（9）输出燃油箱系统的故障模式影响分析结果。

汇总以上分析结果填写燃油箱系统的 FMEA 分析信息表。燃油箱系统主要部件 FMEA 分析信息表如表 9.11 所示。该信息表不仅可以为维修工程分析人员提供数据输入,还为后续的故障模式影响危害性分析提供基础。

9.6.4　危害性分析

通过对燃油箱系统的 LSA FMEA 分析可知,该子系统共有三个主要部件,6 种典型的 LSA 故障模式,现对该 6 种 LSA 故障模式进行危害性分析。

1. 输出燃油箱系统的 FMECA 信息表

在 9.6.3 小节中对民用飞机燃油箱系统进行了 LSA FMEA 分析并输出了燃油箱系统的 LSA FMEA 信息表,在此分析基础之上,对其进行 LSA 故障模式危害性分析,首先基于维修类数据分析和专家评判输出燃油箱系统的 FMECA 信息表,见表 9.12。

2. 模糊危害性分析

（1）确定评价对象的因素论域。$X = \{X_1, X_2, X_3, X_4, X_5\} = \{$故障模式等级,严酷度,探测能力等级,定位能力等级,维修等级$\}$。

（2）确定评语等级论域。故障模式等级和严酷度等级的评定标准如表 9.6 所示,而探测能力、定位能力和维修等级需根据模糊综合评价模型进行调整,调整方法在建立模糊关系矩阵中体现。

（3）进行单因素评价,建立模糊 FMECA 的关系矩阵。

构造了等级模糊子集后,就要逐个对被评价事物从每个因素 X_i 上进行量化,即确定从单因素来看被评价事物对各等级子集的隶属度,进而得到模糊关系矩阵。首先应建立燃油箱系统故障模式危害性的初始决策矩阵 $H = (h_{ij})_{5\times6}$:

$$H = \begin{bmatrix} 4 & 2 & 3 & 4 & 3 & 4 \\ 2 & 2 & 1 & 1 & 1 & 1 \\ 5 & 5 & 4 & 4 & 4 & 4 \\ 5 & 5 & 5 & 5 & 5 & 5 \\ 4 & 4 & 3 & 3 & 3 & 3 \end{bmatrix} \qquad (9.3)$$

h_{ij} 的获得值如表 9.13,然后对初始决策矩阵做规范化处理得到模糊关系矩阵 $\bar{R}$。

表 9.11 燃油箱系统 LSA FMEA 分析结果

FMEA 编号	故障模式及原因	飞行阶段	故障影响 a. 局部影响 b. 高一层影响 c. 最终影响	单个部件故障率 /(1×10⁻⁶/h)	故障模式的故障率 /(1×10⁻⁶/h)	暴露时间 /h	故障模式的发生概率 /(1×10⁻⁶)	严酷度	备注
01-01	放沉淀阀不能打开	地面维护	a. 无法给相应油箱放沉淀物 b. 无 c. 无	40.000	20.000	4 000	80 000	II	—
01-02	放沉淀阀不能关闭	地面维护	a. 燃油外漏 b. 燃油损失 c. 无法派遣	40.000	20.000	1.3	26.0	II	—
02-01	片状单向阀不能打开	A.I.I. 和地面维护	a. 无法给相应油箱放沉淀物 b. 无 c. 无	1.123	0.056	24 000	1 344	I	—
02-02	片状单向阀不能关闭	A.I.I. 和地面维护	a. 燃油外漏 b. 燃油损失 c. 无法派遣	1.123	1.067	24 000	25 608	I	—
03-01	蝶形单向阀不能打开	A.I.I. 和地面维护	a. 燃油无法通过单向阀向内侧流动 b. 无 c. 无	1.123	0.056	24 000	1 344	I	—
03-02	蝶形单向阀不能关闭	A.I.I. 和地面维护	a. 无法阻止燃油通过该单向阀向外侧流动 b. 无 c. 无	1.123	1.067	24 000	25 608	I	—

表 9.12　燃油箱系统的 CA 分析信息

故障模式编号	故障模式及原因	故障模式的发生概率 /(1×10⁻⁶)	故障模式等级	严酷度	探测能力等级	探测方法	定位能力等级	定位方法	维修等级	备注
01-01	放沉淀阀不能打开	80 000	IV	II	5	操作检查	5	操作检查	4	
01-02	放沉淀阀不能关闭	26.0	II	II	5	目视检查	5	目视检查	4	例行检查
02-01	片状单向阀不能打开	1 344	III	I	4	操作检查	5	操作检查	3	
02-02	片状单向阀不能关闭	25 608	IV	I	4	操作检查	5	操作检查	3	油箱内定检,需放油通风进入油箱检查
03-01	蝶形单向阀不能打开	1 344	III	I	4	操作检查	5	操作检查	3	
03-02	蝶形单向阀不能关闭	25 608	IV	I	4	操作检查	5	操作检查	3	

表 9.13　燃油箱系统故障模式危害性评价数据

序号	故障模式	输入指标				
		故障模式等级 X_1	严酷度 X_2	探测能力等级 X_3	定位能力等级 X_4	维修等级 X_5
1	放沉淀阀不能打开	4	2	5	5	4
2	放沉淀阀不能关闭	2	2	5	5	4
3	片状单向阀不能打开	3	1	4	5	3
4	片状单向阀不能关闭	4	1	4	5	3
5	蝶形单向阀不能打开	3	1	4	5	3
6	蝶形单向阀不能关闭	4	1	4	5	3

$$\bar{R} = \begin{bmatrix} 4 & 2 & 3 & 4 & 3 & 4 \\ 2 & 2 & 1 & 1 & 1 & 1 \\ 1 & 1 & 2 & 2 & 2 & 2 \\ 1 & 1 & 1 & 1 & 1 & 1 \\ 1 & 1 & 2 & 2 & 2 & 2 \end{bmatrix} \tag{9.4}$$

（4）确定评价因素的模糊权向量 $w = \{w_1, w_2, \cdots, w_n\}$。用相对比较法得到的权重向量为 $w = \{w_1, w_2, w_3, w_4, w_5\} = \{0.28, 0.36, 0.08, 0.08, 0.20\}$。

（5）采用线性加权法,将用相对比较法确定出的权重集 W 与模糊关系矩阵 $\bar{R}$ 按"积、和"模型进行计算,可得到燃油箱系统 6 种故障模式的综合评价值如表 9.14 所示。

由基于相对比较法的模糊综合评价法确定出的燃油箱系统 6 种故障模式危害性大小排序为 $FM_1 > FM_4 = FM_6 > FM_3 = FM_5 > FM_2$,最大的故障模式为放沉淀阀不能打开,危害性最小的故障模式为放沉淀阀不能关闭。

表 9.14　燃油箱系统故障模式模糊综合评价值

序　号	综合评价值	排　序
1	2.20	1
2	1.64	4
3	1.84	3
4	2.12	2
5	1.84	3
6	2.12	2

（6）FMECA 分析结果。采用 LSA FMEA 分析流程和本书提出的 LSA 故障模式危害性分析模型对燃油系统其他子系统分别进行了 LSA 故障模式影响分析和危害性分析,输出了各子系统的故障模式影响分析信息表和排序靠前、危害性较大的关键故障模式清单。选取加油/放油和油量测量燃油子系统的故障模式危害性分析结果,见表9.15。综合对比燃油系统所有子系统的 LSA 故障模式影响分析和危害性分析结果,得到如下两点结论。

① 燃油系统故障模式数共有 105 条,其中储存分系统的故障模式数为 18 条,占 17.1%,分配分系统的故障模式数为 57 条,占 54.3%,指示分系统的故障模式数为 30 条,占 28.6%。燃油系统各子系统的故障模式发生分布见图 9.6。

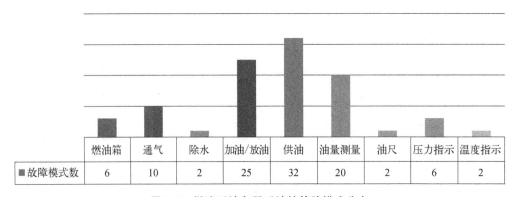

	燃油箱	通气	除水	加油/放油	供油	油量测量	油尺	压力指示	温度指示
■故障模式数	6	10	2	25	32	20	2	6	2

图 9.6　燃油系统各子系统的故障模式分布

② 对燃油系统的各子系统进行故障模式影响分析之后,采用本书提出的基于维修类数据的模糊方法对所有子系统进行故障模式的危害性分析,总结所有分析结果输出燃油各子系统的危害性较大且关键的故障模式清单及基本信息,如表 9.16所示。

针对燃油系统关键故障模式清单,飞机系统设计人员和维修工程分析人员应该通力合作,改进设计、制定切实可行的维修计划排除或降低危害性大的故障风险。例如,交流增压泵燃油内漏,危害等级为Ⅲ级,在供油子系统中危害性较大,该故障模式一旦发生将影响向发动机供油,其功能非常重要,如果失效将引起灾难性的后果,因而需要对其进行地面维护检测和定期检查等工作。

表 9.15　加油/放油和油量测量系统故障模式危害性分析结果

故障模式序号	故障模式及原因	故障模式的发生概率/(1×10⁻⁶)	故障模式等级	严酷度	探测能力等级	探测方法	定位能力等级	定位方法	建议的纠正措施	维修等级	危害性排序	备注
1	加油/放油指示器没电	3.900	Ⅱ	Ⅱ	1	目视检查	3	操作检查	使用检查	3	4	
2	加油/放油指示器不能与燃油计算机通讯	3.900	Ⅱ	Ⅱ	2	CMS	2	操作检查	使用检查	2	1	
3	加油/放油指示器指示错误	3.900	Ⅱ	Ⅱ	2	CMS	2	操作检查	使用检查	3	4	
4	加油/放油指示器控制界面丧失	3.900	Ⅱ	Ⅱ	2	目视检查	2	操作检查	使用检查	3	4	右机翼加油控制面板和舱内维修
5	加油/放油操纵板电源开关选择失效	1.625	Ⅱ	Ⅱ	2	操作检查	3	操作检查	使用检查	3	4	
6	加油/放油操纵板不能手动控制左右加油电磁阀	75 000	Ⅳ	Ⅱ	3	操作检查	3	操作检查	—	3	4	
7	加油/放油操纵板不能自动控制左右加油/放油切断阀	1.625	Ⅱ	Ⅱ	3	操作检查	3	操作检查	使用检查	2	3	
8	加油/放油操纵板控制用于放油的燃油切断阀	75 000	Ⅳ	Ⅱ	3	操作检查	3	操作检查	定期检查	3	4	
9	加油切断阀不能打开	7.15	Ⅱ	Ⅱ	4	目视检查	3	操作检查	使用检查	3	5	
10	加油切断阀不能关闭	7.15	Ⅱ	Ⅲ	4	目视检查	3	操作检查	使用检查	3	2	
11	油位浮子控制阀不能打开	0.65	Ⅰ	Ⅱ	1	操作检查	3	操作检查	使用检查	3	4	
12	油位浮子控制阀不能关闭	8.45	Ⅱ	Ⅲ	2	操作检查	3	操作检查	使用检查	3	1	油箱内维修
13	低油面信号器不能正常输出	400.00	Ⅲ	Ⅲ	3	EICAS 画面油量指示	3	—	定期检查	2	2	
14	低油量信号器输出不准确	50.00	Ⅲ	Ⅲ	2	EICAS 画面油量指示	2	—	定期检查	2	1	
15	交流式油量传感器不能正常输出	1.04	Ⅱ	Ⅲ	2	根据另一个油箱油量判断	3	CMS 信号	使用检查	3	5	
16	交流式油量传感器输出不准确	6 000	Ⅲ	Ⅱ	2	计算耗油量判断油箱油量	2	—	—	2	3	

续表

故障模式序号	故障模式及原因	故障模式的发生概率/(1×10⁻⁶)	故障模式等级	严酷度	探测能力等级	探测方法	定位能力等级	定位方法	建议的纠正措施	维修等级	危害性排序	备注
17	油量补偿传感器的传感器不能正常输出	1.17	II	II	3	根据另一个油箱油量判断	3	CMS 信息	使用检查	3	5	
18	油量补偿传感器的传感器输出不准确	6 000	III	II	2	计算耗油量判断油箱油量	2	—	—	3	3	油箱内维修
19	燃油测量电缆线路断路或短路	0.78	I	III	4	根据另一个油箱油量判断	3	—	使用检查	3	4	
20	燃油测量电缆线路断路或短路	0.39	I	II	4	根据另一个油箱油量判断	3	—	使用检查	3	6	
21	油量计算机不能处理右机翼油箱燃油数据	17.29	II	III	2	无	2	—	使用检查	3	3	
22	油量计算机左或右机翼油箱油量传感器的激励信号失去	1.17	II	III	4	根据另一个油箱油量判断"	3	—	使用检查	3	3	油箱舱内维修

表 9.16　燃油系统关键故障模式清单

子系统名称	LRU 部件	故　障　模　式	故障模式的 发生概率/(1×10⁻⁶)	危害等级
燃油箱	放沉淀阀	放沉淀阀不能打开	80 000	Ⅱ
燃油通气	浮子放沉淀阀	浮子放沉淀阀不能关闭	37 000	Ⅱ
连续除水	除水引射泵	除水引射泵功能丧失或减少燃油流量	60 000	Ⅱ
压力加油/抽油	加/放油 指示器	加/放油指示器不能与燃油计算机通讯	3.90	Ⅱ
压力加油/抽油	油位浮子 控制阀	油位浮子控制阀不能 关闭	8.45	Ⅲ
发动机供油	交流增压泵	交流增压泵燃油内漏	202 000	Ⅲ
APU 供油	直流启动泵	直流启动泵燃油内漏	330 000	Ⅱ
油量测量	低油面信号器	低油面信号器输出 不准确	50.00	Ⅲ
压力指示	泵压力信号器	泵压力信号器不输出高压信号	4.00	Ⅲ
温度指示	温度传感器	温度传感器指示值偏低	38 000	Ⅱ

思　考　题

（1）分析 FMEA 和 LSA-FMEA 的区别与联系。

（2）什么情况下需要进行 TSA？

（3）简述 LSA-FMEA 的分析过程。选择一个飞机系统或子系统,进行 LSA-FMEA 分析。

民航故事——百年难逢的机遇

摘自
《中国航空史话》
出版社：北京时代华文书局
作者：沈海军
出版时间：2020.6

　　航空工业是国家的战略性支柱产业,强大的航空工业是一个国家建立独立自主稳固国防的重要基础,是保持一个国家国际社会地位的重要基石,是衡量国家综合国力和科技实力的重要标尺。

　　中国航空工业集团公司(简称"中航工业"),是中央管理的国有特大型企业,设有航空武器装备、军用运输类飞机、直升机、机载系统与汽车零部件、通用航空、航空研究、飞行试验、航空供应链与军贸、资产管理、金融、工程建设、汽车等产业,下辖100 余家分布在全国各地的成员单位、近27 家上市公司,其中包括33 个科研院所,9 个国家重点实验室,

30 个航空科技重点实验室,24 个国家认定企业技术中心和 32 个省部级企业技术中心,员工逾 45 万人。

中航工业拥有国内乃至世界一流的大型科研试验设备和设施,凝聚着一大批知名院士、总设计师和工程技术专家,分布在下属的各个单位。在中航工业的牵头,各下属单位充分发挥自己的在本领域的技术、资金、人才、设备等优势,或分头发展飞行器、发动机和导弹,为国防安全提供先进航空武器装备;或发展民用飞机,承接国际航空转包生产任务并成为优秀供应商,为国内外客户提供优质、可靠的民用航空产品;或军民融合,研发航空产品的同时,将航空高技术融入民用领域,发展汽车零部件、液晶显示、电线电缆、印刷线路板、光电连接器、锂离子动力电池、智能装备等产品,涉足金融投资、工程建设、航空创意经济等现代服务业。

就飞机研发而言,我国航空工业一直有着"一厂一所"承制飞机项目的传统。但随着大型运输机、大型客机等重大项目复杂程度的不断增加,"一厂一所"承制飞机的模式正在悄然发生变化。以 C919 飞机研制为例,中国商飞作为主制造商,负责气动设计、结构设计、航电、飞控系统、制造工艺、航空工程、飞行训练以及供应商管理;中航工业的成飞、西飞、洪都、沈飞等兄弟单位作为供应商为它生产零部件。事实上,除了上述 4 家中航工业内部的供应商外,还有一大批其他中航工业体制内外的单位,以各种不同的方式参与 C919 研制其中。这种主制造商-供应商模式在国际上已经发展较为成熟,现在也成为我国民机,特别是大型民用飞机研制生产的主流模式。总之,在中航工业的牵头下,各下属单位为中国航空工业的强大、国防力量的建设、国民经济的平稳较快发展等方面均做出了重要贡献,同时也体现了中航工业目前这种格局的合理性。

这几年,我国的航空工业发展速度很快。从歼-10 飞机开始,枭龙、飞豹、歼-11、歼-15、歼-16、歼-20、歼-31、武直-10 等一个接一个的新机型横空出世,呈现出了"井喷"式的发展势头。军机方面,国产第五代战机歼-20、歼-31 的出现,直逼美国,中美军机之间的差距显著缩短,并出现了超越俄罗斯的趋势。民机方面,尽管相对于军机发展较为缓慢,与国际先进水平相比,仍存在较大差距,存在产业规模小、产业自主发展能力不强、航空产品种类偏少、市场竞争力不强、机载系统/设备/元器件瓶颈、适航能力不足等问题。但我们也要看到,2016 年国产支线客机 ARJ21 已经投放国内市场,国产大型客机 C919 飞上了蓝天,这表明我国民机工业已经迈上了一个新的台阶。

航空发动机方面,我国自主研发的第五代小涵道比涡扇发动机 WS-15 已经取得重大突破,"离开俄制发动机,中国歼-20 无法翱翔"的日子将很快一去不复返了。与此同时,为 C919 配套的国产大涵道比涡扇发动机 CJ-1000A 也正在紧锣密鼓地研制中。

此外,飞机子系统与航空机载设备方面,电源变换器、离心式增压泵、飞机主液压泵、气压高度表、空速表、升降速度表、甚高频通信电台、YDK-2C 型 S 模式应答机等一大批国产机载设备成功取证,成为合格的货架产品。

现在,我国经济环境平稳。东南沿海的周边环境、国内外巨大的航空产业市场,对我国先进战机、大型运输机、大型轰炸机以及大型客机的研制提出了迫切需求。在高速增长的经济形势下,我们可以预见,在未来 30 年内,中国航空工业会保持目前稳步增长的势头,中国的航空工业,会飞得更高!

第 10 章
损伤和特殊事件分析

> 本章主要介绍损伤和特殊事件分析流程和方法,并用案例介绍方法的应用情况。
>
> **学习要点:**
>
> (1) 掌握 DSEA 总体分析程序;
>
> (2) 理解特殊事件分析方法;
>
> (3) 理解损伤评价分级方法。

作为整体维修思想的重要组成部分,产品正常运营期间所发生的特殊事件或损伤,将会导致由维修任务分析产生的维修要求。民用飞机在运营期间会遇到因自然因素导致的特殊事件(如鸟击、雷击、冰雹等),以及由于飞机自身的超限使用导致的特殊事件(如机尾擦地、重着陆等)。某些特殊事件发生后会导致不同程度的飞机结构损伤或系统功能失效,影响飞机的持续适航。因此,特殊事件发生后或疑似发生后,必须按照《飞机维护手册》第 5 章"时限和维护检查"的要求进行视情检查。

损伤和特殊事件分析属于事件驱动的维修分析,侧重于发现、识别由外部原因、非飞机自身原因引发的纠正性维修任务。当损伤和特殊事件发生后,损伤和特殊事件分析为能够识别和判断适当的维修任务提供一种逻辑分析方法。运行中的相似机型的损伤和特殊事件历史记录可用于新研客机的损伤和特殊事件分析。

实践观点是马克思主义哲学的核心观点。实践决定认识,是认识的源泉和动力,也是认识的目的和归宿。认识对实践具有反作用,正确的认识推动正确的实践,错误的认识导致错误的实践。在损伤和特殊事件分析过程中,要特别注意实践的重要性。因为其中研究的事件并不是经常发生,积累的数据和经验是有限的。而且,由于"事件触发"的特点,导致没有完全一样的研究对象,需要严谨地搜集事件相关资料,有针对性地将理论应用于实践。实践没有止境,理论创新也没有止境。要学习掌握认识和实践辩证关系的原理,坚持实践第一的观点,不断推进实践基础上的理论创新。

10.1 损伤和特殊事件分析程序

损伤和特殊事件分析是一种针对由损伤和特殊事件引起的维修任务的分析方法,该分析方法可预防在一般或详细检查中出现装备存在损伤或遇到特殊事件而导致了后果的情况。

DSEA 包含特殊事件分析、损伤分析、确定分析对象、确定维修任务四个部分。特殊事件分析是依据发生概率确定在飞机各使用阶段的重要特殊事件。损伤分析是依据飞机设计所采用技术的成熟度、该技术对应的损伤类型和对损伤的敏感程度来确定重要的损伤。特殊事件和损伤最终都会落到具体的物理对象,即潜在损伤单元。确定分析对象是根据安装位置确定潜在损伤单元暴露于危险的风险程度,对高危险的单元继续进行分析。这是进一步减小分析任务量的必要措施。确定维修任务是依据分析对象的危害度,确定所需的维修任务,如探测、定位、测量、恢复、拆换、修理。

10.1.1 总体程序

总体程序如图 10.1 所示。

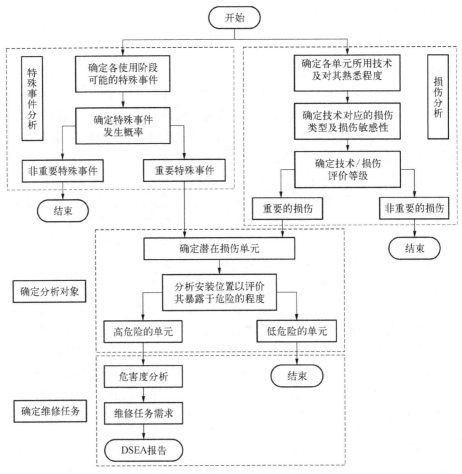

图 10.1 DSEA 分析流程

1. 特殊事件分析

首先,从内部原因和外部原因两个方面,基于其他飞机或机型已经发生的特殊事件,研究确定所有可能引发飞机特殊事件原因的分析方法;其次,根据飞机设计文件、工程经验、相似机型的特殊事件统计数据等信息,研究确定有维修需求的特殊事件发生阶段的要素;最后,根据是否具有历史数据支持,分别研究恰当的定量和定性分析方法,评价每个可能事件的发生概率。

2. 损伤分析

损伤分析是基于所采用的技术开展分析的,为此,首先从金属结构、复合材料、一般系统三个层面研究技术分级的方法,确定技术的成熟度;其次,根据导致某一损伤形式出现的难易程度,研究敏感性分析方法,从而识别可能产生的损伤类型和敏感度。

3. 确定分析对象

首先,对选择的每一个特殊事件和每一个技术/损伤,研究维修工程分析候选项的确定流程或方法;其次,对被确定的结构分解中每一个维修工程分析候选项,通过分析其安装区域/设计,研究如何评价其可能存在的不同威胁及程度;最后,研究给出对象的高危险性和低危险性的判断标准。

4. 确定维修任务

首先,为了关注最重要的损失与特殊事件,根据维修工程分析候选项在飞机服役期内的重要性(例如:是否会降低安全水平、是否会降低可用性、是否会导致严重的退化等),研究危害度分析的方法;其次,针对每一个重要候选项,研究如何分析维修任务需求,包括所需的检测、定位、测量、移除和替换、修理等任务。

10.1.2　详细流程

DSEA 分析可分为确定特殊事件、确定潜在损伤、确定需要分析的项目、确定项目的检查方式、确定维修任务五个步骤。图 10.2 为特殊事件分析流程示意图。

1. 确定特殊事件

确定特殊事件的目的是确定需要进行维修任务分析的特殊事件,这应在研制过程中不断完善和调整。

确定特殊事件工作的内容主要包括:列出导致分析机型特殊事件的原因;确定特殊事件的发生阶段;确定发生阶段的特殊事件;确定特殊事件的发生概率;确定特殊事件的识别方法;确定特殊事件的影响区域。

2. 确定潜在损伤

确定潜在损伤是指确定因特殊事件而导致的损伤。主要从两方面考虑:一是该项目的技术是成熟的还是新开发的;二是该项目的技术是否对特殊事件导致的损伤敏感。

其内容主要包括确定特殊事件影响区域内的项目技术及其成熟度等级,评估项目技术的敏感性,以及确定项目成熟

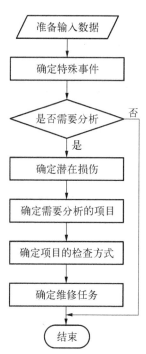

图 10.2　DSEA 分析流程示意图

度/损伤敏感性等级。

3. 确定需要分析的项目

建立合适的指标和规则,根据这些指标和规则确定特殊事件中需要分析的项目。内容主要包括建立合适的指标(例如"暴露等级"指标);建立合适的规则(例如"暴露等级"指标和"项目成熟度/损伤敏感性等级"的联系);根据指标和规则确定需要分析项目。

4. 确定项目的检查方式

在进行特殊事件分析时,应考虑项目的影响、损伤形式的多样性、可接近性确定项目的检查方式。

5. 确定维修任务

在确定维修任务时,需要根据载荷的传递、项目的检查阶段、项目的分布区域、项目的故障类型等多个因素。

建立合理的维修任务的原则包括:根据工程经验、特殊事件产生的原因合理地将检查项目分成合适的阶段;将同一或者相邻区域中执行相同检查任务的项目进行合并;产生的维修任务应有合适的任务编号。

民用飞机 DSEA 分析产生的维修任务主要内容包括:特殊事件的概率;特殊事件的识别方法;特殊事件的检查项目;特殊事件的影响区域;项目的故障类型;项目对飞机的影响;项目的检查方式;项目的维修任务编号;项目的维修任务阶段。

10.2　特殊事件分析

特殊事件分析是基于特殊事件发生原因、飞机可能的使用阶段梳理出飞机在每一使用阶段可能发生的特殊事件,结合每一特殊事件发生的可能性,梳理出对飞机具有重要影响的特殊事件,进一步进行后续分析。

1. 列出可能导致事件的不同原因

事件可能由于外因或内因引起,也可能受自然现象或人为因素影响。表 10.1 为各种因素的例子。

表 10.1　事件原因

原因类型		举例
外因	自然现象	气象 动物 石头、树木等
	人类所引起的	战争威胁 物资机动
	运营环境所引起的	电磁场 含盐/沙/污染的空气
	运输和存储条件所引起的(海运、空运、货运、铁路运输等)	冲击、移动、震动、泄压
内因	非正常使用所引起的	超出操作限制,如"硬着陆""超-g 机动"
	内部机能紊乱所引起的	过热、过压、颤振

2. 飞机可能的使用阶段

任何特殊事件可能发生的阶段应确认为使用阶段。在此确认过程的阶段中,工作团队应确认出每个飞机使用阶段(如运营、维修、保障、处理、储存、运输)。而且,应尽量将使用阶段细分(如运行阶段应分成:滑行、起飞、V1 前起飞、爬升、巡航、降落、进近、着陆、滑入)。

3. 飞机各使用阶段发生的特殊事件

根据飞机设计文件、工程经验、相似机型的特殊事件统计数据及系统安全性评估(system safety assessment, SSA)报告确定有维修需求的特殊事件发生的所有子阶段。

外部原因引起的特殊事件有:维护时地面设备对飞机结构的影响、运输准备时货运装卸设备对飞机蒙皮的影响、冰雹的多种影响、起飞时跑道碎片对飞机内部和外部影响、闪电袭击的影响等。

内部原因引起的特殊事件有:由于泄露引起进水、地面加燃料时由于泄压阀的故障导致邮箱结构承受压力过大、密闭暖气流泄露导致密闭空间温度过高、机械部件的突然损坏等。

4. 特殊事件发生的可能性

分析每一个可能的事件,初步评价其发生的概率,方式有两种:

(1)根据已有历史数据统计分析获得,如每年鸟击事件次数;

(2)在不能获得充分统计数据的时候,可采用定性评估:非常不可能、不可能、偶然、偶尔、经常(表 10.2)。

表 10.2　特殊事件发生的概率

等级	发　生	描　述
1	极不可能的	发生的可能性为零的特殊事件
2	极小可能的	特殊事件的发生概率是不太可能的,几乎没有特殊事件发生。此特殊事件可能发生的数量极少
3	偶然的	特殊事件发生的概率是偶然的,有可能会发生。可能发生少数此特殊事件
4	相当有可能的	该类特殊事件发生的可能性中等,有一定数量的特殊事件发生。可能发生一定数量的此特殊事件
5	频繁发生的	该类特殊事件发生的可能性很高,几乎一定会发生

5. 进一步分析

根据发生频率评级,确定哪些特殊事件作为重要事件,需要进一步作 LSA 分析。

10.3　潜在损伤分析

潜在损伤分析是基于所采用的技术开展分析的,因为采用不同的技术,对引发不同损伤的敏感程度不同。本分析包含识别待分析项目所采用的技术,该项技术是否为新技术、对损伤的敏感程度两个部分。

1. 技术分级

对技术分级的依据是该项技术的成熟度,从金属结构、复合材料、一般系统三个层面给出技术等级。

对于产品所有的子系统/项目,识别所使用的技术并描述与其行为相关的特性,表10.3用定性的方法来描述这种认知特性。

表 10.3　技术行为认知等级

等级	技术行为认知	描述
1	熟知的	该工艺已在很多类似的程序中使用
2	知道的	该工艺已经被用在相似的程序中,但对于预期的程序已做过一些修订
3	完全新的	该工艺已经在类似的新近程序中使用,但没有可用的反馈信息

2. 技术对损伤形式的敏感性

敏感性是指待分析项目由于采用某一特定技术,从而导致某一损伤形式出现的难易程度。容易出现该损伤形式,则敏感性高,反之敏感性低。对第一步中得到的技术,识别它可能产生的损伤类型、敏感程度,如:金属零件产生腐蚀(一般的腐蚀、电腐蚀、其他形式的腐蚀);具有约束性安装的金属组件的应力腐蚀;复合材料分层、吸湿。结合潜在损伤源,评价技术对某一损伤类型的敏感性。

表10.4用定性的方法给出了敏感度的特征描述。

表 10.4　技术敏感度等级

等级	敏感度	描述
1	极低的	在产品生命周期内该技术的损伤几率极低
2	较低的	在产品生命周期内该技术的损伤几率较低
3	中等	在产品生命周期内该技术的损伤几率中等
4	较高	在产品生命周期内该技术很可能发生损伤
5	极高	在产品生命周期内该技术经常发生损伤

3. 技术/损伤评价分级

在综合考虑技术评级、技术敏感程度评级两个因素的情况下对损伤进行评价。在采用了新技术,并且该技术具有较高的敏感程度的条件下,则产生损伤的风险就大,反之产生损伤的风险就小。采用矩阵图的方式进行损伤分析(表10.5)。选择的阈值可根据具体需求商定。

表 10.5　技术损伤评价等级

		灵敏度				
		1	2	3	4	5
技术行为	1	1	1	2	3	4
	2	1	2	3	3	4
	3	2	3	4	4	4

10.4　确定分析对象及维修任务

10.4.1　确定分析对象

对于每个选定的特殊事件,确定产品分解结构中受影响的部分。对于每个选定的技术/损伤,识别产品分解结构中的受影响项目。对于上述识别出的分解结构中的每一个项目,分析其安装位置/设计,评估其对不同威胁的暴露程度(例如:根据结构零件安装位置来判断其受腐蚀的暴露程度。相对于很少暴露的密封舱,起落架舱中的零部件非常容易因暴露而被腐蚀),最终决定每个潜在易受损伤项目是否需要进一步研究。

10.4.2　危害度分析

开展危害度分析的目的是关注最重要的特殊事件和损伤,根据其在产品服役生命周期内的重要性来评估其危害度。需要考虑的因素包括:是否会降低安全水平;是否会降低可用性;是否会导致严重的所有权退化;是否会导致涂装退化。

10.4.3　维修任务需求分析

必须针对每一个重要候选项和事件分析维修需求,每次发生损伤后,进行探测、定位、测量或跟踪每个可能发生的损伤(如目视检查、无损检测);恢复部件的功能(如拆除和更换任务、修理任务、清洁任务)。

对维修任务类型和其应用的元素,进行简短总结或加标题。如果对于同一个对象需要进行多个维修任务时,每一行定义一个任务。相反,同一个维修任务可以处理多个对象或损伤典型的标准修理程序。

10.5　补充性分析及修订

在分析过程中发现分析机型的某些项目设计方案存在严重的不足时,应提交报告给分析机型的研发团队,建议对该项目更改设计方案。

触发 DSEA 分析的修订有两类:

(1)设计更改引发的修订;

(2)运营数据引发的修订。

如果设计更改或者飞机运营期间发现的问题导致 DSEA 分析需要更新,应对 DSEA 的报告和结果进行修订,并做好修订记录,跟踪修订措施的有效性。DSEA 修订流程如图 10.3 所示。表 10.6 为 DSEA 报告的建议形式。

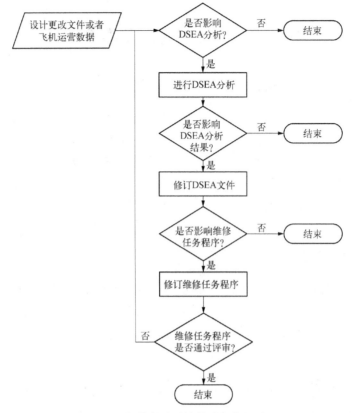

图 10.3 损伤与特殊事件分析修订流程

表 10.6 DSEA 分析表

特殊事件			特殊事件的识别							特殊事件涉及区域		
特殊事件发生概率												
序号	项目编号	项目名称	项目描述	项目故障类型	项目成熟度/项目故障敏感性	暴露等级	故障影响	维修任务 阶段一	维修任务 阶段二	维修任务号码	适用性	备注

填表说明：
"特殊事件"列,填写待分析的特殊事件;
"特殊事件的识别"列,填写特殊事件的识别方式;
"特殊事件涉及区域"列,填写特殊事件发生后涉及的区域;
"特殊事件发生概率"列,填写特殊事件的发生概率;
"序号"列,填写项目顺序编号"1,2,3…";
"项目编号"列,根据 ATA 章节填写维修任务项目的编号;
"项目名称"列,根据 ATA 章节填写维修任务项目的名称;
"项目描述"列,填写特殊事件导致故障的项目的工艺、技术、材料、功能等;
"项目故障类型"列,填写项目因特殊事件导致的故障;
"项目成熟度/项目故障敏感性"列,根据指标填写等级;
"暴露等级"列,根据分析结果确定项目的暴露等级指标;
"故障影响"列,填写项目的故障对飞机的影响;
"维修任务"列,填写项目的维修任务;
"维修任务号码"列,填写因特殊事件而产生的维修任务号码;
"适用性"列,填写适用的飞机型号;
"备注"列,填写其他需要说明的问题。

10.6 案 例 研 究

10.6.1 分析过程

在利用损伤和特殊事件分析逻辑对这些偶然事件进行分析时,首先要获取偶然事件的统计数据,包括概率、原因和对飞机的影响等。国际上的主要航空组织和各个国家的适航当局每年都会针对偶然事件做大量的统计工作,目的是为航空公司和飞机制造商开展偶然事件的研究和监控提供参考。CAAC 会发布《中国民航不安全事件统计分析报告》,公布统计数据、研究一段时间内偶然事件的发展趋势并提出参考意见,这些数据对确定偶然事件引起的维修任务有着重要的参考作用。

损伤和特殊事件分析中关于偶然事件的维修任务分析有明确的逻辑(图 10.4),并且明确地确定了 5 个分析步骤,具体如下。

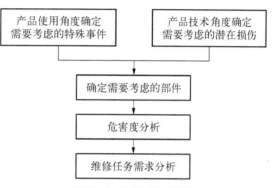

图 10.4 DSE 分析逻辑

(1)确定造成偶然事件的不同因素。在民用航空领域,造成偶然事件的因素通常分为两类: 可控因素和不可控因素。对于航空公司而言,不可控因素导致的偶然事件有鸟击事件、风切变事件、意外原因事件和天气事件;可控因素导致的偶然事件有机械故障事件和人为因素事件,如图 10.5 所示。

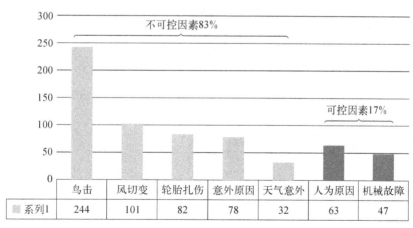

图 10.5 2015 年偶然事件的原因统计

(2)确定不同偶然事件发生时所处的不同阶段,并按照系统分支深入分析。

(3)确定不同阶段发生频率高的偶然事件的主要影响因素,目的是预防装备在全寿命周期内有可能发生的不安全事件。

(4)分析潜在的偶然事件的发生概率。

（5）将所有偶然事件分类汇总，并对其发生可能性进行评级。S3000L 中将其分为五个等级，按可能性排序依次为：极不可能、极小可能、偶然、相当可能、频繁发生。

偶然事件导致的维修活动一般分为三个步骤：第一步和第二步是为了确认损伤情况的必要检查任务；第三步则是确认损伤后的修理任务。

（1）部件/组件的一般检查，通常为一般目视检查，以及需要进行的清理任务，如鸟击后对机体的清洁任务。

（2）针对阶段 1 检查结果，发现损伤后进行的检查/检验，如详细目视检查、特殊详细目视检查、必要的系统操作检查和功能检查。

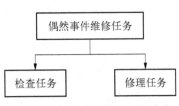

图 10.6　偶然事件维修任务分类

（3）针对 2 类结果，发现损伤后进行的部件/组件拆换任务和按照结构修理手册（structural repair manual, SRM）进行的修理任务。

因此，本书把偶然事件导致的维修活动分为两类：检查任务和发现损伤后的修理任务，如图 10.6 所示。

以飞机遭受鸟击为例子，鸟击事件发生后的维修活动主要分为三个阶段。

阶段 1：整体目视检查飞机表面蒙皮，找到鸟击发生后受损的区域。主要检查区域包括雷达罩、驾驶舱挡风玻璃及机身、机翼、尾翼等。

阶段 2：详细检查评估鸟击区域，确认损伤类型和数量。

阶段 3：发现损伤后，采取必要的修理措施对损伤进行修复。

同样的偶然事件维修活动分析逻辑也适用于重着陆、冰雹、雷击等其他非正常情况下飞行的偶然事件。这些偶然事件带来的维修活动同样分为三个阶段。

阶段 1：一般检查，针对主要的损坏和指示的远程损坏，主要为外部的。

阶段 2：较详细的检查，主要为内部，还包括拆除一些部件。

阶段 3：非常详细的检查，包括确定损伤及损伤修复。

如果该步骤没有发现损伤，则无须进行下一步骤。

例如重着陆后的主起落架检查，若一般目视检查发现损伤迹象，则需要对主起落架、轮轴和主外筒进行校准检查。若尺寸大于标准值，则进行相应的起落架拆卸检查和损伤修复。

10.6.2　偶然事件数据统计方法

1. 数理统计方法

由于偶然事件的不确定性，数理统计是研究偶然事件最好的方法之一，通过统计历史上某一地区或某一时间段内发生的偶然事件，运用统计方法对其加以分析，并借助图表方式反映分析结果，使人们了解偶然事件发生的趋势和分布规律，并对偶然事件有一个整体把握。同时，历年来统计积累的数据为相关方面的学术研究提供了宝贵的数据和材料。

2. 统计与分析工具

1）ACCESS

ACCESS 全称 Microsoft Office Access，是微软把数据库引擎的图形用户界面和软件开发工具结合在一起的一个数据库管理系统。它能够存取 Access/Jet、Microsoft SQL Server、Oracle（甲骨文软件公司），或者任务 ODBC 兼容数据库内的资料。

ACCESS 有强大的数据处理能力和统计分析能力，利用 ACCESS 的查询功能，可以方便地进行各类汇总、平均等，并可灵活设置统计的条件。例如在统计分析大量数据时速度快且操作方便，极大地提高了工作效率和工作能力。

在对 FAA 野生动物撞击数据库中的数据进行筛选时，可以在 ACCESS 数据库平台上用 SQL 语言进行处理。SQL 语言，即 Structured Query Language，结构化查询语言。这是一种特殊目的的编程语言，是一种数据库查询和程序设计语言，用于存取数据及查询、更新和管理关系数据库系统，允许用户在高层数据结构上工作，通常只需要一个简单的语句就能达到筛选数据的目的。

2）SPSS

在用 SQL 语言和 ACCESS 数据库平台对 FAA 野生动物撞击数据库中的数据进行挑选后，结果仍然有大量的数据需要进行数据分析，仅靠常用的 EXCEL 办公软件无法满足需求，因此本书选用专业、功能强大的数据分析软件——统计产品与服务解决方案（Statistical Product and Service Solutions，SPSS）。

SPSS 为 IBM 公司推出的一系列用于统计学分析运算、数据挖掘、预测分析和决策支持任务的软件产品及相关服务的总称。SPSS 界面友好且功能强大，被广泛地用于统计分析、统计绘图和报表统计等方面。

3）Matlab

Matlab 是美国 Mathwork 公司出品的商业数学软件，用于算法开发、数据可视化、数据分析及数据计算的高级技术计算语言和交互式环境，主要包括 Matlab 和 Simulink 两大部分。Matlab 可以进行矩阵运算、绘制函数和数据、实现算法、创建用户界面、连接其他编程语言的程序等，主要应用于工程计算、控制设计、信号处理与通讯、图像处理、信号检测、金融建模设计与分析等领域。

10.6.3　基于损伤与特殊事件分析的检查任务分析

偶然事件发生后，可能会造成一定程度的飞机结构损伤或系统功能失效，对飞机的持续适航性造成影响。因此，一旦发生或者可能发生偶然事件，必须对飞机进行视情检查和必要的修理活动。这些检查和修理任务是通过 DSEA 得到的，其中，检查任务汇总表见表 10.7。

表 10.7　偶然事件检查任务汇总表

序号	特殊事件	发生概率	航段事件	任务对象	任务类型	影响概率	接近时间	维修时间	参考报告

序号：流水号，1、2、3；
特殊事件：特殊事件名称，来自分析报告，如鸟击；
发生概率：特殊事件发生的概率，单位：次/飞行循环，来自分析报告，如 1.67×10^{-5} 次/飞行循环；
航段时间：特殊事件发生的飞行阶段持续的时间，来自分析报告，如爬升阶段 0.15 小时/飞行循环；
任务对象：阶段 1 任务的对象，来自分析报告，如机翼；

任务类型：阶段 1 任务的类型，来自分析报告，如 GVI；

影响概率：阶段 1 任务的对象受特殊事件影响的概率，如 43%；

接近时间：任务的接近时间，来自分析报告，如 0.01 小时；

维修时间：任务的维修时间，来自分析报告，如 0.15 小时；

参考报告：DSEA 报告，MTA 报告等，便于追溯。

10.6.4　鸟击事件分析

1. 事件概述

鸟击(bird strike)是指航空器起降或飞行过程中和鸟类、蝙蝠等飞行物相撞的事件,鸟击是一种突发性又是多发性的飞行事故,它的发生直接威胁机组人员和全体旅客的生命安全,轻则导致航班延误,重则造成飞机损毁,带来不可估计的经济损失。

2012 年 4 月,从重庆江北机场起飞的一架川航客机,在起飞十分钟后遭受鸟击,导致驾驶舱右挡风玻璃产生损伤。

2012 年 9 月,尼泊尔境内发生一起老鹰撞击飞机事件,最终导致飞机坠毁,19 人遇难。

2013 年 6 月,中国国际航空公司的一架 B-757 客机从成都双流机场起飞 20 分钟后遭受鸟击,导致飞机的雷达罩被撞击至凹陷,随后机组决定返航。

美国联邦航空局报告说,20 世纪 90 年代的十年间,空军的鸟击事件每年多达 3 000 起,导致的维修及其他成本达到 5 000 万美元,同时期美国民用航空业内发生的鸟击造成的损伤为 2.6 亿美元。基于全世界范围内服役的波音飞机统计数据,从 1994~1997 年总计发生 235 起鸟击事件,其中对飞机造成损坏的有 138 起,总计经济损失 1.3 亿美元。欧洲鸟击委员会通过多年鸟击事件统计研究,得出结论:欧洲每年约有 30 架飞机因鸟击而损坏发动机,直接经济损失 2 000 多万美元。鸟击事件造成了大量航班延误、旅客滞留、经济效益低、行业声誉差等问题。由此而引发的"多米诺骨牌效应"的恶性连锁,带来的间接经济损失更是远远超过了直接经济损失。

为了减少甚至避免鸟击事件的发生,许多国家都开展了专门针对鸟击事件的研究工作。一方面对鸟击事件统计数据进行分析,研究鸟击事件发生的规律,提出措施减少撞击;另一方面针对容易遭受鸟击的部件,如风挡、发动机等,研究其强度、结构、性能,建立抗鸟击设计准则。国际民航组织(International Civil Aviation Organization, ICAO)专门建立了鸟击信息收集系统,专门针对鸟击事件收集数据,并对数据整理和分类,进而分析研究这些数据。美国军方也成立了飞行器鸟击维修工作组(Bird Aircraft Strike Hazard Team),对鸟击事件进行统计分析,提出防撞措施。欧洲各国共同成立了欧洲鸟击委员会(Bird Strike Committee of Europe),统一收集整理鸟击数据,并详细分析研究这些数据,定期举行会议分享和交流研究成果,对预防鸟撞方面的设计改进产生了极大的积极作用。2003 年,CAAC 正式启用中国民航机场鸟击信息系统,该系统包括 3 个子系统,分别是鸟类识别系统、鸟击报告与分析系统、鸟情信息系统,重点进行机场附近鸟类识别、鸟击报告收集与整理,并承担着向机场和航空公司分享资料,发送简报和规章等功能。

2. 鸟击事件维修活动分析

鸟击事件发生后必然导致相应的检查和修理任务,鸟击事件的修理程序见图 10.7。

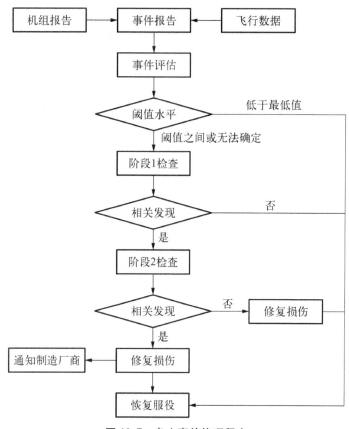

图 10.7　鸟击事件修理程序

根据 DSEA,鸟击事件发生后的阶段 1 检查任务主要是:必须对飞机表面进行整体检查,找到鸟击发生后受损的区域。实际鸟击检查程序主要分为三个步骤。

第一步:绕机检查所有飞机外表面,目的是发现鸟击痕迹和损伤(如果第一步未发现鸟击痕迹,则不必做其他步骤,飞机可以恢复运行)。

第二步:清洁鸟击痕迹。

第三步:检查发现的受影响区域。

例如,在绕机检查时发现左风挡和左发风扇有鸟击痕迹,则再进行第二、三步,清理鸟击痕迹并检查前部机身和左发/短舱。

3. 鸟击数据采集

1)数据来源

统计一段时间内发生的历史偶然事件,首先是确定完整的事件集,资料来源必须充分,不能东拼西凑。近年来,随着互联网的高速发展,信息传播广泛且快速。某些偶然事件的事故信息可以第一时间在网络上搜索得到。但是,这种方法是不科学的,容易漏掉一些事故资料,导致分析结果不可靠。因此,分析的数据来源应来源于完整可靠的数据库。

案例的数据来源主要有以下两个方面。

(1) 鸟击航空器信息分析报告。中国民航科学技术研究院建立"民航鸟击信息网",为我国民航鸟情数据的共享搭建平台并积累数据,进而为民航预防鸟击,增强飞机防撞性能,研制机载驱鸟设备等提供建议和措施。该报告根据鸟击信息数据,对由各机场、航空公司、空管部门和航空器维修部门等单位和部门提交的鸟击信息进行统计分析。

根据该报告,2006~2015年中国民航鸟击信息统计见表10.8。

表 10.8　鸟击信息统计

年　份	数　量		万架次率		事故征候占鸟击总数的百分比
	鸟　击	事故征候	鸟　击	事故征候	
2006	217	45	0.622	0.129	20.74%
2007	326	50	0.827	0.127	15.34%
2008	432	46	1.022	0.109	10.65%
2009	733	72	1.514	0.149	9.82%
2010	971	109	1.756	0.197	11.23%
2011	1 538	127	2.572	0.212	8.26%
2012	2 603	144	3.942	0.218	5.53%
2013	3 124	160	4.270	0.219	5.12%
2014	3 375	137	4.254	0.236	5.54%
2015	3 816	185	4.455	0.216	4.85%

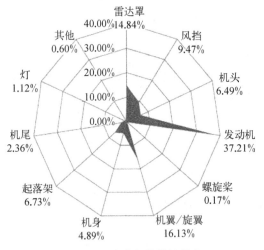

图 10.8　鸟击部位统计信息

2015 年主要的鸟击部位见图 10.8。

(2) FAA 野生动物撞击数据库。美国 FAA 野生动物撞击数据库收集整理了全美范围内的野生动物撞击信息,总共收集了 1990~2017 年间总计 178 665(包括军用和民用)条美国野生动物撞击信息,如图 10.9 所示,并且信息全部来自一线员工(机务人员、飞行员、机场、航空公司)的主动报告,每条撞击信息包括撞击时间、地点、事发的飞行阶段、飞行速度和高度、撞击的机身部位和损伤程度、撞击物种的大小、数量和种类等总计 108 个记录项目,从而能够为使用者提供完整和可靠的官方信息。

2) 概率分析

选取 2015 年鸟击数据作为案例数据,鸟击后检查任务汇总表见表 10.9。

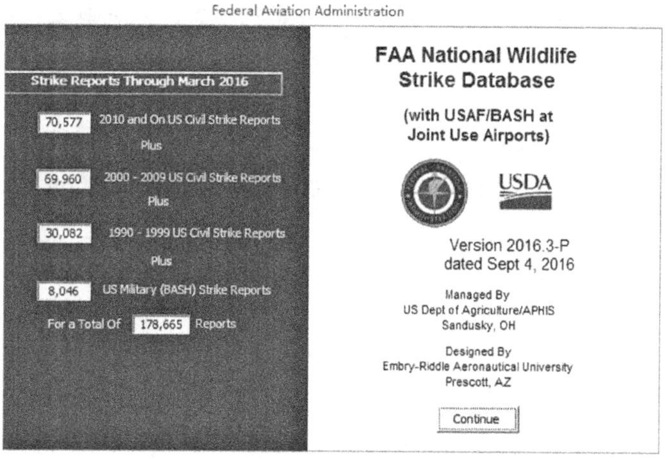

图 10.9　FAA 野生动物撞击数据库封面

表 10.9　鸟击检查任务数据汇总

序　号	任务对象	任务类型	影响比率	接近时间/h	维修时间/h
1	灯	GVI	1.12%	0	0.15
2	机尾	GVI	2.36%	0	0.6
3	起落架	GVI	6.73%	0	0.6
4	机身	GVI	4.89%	0	1.2
5	机翼	GVI	16.13%	0	1.2
6	机头	GVI	6.49%	0	0.5
7	风挡	GVI	9.47%	0	0.24
8	雷达罩	GVI	14.84%	0	0.15
9	发动机	GVI	37.21%	0	0.6
10	其他	GVI	0.76%	0	0.3

其中,假设平均航段时间(average leg time，ALT)为 2 小时,2015 年鸟击发生概率 $p=4.455\times10^{-5}$。

思　考　题

(1) 请简述 DSEA 的分析程序。

(2) 列举出几个特殊事件,并说明其原因类型。

民航故事——不容忽视的飞机轮胎

摘自

《了不起的中国制造》

出版社:清华大学出版社

本节作者:陈俊宇

出版时间:2018.12

　　2017 年 11 月 10 日中午 11 点 38 分,中国自主研制的国产大型客机 C919 从上海浦东起飞,成功转场至西安阎良,顺利完成第一次城际"远行"。提到飞机,不知道大家有没有想过这样一个问题:一架飞机有几十万吨重,仅靠几个轮子能承受得住吗?飞机轮胎究竟有什么特殊之处?本文就带大家来了解相关的内容。

　　航空轮胎从制造工艺上分为斜交轮胎和子午线轮胎。目前,中国总的机队保有量近8 500 架,轮胎总需求达 43.12 万条。具体到民航领域,截至 2016 年底,中国飞机在册架数 2 950 架,比 2015 年底增加 300 架,飞机数量多年保持快速增长趋势,2020 年飞机轮胎总需求有望突破 63 万条,其中子午线与斜纹轮胎需求将分别达 11.41 万条、51.91 万条。

　　目前中国民用、通用航空业每年消耗的航空轮胎大部分由国外公司提供,进口民用飞机的航空轮胎国产化率不到 5%,不过,一个好消息是,当下已经有少部分轮胎开始由本土企业提供,而在军用航空领域,为了摆脱受制于人的局面,实现航空轮胎的国产化也具有十分重要的战略意义。

　　不过,航空轮胎行业的核心技术长期掌握在少数的大公司手中,再加上市场容量有限、对安全和技术的要求十分苛刻,准入门槛也十分高,要进入这一具有极高利润、极高战略意义的行业并不容易。

　　数十吨的飞机以 300~400 km/h 的速度起飞、200 km/h 以上的速度着陆,还会以45 千米每小时左右的速度滑行,飞机重量加上对地面的撞击力,每平方厘米的轮胎胶面就要承受近千牛顿的压力。此外,飞机轮胎还需要经受万米高空 -60℃~ -50℃、减速刹车150℃ 的温度急剧变化,因此,航空轮胎必须特别耐冲击、耐刺扎、耐温升。

　　2000 年 7 月 25 日,法航一架编号 F-BTSC 的协和超音速客机发生空难,调查发现就是飞机起飞滑跑时爆胎,轮胎的碎片击穿了飞机的油箱引发的惨剧,这也促使航空业界提出"制造抗外物致损的轮胎"。

　　和斜交轮胎相比,航空子午线轮胎能够满足抗外物致损的要求,能够经受住飞机高速起飞产生的强大离心力和着陆接地瞬间的巨大冲击力,因此是未来的主流规格。近些年来,中国在航空轮胎的研制上取得了不小的成绩。2008 年,中国成功研制子午线航空轮胎,打破了西方发达国家对这一技术长达 28 年的垄断,使中国成为继法、美、日、英后世界上第 5 个有能力研发、制造和试验航空子午线轮胎的国家。

　　目前,中国研制的子午线轮胎已有 3 个规格实现批量生产,配套国产第三、四代战机和大型运输机。

　　2015 年,中国自主研制的军用航空轮胎试用成功,打破了中国航空高端用胎长期依赖进口的局面,战略意义尤为深远。

　　在航空轮胎这个高技术含量、高利润的领域,中国开始有了自己的力量,国产子午线航空轮胎的研制成功,为保证中国先进飞机研制和国防建设需要奠定了坚实的技术基础。

　　航空轮胎就如飞机的双脚,是飞机起飞、降落和滑行过程中唯一接地的部件。中国成功攻克航空轮胎中子午线航空轮胎制造这一尖端技术,对于未来有效提高中国国产大飞机航空轮胎的速度性、安全性等综合性能指标具有重要意义。

第 11 章
维修任务分析

本章主要介绍维修任务分析的概念、目的、流程和主要环节,并结合具体案例介绍任务资源需求与配置的分析方法。

学习要点:

(1) 掌握维修任务分析的定义、分析目的、工作流程和主要环节;

(2) 了解任务资源需求与配置的影响因素及分析方法。

提高资源配置效率是实现高质量发展的重要动力源泉。我国第一颗原子弹研制工程是我国历史上第一个在国家层面组织的重大科技工程,也是在全国范围内资源优化、集中力量办大事的光辉成就。重大科技攻关具有复杂性和高度综合性,仅靠一个部门、一个单位很难完成任务,需要在党的统一领导下,全国一盘棋,大力协同,集智攻关。当前,我国面临的国际环境更为复杂,特别是随着我国科技发展逐步接近世界前沿,西方主要发达国家的高科技技术一直对我们封锁,一些重大核心技术和关键装备买不来、求不来。在这种情况下,我们必须坚持集中力量办大事的机制,采取人力、财力、物力等资源集中配置的方式,发挥各方力量,推动核心科技不断迈上新水平。

重大科技攻关如此,民用飞机维修资源优化亦需如此。维修资源包括维修人员、工装设备、航材储备等方方面面内容。维修资源优化配置的本质是一个资源优化的决策过程,可以采用系统的决策理论,综合运用运筹学、工程经济学等科学理论,进行维修资源配置的优化决策研究。维修资源是维修保障系统的重要组成部分,是维修保障的物质基础,科学地配置民用飞机的维修资源,不仅可以提高民用飞机的保障能力,还可以有效降低民用飞机的维修保障费用,并提高利用率。而确定维修保障资源需求的主要途径正是维修任务分析(MTA),由此可见维修任务分析的重要性。

维修任务分析是维修工程分析过程中工作量最大、成本最高的一项分析活动。维修工程分析的目标是获取维修工作类型、维修级别、维修间隔期等维修方案和计划。维修任务分析是维修工程分析的核心内容,其输出结果也是其他分析项目的基础,可以确定维修任务的子任务和步骤,以及所需要的全部资源。维修任务分配表作为维修任务分析各项结果的汇总表,可用于确定各项维修保障工作所需资源要求。

11.1　概　　述

民用飞机维修的目标是在保证飞行安全的前提下,提高民用飞机的运营可靠性和可用性,降低维修相关费用。S3000L《后勤保障分析国际程序规范》是由欧洲航空航天与防务工业协会制定的后勤保障分析规范,其目标是提高系统和设备的保障性及派遣可靠度、优化寿命周期费用与保障资源,以达到费用、进度、性能与保障性之间的最佳平衡。大多国际主流机型制造商(包括波音、空客、庞巴迪等)已将 S3000L 标准纳入其主流机型的研制环节中,作为影响飞机维修性、可靠性、测试性设计的必要手段。S3000L 标准中与维修相关的分析活动共有六个,包括计划维修分析、后勤保障相关故障模式影响分析(LSA FMEA)、损伤与特殊事件分析、保障相关使用任务分析、修理级别分析和维修任务分析。航空业内将这六个与维修相关的分析活动统称为维修工程分析。

维修任务分析是指对飞机及其设备、部件的每一个维修任务(包括计划维修任务和非计划维修任务)进行详细分析,以确定飞机维修任务的具体执行程序,以及执行该任务所需的所有维修资源(包括备件、消耗品、支援设备、人员、设施和任务持续时间等),并从维修性、经济性的角度对飞机设计提出优化建议。

维修任务分析是维修性与维修工程工作的深入结合点,对于保证和优化飞机产品的设计水平和维修性设计指标、制定科学合理的维修大纲,以及技术出版物的编制和地面支援设备、维修工具和测试设备的研制都有着重要的支持作用,是民用飞机型号研制中维修性和维修工程分析的重要工作。维修任务分析是维修工程分析过程中工作量最大、成本最高的一项分析活动,但正确的维修任务分析是确定维修保障资源需求的唯一准确途径,如果没有进行 MTA 工作,那么在飞机全寿命周期内,因维修资源的错误使用、必要资源的短缺等问题所引起的费用将是 MTA 分析成本的数倍。

维修任务分析需要借助于飞机各系统、结构的设计图样、数字样机、工程模型甚至是完整的实体样机等进行详细的分析。通过对维修工作的分析和优化来检查设计方案,同时为维修保障资源的设计提供数据输入,包括以下几个方面:

(1) 通过分析,计算出执行维修任务所需的时间消耗(人工时,维修耗时);

(2) 分析出完成维修工作所需要的人员及其技能要求;

(3) 为其他分析工作(飞机维修成本分析、运行可靠性分析等)提供所需的数据输入;

(4) 对设计的维修性定量要求目标值(如维修时间/DMC 目标值)进行检验和修正;

(5) 向技术出版物提供原始数据,包括子任务的划分和基本工作流程;

(6) 对地面支援设备、维修工具和测试设备进行验证;

(7) 完成维修任务过程中对备件、消耗品和润滑剂等材料的需求数据分析;

(8) 通过分析对飞机及其系统设备维修性设计进行评价和验证,从而将设计上的不足反馈给设计人员。

维修任务分析并不是一个孤立的工作项目,而是贯穿在整个飞机设计、研制和生产阶段,与整个型号研制的工作相结合。维修任务分析工作的开展,需要与飞机设计研制过程中的其他工作相互协调、衔接、互动,不断迭代,最终达到优化飞机设计和维修保障方案的目的。

11.2　维修任务分析流程

　　维修任务分析是 S3000L 标准中最重要的分析活动之一,其分析结果的正确性与合理性直接影响飞机交付后的产品支援和服务工作。MTA 分析流程如图 11.1 所示。维修任务分析工作可分为维修任务确定与维修保障资源确定两大部分,其中维修任务确定包括维修任务识别及合并、维修任务编号索引建立、维修任务结构创建等工作,维修保障资源确定则包括任务资源需求分析、任务持续时间确定、维修保障资源汇总等工作。识别并整理维修任务是维修任务分析工作的前提。维修任务合并后,需要按照 S1000D 标准给出的数据模块编号规则建立维修任务编号索引。对每一项维修任务开展维修作业分解,针对每一项维修作业确定其所需的工具、设备、设施、备件、耗材及维修人员需求,并评估完成维修任务所需的维修时间,最后汇总形成飞机维修保障资源初始清单。

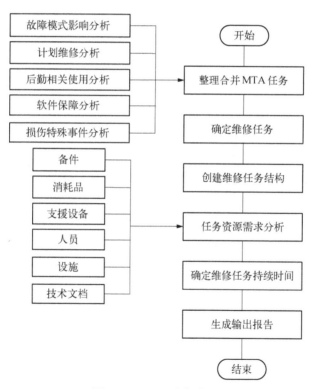

图 11.1　MTA 分析流程

11.2.1　维修任务确定

　　维修任务分析的任务来源主要包括所有部附件和 LRU 的检查、更换、保养、排故、测试、软件数据加载及其他维修和保障任务。因为任何被定义为必要的维修任务或保障活动都将在飞机全寿命周期内产生相应的工作量和成本,所以在飞机研制的前期就必须对这些任务的来源进行充分的考虑。这些任务通常包括 MSG-3 分析得出的计划维修任务、维修故障模式失效影响分析(LSA FMEA)得出的修复性维修任务、后勤保障相关的使用分析(LROA)得出的使用任务、损伤和特殊事件分析(DSEA)得出的损伤和特殊事件任务等,这些任务将作为开展维修任务分析的输入。

尽管理论上所有维修任务都应该分析,但在实际操作中,可根据维修任务对直接维修成本和运行可靠性影响的大小,对所分析的任务进行不同优先级考虑。例如下面所列出的是一个推荐顺序,排在前面的任务在开展维修任务分析时应该被优先分析。

(1) 不允许放行类(No-Go)项目包括 MMEL 项目和签派关键(dispatch critical)项目;

(2) 有条件放行类(Go-If)项目包括主最低设备清单中允许条件放行的维修项目;

(3) 为完成以上项目而必需的工作(如"打开起落架舱门");

(4) 与完成以上项目相关的勤务或测试;

(5) 重要的维修性、可靠性和安全性任务;

(6) 其他拆装任务;

(7) 计划维修任务包括 MRBR 和 MPD 中所列出的维修任务,还包括适航相关的计划维修任务,如审定维修要求(CMR)等。

需要说明的是,在实际分析中,对于简单的、不影响签派而且预计耗时明显少于飞机过站时间(如 30 min)的任务,可以将其忽略而不作分析。

由于 MTA 的输入数据来自 LSA FMEA、DSEA、SMA、LROA 和软件保障分析,因此首先需对来自这五个分析活动的数据进行收集整理,并形成统一的数据格式以便于进行信息比对和 MTA 任务合并。一般而言,LSA FMEA 产生的任务约占总任务的 50%,MSG-3 任务约占总任务的 45%,其他分析活动产生的任务占 5% 左右。由于不同的分析活动,如 MSG-3 和 LSA FMEA,可能产生相同的维修任务。另外,同一个分析活动,也可能产生相同的维修任务。在 MTA 任务清单中,相同的维修任务将作为一个分析对象,只出现一次。因此,在 MTA 开始之前,对相同的维修任务整合很有必要,可以避免大量的重复分析工作。

维修任务合并的原则如下。

(1) 两个或多个维修任务具备相同的操作和相同的操作对象,并且适用性相同,即可合并。例如对于"主起落架机轮和轮胎-更换",若有两个或多个都是针对"主起落架机轮和轮胎"进行"更换"的分析任务,且这些任务适用性的范围一致,则这些 MTA 任务就可以合并。

(2) 即使维修类型不同,但操作程序完全相同,也可以合并。例如,由于硬着陆事件导致的修复性维修任务"主机轮的详细检查"和 MSG-3 分析产生的预防性维修任务"定期详细检查主机轮",尽管维修类型不同,但从维修资源需求的角度考虑,都是针对同一个对象"主机轮"进行同样的操作"详细检查",任务执行的操作步骤完全一致,任务可以合并。

(3) 区域检查中的 GVI(一般目视检查)任务,因其区域内检查对象的不确定性,一般不纳入 MTA 分析范畴。

维修任务频率是维修活动的重要参数之一。一个维修任务在一年内的执行频率对于保障资源的需求起着非常重要的作用。因此合并以后的维修任务还需计算其频率。若一个维修任务有多个任务来源，则其任务频率是各个来源任务频率之和。对于损伤与特殊事件引起的维修任务，由于其频率通常很低，在任务合并时对最终该任务总的频率值影响很小。因此，对于这一类任务，更重要的是定义其特殊的任务资源需求，而不是计算任务频率。

为了维修任务检索的方便，也为了给技术出版物的编制提供依据，通常需要给维修任务赋予一个唯一的任务编号。依据 S1000D 标准数据模块编码规则，MTA 分析可采用 18 位数字字母组合的任务编号，编号包括：

（1）三位型号识别码：用于标识当前数据模块所描述型号的项目代码；

（2）一位系统差异码：用于标识飞机系统级构型差异的代码；

（3）六位系统划分码：用于描述系统层次划分的编码，旨在能够清晰地表示数据模块描述对象在整个飞机结构树中的具体层次位置以及与上下级的隶属关系；

（4）两位分解码：表示部件或组件的分解状态，作为部件编码的下一层次编码；

（5）一位分解差异码：用于识别相同子系统或部件下面的不同设备和组件；

（6）三位信息码：用来描述维修信息的编码，S1000D 标准中给出了详细的分类；

（7）一位信息差异码：用于部件和操作类型相同的不同数据模块；

（8）一位位置码：表示完成维修任务所处的位置和场所，S1000D 标准给出的位置码有：A 表示原位、B 表示离位、C 表示在试验台架上、D 表示以上 3 种、T 表示培训模块。

维修任务应包含完成该任务所必须的全部信息，包括用到的工具/GSE、消耗品、参考的其他任务信息、航材备件、任务程序和步骤、安全注意事项等。为了清晰地描述一个维修任务，通常将上述信息分成几个部分进行描述，也就形成了所谓的维修任务结构。针对已确定并建立了维修任务编号的维修任务，需按照执行维修活动的逻辑步骤进行维修作业分解。作业分解工作量大，是整个维修任务分析的重要内容，也是确定维修保障资源需求的重要前提条件。在维修作业的分解过程中可以捕获所需的全部维修保障资源。

11.2.2　任务资源确定

维修任务保障资源确定是指创建维修任务结构后，作业分解的同时，对所需的各项维修保障资源进行分析和判断。确定维修保障资源是维修任务分析的核心，也是整个分析技术的关键及难点所在。分析人员除了需具备丰富的维修保障经验和工程设计经验，还需要收集大量的分析输入资料，主要的分析输入资料有：相似机型的维修经验；机场和维修单位的日常操作经验；系统供应商提供的维修数据；维修策略；外场使用和维修数据；试验测试数据；人员因素标准；维修性报告；测试性报告；可靠性报告；航材备件价格；安全性评估报告；经济性报告；航空公司维修方案；危险品、易腐蚀性物品等耗材；运输、储存、包装、处置标准和要求。

任务资源需求分析的目的是确定执行维修任务所需要的资源，并通过资源优化降低相应的成本。对于一个机型来说，最大限度地利用现有资源、减少对新资源的需求是非常重要的,因此在任务资源汇总和合并的过程中应尽可能地考虑相似机型的现有资源,并尽量减少新的特殊资源需求。任务资源需求分析包括定性分析和定量分析。定性分析主要是确定所需维修资源的种类,定量分析主要是确定所需维修资源的数量。分析人员首先需要准备初始维修资源清单,内容通常包括备件、消耗件、保障设备、人员、设施、技术出版物等,然后针对每个任务,确定相应的资源需求。一个系统所有任务的维修资源一旦确定,则需要从定性和定量的角度将相同的资源进行汇总。最后按照自下而上的原则,在系统级和整机级对相同的维修资源需求进行合并,以降低成本。

任务资源需求分析是MTA中的关键环节,需要对人员、备件、工具/支援设备、特殊设备/设施、支援设备软件、消耗品和技术出版物等资源做出规划,对维修工作的成本具有显著影响。

为了对人员和保障设备的使用率有一个全局了解,就需要任务时间信息,包括平均任务时长(mission elapsed time,MET)和人员工作时长(简称工时)。MET指整个任务的时长,可以通过子任务和引用保障任务的总时间来计算。工时指的是维修人员执行工作任务时长的总和,若有多人在一个子任务中进行相似工作,必须汇总不同技术等级人员的劳动时间。为了提高工作效率、降低成本,特别针对一些包含很多子任务的复杂维修任务,可能由不同工作人员执行不同的子任务,此时应该考虑同时进行多项工作的可能性。并行任务必然会对整个维修任务的MET、保障设备和人员的需求等产生影响。

完成MTA的主要分析工作后,需要将分析结果整理成统一的输出报告,作为后续飞机维修手册的编制、工具设备的研制等保障工作的基础和依据。

MTA中分析的任务根据零件/组件的不同可归纳为几类,如表11.1所示。

表11.1 不同设备类型的MTA范围

设备类型	维修等级	描　述
不可修理	无	仅描述更换任务
	原厂修理	仅描述更换任务; 不需要修理任务的详细描述
可修理	客户机库	可以指定客户级别修理;对于这些项目,可以描述更换任务和修理程序,应明确定义支持维修活动的技术文档等级
	客户运营现场	设备/零件可以在客户级别运营现场修理;对于这些项目,可以描述更换任务和修理程序,应明确定义支持维修活动的技术文档等级

民用飞机的MTA应包括所有的维修类型。

(1)预防性维修:用于防止危险失效发生的维修活动,在计划维修分析活动中进行分析(对商用飞机而言,通常采用MSG-3方法进行分析)。活动确定预防性维修任务主要考虑安全相关因素(最重要)、经济性因素、环境和生态因素这三个方面。

(2)纠正性维修:用于将故障/失效的项目重置/恢复到能完全实现其功能的状态。

(3)运营要求导致的维修:并不由失效或损伤引起,也不是计划维修的一部分,主要与飞机的运营相关,在 LROA 里进行分析。

以某型飞机绕机检查工作为例,整理合并形成检查任务,检查目标包括静压孔探头、天线、放电刷及轮胎、舱门等物体,检查目标的数据信息如表 11.2 所示,其中,x_j、y_j、z_j 表示检查目标物体所在位置的区域边界点或内部点坐标,α 表示观察要求的可视角度。

表 11.2　检查目标数据信息

序号	x_j/mm	y_j/mm	z_j/mm	α/(°)	件　号
1	1 700	1 550	3 000	15	7DA3
2	1 700	1 550	3 300	15	7DA3
⋮	⋮	⋮	⋮	⋮	⋮
441	500	32 766	5 240	30	4RC3
442	−500	32 766	5 240	30	4RC3

绕机检查任务工作区域大,作业时间有限,为保障工作质量和效率,需要规划检查路径、设计检查站位。为使检查人员看清目标,站位必须靠近飞机;而要使人员看到更多表面区域,则需要尽可能远离飞机、扩大视野范围,因此站位选择时需考虑目标的可视性,使视野效果最大化。此外,为了保障航班正点,必须提高检查效率,不能在检查路径中浪费时间,因此在满足检查全部目标的需求下,应尽可能缩短检查路径、减少站位数目,以缩短检查时间。检查站位的设计可以在分析检查目标数据信息的基础上,结合工作人员的身高、眼高均值以及人员活动范围,建立合适的约束条件,使用粒子群等算法进行求解。如图 11.2 所示是一个站位计算结果实例,图中每一个黑色正方形代表一个站位,多个站位可能重叠在一个区域范围内,表明该区域为重点观察区域。

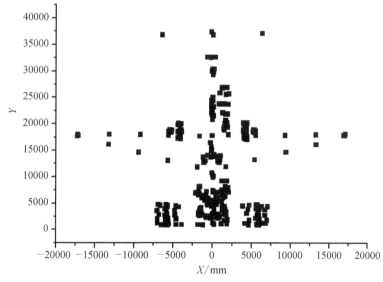

图 11.2　站位结果分布图

结合计算结果与实际工程观察经验,可以确定人员实际检查任务中需要停留的站位,如图 11.3 所示,其中每一个圆圈的圆心都在平面坐标系上有一个相应的坐标。

图 11.3　绕机检查站位分布图

11.3　维修任务资源配置

11.3.1　支援设备配置

由于航线维修实际上是维修人员使用设备更换掉损坏的航材,维修工作的主体是人,因此可以默认支援设备的排队方式与维修人员是相同的,因此航线维修支援设备的排队方式如图 11.4 所示。

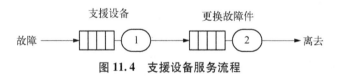

图 11.4　支援设备服务流程

对航线维修支援设备配置排队系统做如下定义。

(1)顾客的来源:当维修任务多于支援设备的数量时,维修任务到达后需要等待上一个任务的完成,由于维修任务的来源具有多样性,而且每天的任务数量具有不确定性,为了方便研究,假定顾客的来源是无限的。

(2)顾客输入方式:假定顾客的到达随机且相互独立,顾客输入为泊松流。

(3)排队规则:维修任务到达后,如果所有的服务台都被占用,根据航线维修的特点,飞机会在机坪等待之前的任务完成,不会因服务台被占用而离开。对于航空公司来说,所有航班的重要等级是一样的,因此维修任务的优先级也是一样的,因此不存在后到先服务的原则。因此排队规则是等待制,而且服务台服务顾客服从先到先服务的规则。

(4)服务方式:假设支援设备维修时间服从负指数分布。

(5)服务机构:假设所有支援设备的维修能力相同。

因此,航线维修任务支援设备配置可用排队模型表示。通过基本的排队论模型只能够确定航线维修系统达到稳态时的最小支援设备的数量,但是最小的设备数量在实际应用中并不一定是最优的。如果支援设备太少,会造成航班延误,虽然减少了设备的管理费用,但增加了飞机的停场损失;如果支援设备太多,虽然会减少飞机停场损失,但是会增加设备的管理费用。因此要权衡两者之间的关系,确定最优的支援设备数量。航线维修任务中的支援设备数量的优化,是指在保证有较高的使用可用度的前提下,通过合理配置支援设备的数量,提高航线维修任务中的支援设备的利用率,降低维修费用,减少维修时间。

航线维修任务的维修费用来自两个方面,一是服务台的费用,即维修设备的费用率;二是维修任务在排队系统逗留付出的费用,即飞机停场费用。为了在保证维修效率的同时,使飞机具有较高的可用度,可采用多目标优化的方法,综合考虑航线维修中的维修成本、维修时间及可用度来优化支援设备的数量,建立航线维修支援设备配置多目标模型。

11.3.2 人员配置

把绕机检查工卡作为一项检查任务,包含诸多工位,彼此相距较远,工位之间存在着折返的路径。通过人为因素分析,发现时间紧迫性和绕机区域的大小是导致机务发生漏检最重要的两项人为因素。因此,对维修任务进行重新组织安排,主要降低这两项人为因素的影响。

减少检查区域的范围,在保证维修任务不减少的同时,就需要拆分工卡。同时,为了避免时间压力,就需要尽量缩短检查任务时间,因此需要将两部分工卡内容中的工位尽量集中。设计两种检查方案,一种是由一人按照某一种顺序完成全部站位点子任务,另一种是将全部站位点分成两部分,分别由两个人员共同完成。为此,需要设计一张拆分工卡,将原来的工卡拆分成两部分,如表 11.3 所示。

表 11.3 拆分后工卡任务表

| 顺序 | 工 卡 一 | | 工 卡 二 | |
	站位	任 务 描 述	站位	任 务 描 述
1	站位 2	检查总温传感器、采样孔、固定螺钉	站位 5	进入驾驶舱,与机组交接飞机
2	站位 1	检查雷达罩、导电条、雷达罩锁扣	站位 6	下飞机,检查前起落架
⋮	⋮	⋮	⋮	⋮
14	站位 9	检查舱门是否关闭	站位 22	检查右侧主起落架
⋮	⋮	⋮	N/A	N/A
19	站位 23	检查襟翼是否损伤	N/A	N/A
20	站位 27	检查放电刷是否脱落	N/A	N/A

工卡拆分后维修任务的执行方式,当某位维修人员完成他对应的检查任务后,根据飞机在停机坪上必须留人监护的原则,他原地等待其他维修人员接班,等新来的人员执行他

的检查任务后,已经完成检查任务的人员自动寻找等待他接班的下一个检查任务。

人员分组方案的制定可以在人为因素影响分析的基础上进行。假设维修任务分布的地点足够分散。缩小检查区域就可以降低人员转移成本,因此设计对比方案,车辆只在小范围内转移。把车辆固定在一个区域,人员就需要分组配置。区域大小决定了人员转移成本,区域越大转移成本越高。

以绕机检查任务为例,影响人为因素成本包括时间压力、疲劳、不良程序等因素,同时这些因素又受全天不同时段的影响,例如,时间压力在任务高峰期、维修人员交接班、用餐时间占比较高;疲劳在早晨上班开始时刻占比较高。因此在操作后果费用中选择费用上限来表示人为因素占比。

通过对人为因素分析,可以定义四种成本:操作成本、人为因素成本、人员转移成本、人员休息成本,四种成本均可用相应的公式进行表示:

$$C_i^o = c_i^o q_i (t_e - t_s) \tag{11.1}$$

其中,C_i^o 表示 i 人员操作成本;c_i^o 表示操作成本系数;q_i 表示人员资质系数;t_s 表示操作开始时间;t_e 表示操作结束时间。

$$C_i^w = \sum_{r=1}^{n} c_{ir}^w p_r (t_{s2} - t_e) \tag{11.2}$$

其中,C_i^w 表示 i 人为因素成本;c_{ir}^w 表示操作成本系数;p_r 表示第 r 种人为因素重要性占比,计算方法为操作后果影响价格与维修任务总成本之比;t_{s2} 表示新的一项操作开始时间;t_e 表示上一项操作结束时间。

$$C_i^t = c_i^t k_m \tag{11.3}$$

其中,C_i^t 表示 i 人员转移成本;c_i^t 表示操作成本系数;k_m 表示从 i 人员所在地转移至下一个维修任务地点的里程数。

$$C_i^b = c_i^b (k_m + 2k_b) \tag{11.4}$$

其中,C_i^b 表示 i 人员等待疲劳成本;c_i^b 表示操作成本系数;k_m 表示从 i 人员所在地转移至下一个维修任务地点的里程数;k_b 表示从 i 人员所在地结束任务返回休息地点的里程数。人员分组的含义,本质是指将人员和资源数量进行匹配,通过建立人员调配与成本的量化关系,即可开展相应计算,给出人员调度的优化方案。

人为因素成本与维修等待时间有关。当全部任务按照预定时刻进出港,则维修等待时间是在任务开始之前就可以预知的。然而在实际运营过程中,飞机难免出现延误,增加了不可预计的维修等待成本,按照传统的维修任务安排方式,飞机延误时,维修人员必须选择等待。为降低人为因素成本,维修任务分组应在尽可能缩短维修任务工时、降低任务完成时间压力的同时考虑等待疲劳成本。当人员的等待疲劳成本大于人员转移成本之时,安排人员替代完成工作,接替的人员和已经离开的人员同时进入新的工作,开始计算检查工作成本。

同样的任务,不同资源的赋予和不同的执行方式会影响操作表现的可靠性。影响因素是多方面的,如在检查任务执行过程中,人员长时间工作会产生疲劳,一方面是由于能量的消耗和姿态的舒适性,其他原因还包括等待时间的长短、任务完成规定时刻带来的时间压力、环境的温度和噪声等。以绕机检查中目视检查操作为例,影响因素主要包括检查人员的个人因素、检查方法因素、使用设备因素、组织因素、视觉信息因素、精神疲劳、视觉疲劳等。对众多因素进行细化并建立模型,结合绕机检查任务的特点进行扩展,并以各项细节因素对整体检查工作表现的影响为基础,改进绕机检查可靠性模型,可用于分析不同任务安排方式下任务完成可靠性。

11.3.3 航材库存配置

航材可分为周转件与消耗件,可修性航材并不像消耗件那样具有固定的替换周期性,而且可修件故障的发生有较大的随机性,这都会影响可修件的库存配置。

对航线维修任务中可修件的周转做以下假设:当飞机故障后,从库存中调取航材进行替换,同时对换下的故障件进行维修,修理完后将完好的航材放入库存待用。从上述假设中可以看出航线维修中航材可修件的运转流程符合排队论中的模型,故以排队论为基础建立航材的配置模型。假设某公司共有 $m+N$ 个航材,其中 m 个在正常运行,N 个在库存中,同时有 n 个维修台对损坏的航材进行维修,航线维修航材可修件的运转流程如图 11.5 所示,从图中可以看出,该排队系统分为三个阶段:运行、维修、库存。这三个阶段是相互串联在一起的,并且部件始终在该排队网络中循环。

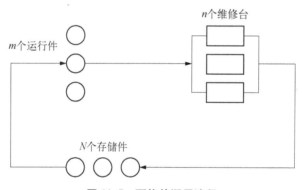

图 11.5 可修件调用流程

对于航材可修件来说,它的工作状态是经常变化的,作为工作件装配于民用飞机上时处于运行状态;发生故障被拆下送到维修厂家进行维护,处于维修状态;当维修完成后返回于库房之中,成为库存件,就处于库存状态。航材可修件的库存数量,指的是某基地除了处于运行状态之外的那部分航材的库存总和。同时为了避免出现因缺件而造成的航班延误,要求库存数量要大于一个周转过程中处于运行状态中的航材出现故障的数量。

对航线维修航材可修件排队系统做以下定义。

(1)顾客的来源:一个基地中的航班是连续的,而航班的数量直接影响故障的数量,即不同飞机上的部件会因为不同种类的故障需要维修,即飞机故障是无限的。

(2)顾客输入方式:假设故障到达类型服从泊松分布。

（3）排队规则：故障飞机到达后，需要库存中有可用的航材才能够更换破损件，若库存中没有可更换的件，则需要等待有航材后才可维修，故服从等待制。

（4）服务方式：假设维修台维修损坏的可修件服从负指数分布。

（5）服务机构：假设每个维修台的维修能力相同，同时假设每次修复都能使航材恢复如新。

因此，航线维修航材配置模型可用 $M/M/n/m+N/m$ 排队模型表示。

假设航材的故障概率为 λ，维修航材所需的时间为 μ，同时假设维修台的数量小于航材库存数量，建立排队系统状态转移图如图 11.6 所示。

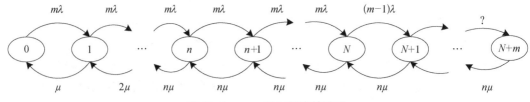

图 11.6 $n \leqslant N$ 时状态转移图

由图 11.6 可知，当排队系统达到稳态时，可以得到其平稳分布：

当状态是 0 时，$m\lambda P_0 = \mu P_1$，可得到 $P_1 = m\dfrac{\lambda}{\mu}P_0$；

当状态是 1 时，$m\lambda P_1 = 2\mu P_2$，可得到 $P_2 = \dfrac{m^2}{2!}\left(\dfrac{\lambda}{\mu}\right)^2 P_0$；

当状态是 $n-1$ 时，$m\lambda P_{n-1} = n\mu P_n$，可得到 $P_n = \dfrac{m^n}{n!}\left(\dfrac{\lambda}{\mu}\right)^n P_0$；

当状态是 n 时，$m\lambda P_n = n\mu P_{n+1}$，可得到 $P_n = \dfrac{m^{n+1}}{n!}\left(\dfrac{\lambda}{\mu}\right)^{n+1} P_0$；

当状态是 N 时，$m\lambda P_N = n\mu P_{N+1}$，可得到 $P_{N+1} = \dfrac{m^{N+1}}{n!\ n^{N+1-n}}\left(\dfrac{\lambda}{\mu}\right)^{N+1} P_0$；

当状态是 $N+1$ 时，$(m-1)\lambda P_{N+1} = n\mu P_{N+2}$，可得到 $P_{N+2} = \dfrac{m^N m(m-1)}{n!\ n^{N+2-n}}\left(\dfrac{\lambda}{\mu}\right)^{N+2} P_0$；

当状态是 $N+m-1$ 时，$\lambda P_{N+m-1} = n\mu P_{N+m}$，可得到 $P_{N+m} = \dfrac{m^N m!}{n!\ n^{N+m-n}}\left(\dfrac{\lambda}{\mu}\right)^{N+m} P_0$。

经过递推法求解上述稳态转移方程可得到航材可修件被调用的概率：

$$P_k = \begin{cases} \dfrac{m^k}{k!}\left(\dfrac{\lambda}{\mu}\right)^k P_0, & 0 \leqslant k \leqslant n \\[3mm] \dfrac{m^k}{n!\ n^{k-n}}\left(\dfrac{\lambda}{\mu}\right)^k P_0, & n+1 \leqslant k \leqslant N \\[3mm] \dfrac{m^N m!}{n!\ n^{k-n}(m-k+N)!}\left(\dfrac{\lambda}{\mu}\right)^k P_0, & N+1 \leqslant k \leqslant N+m \end{cases} \qquad (11.5)$$

P_k 与 P_0 反映的是维修基地航材可修件的供应能力,如果 P_k 数值过大,则表示航材数量过多,虽然会减小飞机因维修而造成的延误时间,但是会造成资源浪费,库存成本增加。通过分析航线维修系统航材周转的排队模型,可以得到排队系统中的一些关键指标,例如平均排队队长与平均等待时间,以这些指标为基础,可优化航线维修航材可修件的配置。

通过航线维修任务中航材可修件周转的排队模型能够求出排队系统达到稳态时的平均排队队长、平均服务时间与航材数量,因此可以确定航材库存的最小值,但是对于航空公司来说,有最低的航材库存配置并不代表最优,因为如果航材库存过少,则可能会出现因航材供应不足而造成的飞机停场等待现象,这样反而会增加公司的运营成本。

航线维修航材库存的优化配置,可以简化为航材库存数量的优化,是指通过合理的数学方法,确定航材的最优数量。以平均排队队长与平均逗留时间为基础,结合整数规划理论,建立以最小费用率与最大可用度为目标的多目标优化模型,确定航线维修的最优航材数量。

影响航线维修任务的成本的两个主要因素是:飞机停场时间损失和航材库存成本。若该基地航材库存数量较少,则会造成飞机停场延误时间增加;若该基地航材库存数量过多,虽然会减少飞机停场延误时间,但是过多的航材会增加库存成本。所以,航线维修成本的优化就是在维修时间与维修费用中找到一个平衡点。

航线维修的成本分为两部分:一是航材的费用,即航材的库存成本;二是故障飞机到达后,在排队系统逗留付出的费用,即飞机停场费用。结合排队论基本模型,建立航线维修费用模型如下:

$$E = W_s C_r (1 - P_0) n + W_s C_s (m + N) + C_w L_s W_s \tag{11.6}$$

式中,E 为每个航线维修任务的总费用;C_s 为航材单位时间管理成本;C_w 为飞机每小时停场的费用;C_r 为维修台单位时间成本;W_s 为每个维修任务的时间;L_s 为航线维修任务数。

将航线维修时间分为平均维修时间和平均保障延误时间(mean logistics delay time, MLDT):平均维修时间是描述产品由故障状态转为工作状态时修理时间的平均值;平均保障延误时间是评估维修系统完成维修任务能力的关键指标之一,其定义为在规定的时间内,因维修资源而延误的时间,主要是指为获取必要的维修资源而引起的延误时间,如未得到航材备件、支援设备等所引起的延误时间。以平均保障延误时间作为航线维修排队系统的平均时间,航线维修平均时间为

$$T = \frac{\sum_{k=n}^{N+m} (k - n) P_k}{\lambda_e} \tag{11.7}$$

结合建立的费用模型与维修时间模型,建立航线维修费用率模型如下:

$$C = \frac{E}{T} = \frac{W_s C_r (1 - P_0) n + W_s C_s (m + N) + C_w L_s W_s}{\sum_{k=n}^{N+m} (k - n) P_k / \lambda_e} \tag{11.8}$$

在民用飞机维修任务过程中,需要分析飞机的系统特性,而可用度是度量系统性能的

指标之一,通过引入使用可用度的模型,可以在保证维修效率的同时,使飞机具有较高的可用度。建立使用可用度模型如下:

$$A = \frac{W(T)}{W(T) + W_s} \tag{11.9}$$

式中,$W(T) = 1/\lambda_e$,表示飞机的平均故障间隔时间。

如果只考虑单个目标,可能存在目标值随着航材数量的多少单调递增或递减的情况,从而无法找到最优解,即很难确定最优的航材库存数量;但如果将两个目标综合起来,建立多目标模型,则可能存在一个最优解;同时,合理的维修工作不但要保证维修任务的经济性,同时要保证民用飞机的安全性,因此以费用率最小与使用可用度最大为目标,建立多目标优化模型如下:

$$\min C = \frac{W_s C_r (1 - P_0) n + W_s C_s (m + N) + C_w L_s W_s}{\sum_{k=n}^{N+m} (k - n) P_k / \lambda_e}$$

$$\max A = \frac{W(T)}{W(T) + W_s} \tag{11.10}$$

$$\text{s.t.} \quad L_o > L_o^*$$

$$N \geqslant L_s$$

$$m, n, N = 1, 2, \cdots$$

式中,第一个约束表示平均正常运行航材数要有一个最低值,即正常运行的飞机数量不能少于该值;第二个约束表示航材的库存数量要有一个最低值,不会因为航材的延误造成飞机延误,即单位时间内,航材的库存数量要大于因故障待修的飞机数量;第三个约束为对变量 m、n、N 的取值范围进行约束,要求这些变量均为正整数。

思 考 题

(1) 试结合 MTA 的主要流程,归纳其输入输出数据类型。
(2) 试以发动机检测排故任务为例创建维修任务结构。

民航故事——首架国产喷气式支线客机 ARJ21 – 700 的传奇

摘自
《一个国家的起飞》
出版社:中信出版集团
作者:刘济美
出版时间:2018.8

2015 年 11 月 29 日,中国商飞公司向全球首家用户成都航空交付首架国产喷气式支线客机 ARJ21－700,工信部长苗圩在中国商飞董事长金壮龙等人的陪同下亲自交付 ARJ21－700 飞机,彰显了他对国产商用飞机的信心和支持。

"作为普通的乘客,我感觉 ARJ21－700 飞机宽敞、舒适,飞行很平稳,各方面设施也比较完善,与我们经常乘坐的国外客机相比,从便利性上来说基本没什么差别。"苗圩介绍说,"作为商用航空产业的主管部门,今天也是个令国人激动的日子,因为在我们国家的正式航线上,第一次有了我们按照国际适航标准自主研制的喷气式支线客机,在 CAAC 严格的把关之下,我们走完了从设计到最后交付的整个过程,有些指标甚至还领先于国际同类机型,这是多年来我们在商用航空工业发展方面从来没有过的,这是一件非常了不起的事情。"

ARJ21 项目的真正价值在于积累了商用飞机研制的完整经验,建立了一个完整的民机试验试飞体系,与此同时,CAAC 也具有了与世界同行同等的适航审定能力,而这一切的实现都离不开这架飞机——ARJ21－700 飞机。

"伴随世界经济全球化、一体化的发展趋势,综合国力竞争、科技竞争日趋激烈,各国都把创新作为应对科技革命和全球化竞争的国家战略。实践证明,真正的核心技术、关键技术是买不了的,必须依靠自主创新,打造一批具有国际竞争力的企业,掌握一批核心技术,拥有一批自主知识产权,才能大幅度提高国家竞争力。"金壮龙介绍说,"如果说几年前,我们对中国商用飞机产业突围的路线图还仅仅是一个模糊的概念,那么,现在一切都在变得清晰。实施创新驱动发展战略,一个重要方面就是坚持以企业创新为主线,我认为企业提升创新能力的重点就是技术创新、管理创新和体制创新。"

"事实上,在商用飞机领域,后发者未必皆有优势,错过了早期商用航空的黄金发展期,对于后来者来说,更多的只有挑战。"罗荣怀说。

2016 年 2 月 28 日,ARJ21－700 飞机正式进行商载运营,这是新的开始、一项新的挑战。正如孟博士在演讲中提到的例子,当年,在空客公司竞争中国台湾市场的时候,因为台湾前瞻性地预见到,空客的这种服务理念会对台湾的维修工程人员能力带来影响,所以进行了很长时间的抵制。但是,因为空客公司的飞机在技术先进性和技术保障服务上,的确是太具有竞争优势,最终还是叩开了台湾的市场大门。所以,ARJ21－700 飞机要想被航空公司接受,还有很长的路。而打造精品产品的文化恰恰是国产民机赖以生存与发展的核心,也是航空公司对产品信任的来源。

"或许,留给你们印象最深的是我们遇到的挫折,但是我们有 398 个条款,其中大量的试验试飞我们都进行得非常顺利,即使遇到挫折的试验,我们最终也解决了这些问题。"郭博智说,"有的时候,我看着我们这些'80 后',甚至'90 后'的年轻设计师们,他们没有一个人选择放弃,这是一群遭遇挫折的人,是一群时常被困难缠绕的人,然而同时,这又是一群拥有未来的人,这是拥有未来的一代。"

当有人追问,为什么上海飞机设计研究院如此充满自信的时候,郭博智笑着说,我们的设计院有来自各个国家的航空专家,乌克兰的专家会说,我们乌克兰有 200 多个政党,他们天天都在吵架,政局乱得一塌糊涂;院里来自俄罗斯的专家会说,我们国家的科技人员在减少,依靠国家自身的经济实力很难独立研制一些大型科技项目,我们的市场也不足以支撑我们的产品;而来自空客公司的专家则说,我参加了你们的招生活动,你们航空院校的学生表现出来非常优秀的科学素养,他们在学校期间就参与了很多航空产品的开发工作,这让他们能够很快地就参与型号的工作;最后,来自波音公司的专家说,他在上海飞机设计研究院收到最多的是年轻飞机设计师们发来的结婚邀请函,而他在波音公司的时候收到最多的是退休聚会的邀请,这说明我们的设计团队非常年轻,而年轻就意味着希望!

"坚定的国家意志、稳定的经济投入、丰富的国际资源、优质的人才队伍以及接受过型号锻炼而又拥有未来的年青一代。"郭博智自信地说,"我拥有这些优势,怎么可能不自信,还有什么奇迹不能去期待的!"

"军用飞机永远追求跨代技术,商用飞机的继承性很强,通过 ARJ21 - 700 飞机,我们将适航条款 100 号修正案内的所有技术问题都掌握了。"每次面对外界对于 ARJ21 - 700 飞机是否获得了 FAA 适航证的质疑时,罗荣怀都会说,"实质上,针对 100 号修正案,我们已经获得了 FAA 的适航证。"

或许外人觉得我们在 ARJ21 项目上走得步履蹒跚,但是正是这些逢山开路的过程为 C919 大型客机乃至宽体客机的研制架起了高速路,他们可以在 ARJ21 - 700 飞机的基础上奔跑起来。

一直以来,中国的民机产业以及民机人都备受社会关注,有时候他们被视为国家意志的象征,有时候又成为工业落后的代表;有时候他们是国家创新性工程的明星,有时候又是民意发泄与肢解的对象……就是在这样的进程中,寸进尺退、剑及屦及,我们建立了中国自己的民机产业体系,这是个漫长的过程,政府与企业在成长中共同进退,却也有着各自坚守的内在逻辑与原则。对于这样一个越来越焕发出活力的产业更需要公众从感性和理性进行全方位的审读。我们应该承认,ARJ21 - 700 飞机的传奇值得镌刻于中国商用飞机的研制历史上,而永世长存。等"阿娇"的这些故事与精神,在世上流传之时,中国民机的商用航空时代亦即到来!

第 12 章
修理级别分析

本章主要介绍修理级别分析概念和流程,民用飞机修理级别和层次划分方法,非经济性修理级别分析和经济性修理级别分析方法,以及基于智能算法的修理级别优化分析过程。

学习要点:

(1) 熟悉修理级别分析概念和流程;

(2) 掌握民用飞机修理级别和层次划分;

(3) 了解基于智能算法的修理级别优化分析。

飞机维修是航空公司发展和盈利的关键影响因素,也可以说是航空公司的脊柱。机务维修系统为航空公司每天的运行提供安全保障,并确保飞机的持续适航状态,然而历来也是航空公司的花钱大户。据统计,飞机维修成本已经超过航空公司总成本的 15%。影响飞机维修费用的因素除了飞机设计水平之外,还有公司的维修管理水平、机队规模的大小、航材储备及故障件返修或报废、工时费用水平等。修理级别分析就是通过系统完整地分析这些维修因素,最终达到优化维修费用的目的。据不完全统计,国内飞机维修等费用比国外航空公司要高出两到三倍,这说明国内机务维修成本还是有相当大的挖掘空间。目前随着我国航空业竞争的加剧,不断攀升的运行成本已严重影响了航空公司的利润水平,通过合理的修理级别分析,可以有效降低航空公司运行成本,进而实现建设节约型社会的目标。这不仅是科学发展观的内在要求,也是构建社会主义和谐社会和小康社会的重要组成部分。

12.1 概　　述

修理级别分析对飞机来说是一个贯穿于全寿命周期的过程,与飞机保障性分析联系密切,并对维修规划工作有重要影响。就飞机维修而言,不管采取的是预防性维修还是修复性维修,都应进行修理级别分析,并使之影响设计和维修规划。

维修是运营人为保持或恢复其所用系统的可使用状态而采取的行动。预防性维修是由以可靠性为中心的维修大纲规定的,而修复性维修或排除故障维修是由使用中的故障规律确定的,二者都由不同的维修级别的维修机构实施。预防性维修占整个维修工作量的80%左右,其目的是保障某个项目处于良好的使用状态而进行的维修活动,通常是有计划地实施,包括保养和检查等活动。排除故障维修是在产品失效或发生故障后,为恢复其工作状态而进行的维修活动。排除故障维修仅占整个维修工作量的20%左右,包括诊断、排除故障和检验。

无论是预防性维修还是修复性维修都是由不同维修能力的维修机构完成的,这部分活动就涉及修理级别分析的问题。因此在预防性维修活动和修复性维修活动中都采用修理级别分析。两者基本上是一样的,只是在各自具体使用条件和约定要求上有所区别。修理级别分析的结果将直接用于影响系统设计,并有助于维修保障体制的研究,另外也用于反馈其他的综合保障分析或系统工程工作项目。

在研制早期,修理级别分析结果用于指出故障时需报废的产品,以区别需要修理的项目。这些结果将反馈给设计者,以便采取措施更改设计。在后期,其结果用于推荐系统的备选维修方案,并形成技术手册。这些结果还可用于估算维修保障系统寿命周期费用,以及对备件和测试设备、人力的基本要求。

GJB 2961 - 97给出了修理级别分析的定义,本书对修理级别分析的概念界定则参考了后勤保障分析的国际规范S3000L,即修理级别分析是在与客户达成统一保障体系的基础上,帮助制定合理化维修解决方案的一种分析,包括决策将在何处进行LORA候选项的更换、修理或报废。修理级别分析是通过考虑技术、商业、运营和环境数据等因素来确定最优的维修或支援方案的一种系统性分析方法。修理级别分析考虑经济和非经济因素两方面,如成本、可靠性值、可维修性/可测性限制、系统可用性目标,分析的结果将影响维修任务和相应的任务需求(如支援设备、人员、备件)。LORA过程的两个主要方面是技术性评估和商业性(成本)权衡。考虑到维修活动的费用是整个寿命周期成本的一个重要部分,主要的商业权衡方法即经济性修理级别分析可与LCC分析活动一起实施。应该强调,只有综合考虑技术和商业权衡两方面,才能导出一个合理的修理级别结果。

修理级别分析以经济性因素及非经济性因素为基础,通过分析,确定硬件设计、保障方案和保障资源要求间的最佳平衡。其主要目的如下:

(1)确定对各个项目应推荐的最佳修理级别:做出发生故障时是进行修复还是报废的决策,以及若修复,应在哪一级修理级别修复;

(2)确定人力、物力、维修工作及可修复的标准;

(3)限定综合保障分析的深度。

LORA不仅直接确定了飞机各组成部分的修理或报废的维修级别,而且还为确认飞机维修所需要的保障设备、备件库存和各维修级别的人员与技术水平、训练要求等提供信息。因此,LORA决策直接影响飞机的寿命周期费用。

LORA工作应在飞机研制的早期开始,并随研制工作的进展反复迭代,不断细化。在飞机研制的早期阶段,LORA主要用于制订各种有效的、最经济的备选维修方案。实施修理级别分析需要有足够的资料。因此,在论证阶段开展修理级别分析只能是粗略的,除非用户能将所涉及的不定性因素和风险定量化。当有适合的资料可用时,在全面研制阶段进行修理级别分析是最有效的。在飞机研制过程中,进行修理级别分析可以从飞机"优生"的角度大大地降低寿命周期费用。在使用阶段,LORA 可以评价飞机现有的维修保障体制是否合理,完善和修正现有的维修保障制度,提出修理方案改进建议,以降低飞机的现有使用保障费用。

LORA 可分为非经济性分析和经济性分析两类。非经济性分析是在限定的约束条件下,对影响修理决策主要的非经济性因素优先进行评估的方法。非经济因素是指那些无法用经济指标定量化或超出经济因素的约束因素,主要考虑安全性、可行性、保密要求及其他技术因素等,如以修复时间为约束进行 LORA 就是一种非经济性修理级别分析。

经济性分析是一种收集、计算、选择与维修有关的费用,对不同修理决策的费用进行比较,以总费用最低作为决策依据的方法。进行经济性分析时,需广泛收集数据,根据需要选择或建立合适的 LORA 费用模型,对所有可行的修理决策进行费用估算,通过比较,选择出总费用最低的决策作为 LORA 决策。

进行 LORA 时,经济性因素和非经济性因素一般都要考虑。在实际的修理级别分析工作中,非经济性分析所占比例较大,约占整个修理级别分析工作的 85%,经济性分析仅占 15%。

12.2　流　　程

民用飞机实施修理级别分析流程如图 12.1 所示。实施修理级别分析的输入包括:候选项目清单、时寿件清单、平均无故障工作时间/平均非计划拆换间隔时间、系统维修性数据、维修所需的人员数量和必要的技能水平、备件和消耗品、诊断和实施修理必要的支援设备等信息、维修成本数据、执行任务对环境条件等要求。输出为报废或修理级别决策。

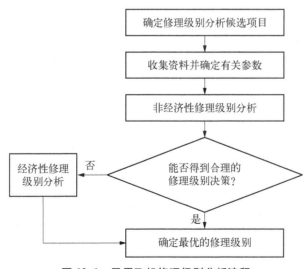

图 12.1　民用飞机修理级别分析流程

实施修理级别分析的过程如下。

1. 确定修理级别分析候选项

一般来说，修理级别分析候选项可以是系统、子系统、设备、模块或子模块级中的一个项目。确定候选项是进行修理级别分析的第一步。候选项的选择标准如表 12.1 所示。

表 12.1 民用飞机修理级别分析候选项选择标准

候 选 项 选 择 标 准	所需回答
项目是航线可更换件吗？	是
项目是可修理件吗？	是
项目是低可靠性吗？	是
项目与维修有关吗？	是
专门的维修任务是否复杂、耗时或需要资深人员？	是
用于专门维修任务的必要支援设备是非标准或非现有的项目吗？	是
项目是否为需要在计划维修中定义的特殊计划或预防性维修？	是
项目是新近开发或重大改装项目吗？	是

若对表 12.1 中任一问题的回答为"是"，则此项目为级别分析候选项；若对所有问题的回答都为"否"，则此项目不是级别分析候选项。

2. 收集资料确定有关参数

进行 LORA 通常需要大量的输入数据，按照所选分析模型所需的数据清单收集数据，并确定有关的参数。进行经济性分析常用的参数有费用现值系数、年故障产品数、修复率等。

3. 非经济性修理级别分析

对每一待分析产品首先应进行非经济性分析，确定合理的维修级别（航线级、车间级、基地级）。通过对影响或限制产品修理的非经济因素进行分析，直接确定待分析项目在哪级维修或报废。非经济性因素是指那些无法用经济术语定量化或超出经济因素的约束因素。初步确定维修方案时，通常考虑的因素有：现行维修保障体系的约束、安全性、机动性、修理的技术可行性、航班正点率、人员配备、人机因素、保密性、敏感性等。

如不能确定，则需继续进行经济性分析，选择合理可行的维修级别或报废。非经济性分析通常采用表格形式或决断图方式，对影响修理或报废决策的限制因素进行问答。在实际分析中，为了减少分析工作量，可以采用 LORA 决策树对明显可确定维修级别的产品进行筛选。

这种非经济性修理级别分析适用于通过有限的数据就能得出最优的决策的情况，可称为简化的修理级别分析。非经济性修理级别分析通常是定性分析，通过考虑影响修理或报废决策的限制因素，主要利用最佳工程判断或成本的粗略比较等方法来得出最优决策。

在确定修理级别分析的非经济性要素时，应根据要分析的系统特点及使用情况找出非经济性限制的因素并进行必要的限定。修理级别非经济性分析应考虑以下非经济性因素。

（1）安全性。考虑在维修的过程中可能存在的危险因素（如高压电、辐射、极限温度、化学或有毒气体、过大的噪声、爆炸物和超重）。

（2）保密要求。考虑产品在特定的级别修理存在保密要求。

（3）法规或现有维修方案。考虑相关规定、标准、运营方现有的维修方案、类似机型的维修方案、现有维修力量的建设情况等要求。

（4）航班正点率。在某个级别维修是否会影响航班正点率，如在某个级别的修理可能存在大量的不确定性因素，即会导致航班正点率降低。

（5）保障设备。与维修工作相关的保障设备包括测试设备、维修设备及特殊工具，是影响修理级别分析的重要因素。对于保障设备主要考虑两个方面：有无维护和使用的特殊要求；保障设备的重量、尺寸等是否对设施或机动性有限制。

（6）包装、储存、装卸和运输。包装、储存、装卸和运输对修理级别的影响应考虑以下几个方面：各级别之间是否有运输的要求和限制；例如备用发动机是长期储存的产品，对存储条件有密封、温度等特殊要求；对易损和危险材料在运输、装卸、包装上的特殊要求。

（7）人员。人员对修理级别的限制应主要从维修工作对人员能力和数量两个方面考虑。

（8）保障设施。考虑在使用与维修过程中对设施的空间、温度、湿度、防磁、防尘、防爆等要求。

（9）特殊工艺。在维修过程中是否需要无损探伤、特殊的表面处理等工艺。

（10）维修任务量。在进行非经济性分析时，要考虑某级别可配置的人员数量、保障设备数量及保障设施能否满足一定的维修任务量。

根据以上考虑因素，可以结合修理级别分析逻辑决策树进行级别确定。修理级别分析决策树是一种定性分析方法。整个分析过程有四个决策点，如图 12.2 所示，首先从航线级开始。

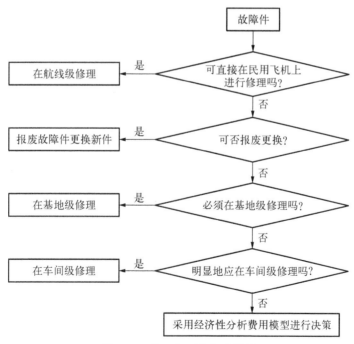

图 12.2 修理级别分析决策树

（1）直接在飞机上进行修理，不需将故障件从飞机上拆下来。这类工作所需时间短，技术水平要求不高，属于比较简单的维修工作，如保养、调校、检查和排除较小的故障等。其工作范围和深度取决于飞机的维修性设计和航站所具备的条件。

（2）报废更换/修理。报废更换是指在故障发生地点，将拆卸下的故障件报废，更换新件。这种决策可根据故障件技术上是否可修，或者报废换件与修理原件的效费比做出。

（3）当故障件复杂程度较高，或需要较高的修复技术和专用工具、设备时，必须在基地级修理。

（4）明显地应在车间级修理是指所需人员水平不高，保障设备是通用而不复杂的。可以很明显地做出在车间级进行修理的决策。

如果很难得出故障件在哪级维修较优时，则需要借助经济性分析费用模型进一步分析，以便做出正确决策。

4. 经济性修理级别分析

对于一个候选项，若非经济性修理级别分析不能提供一个最优修理级别的合理建议，则需进行经济性修理级别分析，以确定最佳维修方案。经济性修理级别分析主要考虑经济成本因素，如备件、诊断和实施修理必要的支援设备、人员、培训、设施、技术文档、包装、管理、装卸、运输（packaging，handling，storage，transportation，PHST）等，定量计算候选项在所有可行的维修级别上修理的有关费用，以便确定最佳的维修级别。具体流程如图12.3所示。

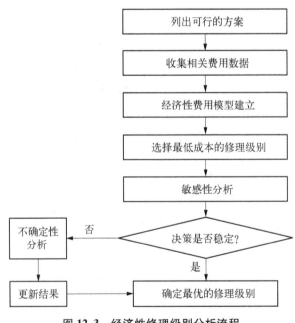

图 12.3　经济性修理级别分析流程

（1）列出可行的方案。经济性修理级别分析的第一步是确定所有可行的备选方案。

（2）收集相关费用数据。进行经济性修理级别分析，需要收集的数据包括：机队规模(飞机的总数量)、使用率(FH/架年)、可靠性数据、成本数据等。

（3）经济性费用模型建立。根据收集到的费用数据，可以建立以成本最低为目标函数的经济性模型。例如，1998 年 Barros 提出了一个两层两级的整数规划模型，即 LORA - BR 模型，该模型假设修理的固定费用由同一层级的所有部件承担。显然，假设不符合飞机修理实际，但它首次实现了修理级别分析数学模型与算法相结合。除 LORA - BR 模型外，Saranga 和 Dinesh Kumar 于 2006 年提出了一个新的整数规划模型，即 LORA - SDK 模型，并用遗传算法进行了求解，该模型假设固定费用由独立的每一个部件承担，使用该模型会使计算简化，但造成了费用计算结果比实际偏大。2009 年，Basten 对上述模型进行了改进，松弛了部分整型变量，使模型具有一定的柔性，而且还考虑了维修通用设备共享的因素，更加符合维修工程实际。

（4）选择最优的修理级别。通过经济性模型分析，对两种或以上的修理方案进行比较，根据各方案的成本大小以确定最优修理级别。

（5）敏感性分析。对于经济性修理级别分析得出的决策，需要根据分析结果按需进行敏感性分析，即通过分析重要输入参数的敏感性来验证决策的稳定性。主要考虑的敏感性因素有机队规模、使用率、可靠性、主要的成本等。

如果各输入参数在正常范围内变化时，修理级别决策结果仍是稳定的，则此结果是可以接受的。如果当输入参数变化时修理级别决策结果会发生变化，那么应进行不确定性分析。

（6）不确定性分析。实际进行修理级别分析时，有些数据可能是不完整、不可靠或不精确的，修理级别分析的结果和建议就不能被当成是"不予改变"的，此时，必须分析输入数据的更改对修理级别分析结果的影响。

不确定性分析步骤包括：① 确定不确定性参数，即对决策有重大影响的参数，在决策确定理论中，这些参数(定量或非定量)的可能数值通常被称为"自然状态"；② 通过经济性修理级别分析建立一个"支付矩阵"，计算备选方案与"自然状态"每种可能组合的成本；③ 确定"自然状态"发生的可能性(如果可能)；④ 选择进行决策的准则；⑤ 应用选择的准则进行决策，得出最终结论。

可应用的准则包括：① 极小化极大准则，即保守的方法，取各备选方案中的最大成本值进行比较，成本最小的方案为最终选择的方案，此准则在修理级别分析决策中经常使用；② 极大化极大准则，即乐观的方法，取各备选方案中的最小成本值进行比较，成本最小的方案为最终选择的方案，一般不建议在修理级别分析决策中使用此准则；③ 霍尔维茨准则，即综合乐观与悲观的方法，比较最大成本值和最小成本值的平均值，成本最小的方案为最终选择的方案，此准则在修理级别分析决策中经常使用；④ 拉普拉斯准则，即各种"自然状态"取平均的方法，取各备选方案中的各成本值的平均值进行比较，成本最小的方案为最终选择的方案；⑤ 最大期望值准则，取各备选方案的成本期望值进行比较，期望值最小的方案为最终选择的方案。如果有可能得出"自然状态"的概率，此方法在修理级别分析决策中经常使用。

12.3 民用飞机修理级别和层次划分

12.3.1 民用飞机修理级别

修理级别的划分是进行修理级别分析的前提,是产生维修级别决策的基础。航空装备的修理级别一般分为三级:基层级、中继级和基地级。根据维修的不同深度、广度、技术复杂程度和维修资源等因素,可以将民用飞机修理级别分三级,即航线级、车间级和基地级。维修的三个等级,对应着不同的人员能力、特殊设施的可用性、时限和环境条件,用以确定每个维修等级将完成的功能。

1. 航线级

航线级是第一级,该等级维修的目标是使故障项目保持可用。这意味着当故障发生时,由维修人员在故障项目上对航线可更换单元和组件实施快速且简单的更换。

第一级的活动预计包括:① 勤务活动;② 使用准备和任务类型转变;③ 航前、航后检查;④ 功能检查;⑤ 故障排除;⑥ 预防性维修;⑦ 修复性维修(通过更换和调整系统进行修理);⑧ 软件加载(运营和工程)和数据检索;⑨ 简单改装。

2. 车间级

车间级是第二级,第二级维修的目标是保持最高可用性等级。在第一级进行更换之后,车间级的维修活动将扩展至对部件、模块和航线可更换单元进行修理。可能会实施试验台测试或综合测试。车间级维修可以是原位维修或离位修理。

第二级活动预计包括:① 组件和部件级修理;② 中等结构修理;③ 主要的计划检查;④ 中等改装;⑤ 对第一级机构的技术援助;⑥ 有关工程数据的软件服务。

第二级活动包括修复性和预防性维修、特殊维修,维修活动将包括离位和原位修理(在维修期间,项目将无法使用)。为了使飞机恢复到完全运营的状态,第二级维修包含那些在第一级中不能完成的任务。第二级维修工作将在能容纳相应维修任务的设施中实施,其可能包括特殊设备或专用车间,并由受过适当培训的专业人员实施修理。

3. 基地级

基地级是第三级,其维修的目标是确保产品的最高可用性,并为运营方面提供工程保障,应确保完成所有超出第一级和第二级能力的修理和大修活动。另外,为改进设计和运营活动的重大改装将被在这一级执行。

第三级活动预计包括:① 完全修复修理;② 需要特殊技能或保障设备的修理;③ 重大结构修理;④ 重大计划检查;⑤ 大范围改装和升级程序;⑥ 为第一级和第二级机构提供技术援助;⑦ 软件改装。

第三级维修应保证用户机构的最大自治权。供应商修理被认为是最好的解决办法。第三级维修工作将在配备适当的设施或供应商的部件维修设施中实施,往往需要经过适当培训的专业人员。该级维修也涉及将缺陷项目返回原始设备制造商进行修理、大修、复试。

12.3.2　民用飞机修理的约定层次

在进行修理级别分析之前,首先要进行修理级别的划分,即确定修理网络结构,还要划分产品修理的约定层次,这些是进行后续分析工作的前提和基础。修理级别分析中的故障模式被分配到系统结构的约定层次。系统顶层故障被认为是主要由下一个较低等级上的项目(或子系统)故障引起。同样,第二级约定层次中的项目失效主要由下一个较低等级的项目失效所引起。基于这个原因,要实施修理级别分析,首先要明确修理级别分析的约定关系。

民用飞机修理一般划分为三个约定层次:外场(航线)可更换件、车间可更换件(shop replaceable unit, SRU)、车间可更换子件(sub-shop replaceable unit, SSRU)。LRU 是指在航线上完成的更换项目,可能是单元件、组件或部件。对于单元件、组件及部件各自的定义和界定,在 GJB 431 - 88《产品层次、产品互换性、样机及有关术语》标准中有明确的描述。SRU 是 LRU 进一步分离的项目,是指 LRU 的子部件。SSRU 是 SRU 的子部件。通常,对 SRU 和 SSRU 进行拆卸或更换,以完成对 LRU 的修理。SRU 则采用拆卸和更换 SRU 和/或 SSRU 的办法来完成。对专用系统或设备的特定分级,由建议的要求和合同规定。

在部件的等级建立之后,必须确定哪些部件将被纳入分析。表面上看,对所有部件进行分析是合乎逻辑的,但是不可修件或消耗件(如螺母、螺栓、垫片等)不具备分析的价值,故不予进行修理级别分析。

接下来,综合修理级别和修理的约定层次两方面,用代码的方式指定修理级别分析候选项在哪一级修理。

1. 项目的层次

修理级别分析候选项可分别是单元件、组件、部件等,可分为三层: LRU、SRU、SSRU。

2. 代码

对应三级修理有三个代码,另外还有一个报废决策代码,例如,航线级代码为 O,车间级代码为 I,基地级代码为 D,报废代码为 X。三个维修级别代码的高低次序依次为 D、I、O。

3. 代码选择

修理级别分析候选项均有 D、I、O、X 四个代码可供选择。为执行编码原则,必须按表 12.2 确定代码的选择范围,对选择的代码应打"√",否则以空格表示。

表 12.2　代码选择表

代码 项目	D	I	O	X
LRU				
SRU				
SSRU				

4. 编码原则

进行编码时必须遵循以下的原则:项目中的任一可更换部分的维修级别代码不能低

于比该部分所在层次高的部分或项目的维修级别代码。

按照此原则,按表 12.2 规定的项目代码选择范围进行任意组合,就得到了项目的所有代码组合方案。以某项目为例:项目分为 LRU、SRU、SSRU 三层;项目代码选择表见表 12.3。

表 12.3　某项目代码选择表示例

代码 项目	D	I	O	X
LRU	√	√	√	
SRU	√	√		√
SSRU	√			√

5. 编码图示例

图 12.4 给出了表 12.3 中某一项目编码的示例。

在图 12.4 中,共有 13 种代码组合,即 13 种备选方案。例如,图中① 、② 和③ 的组合决定了一个代码组合。它指定 LRU 在车间级修理,代码为 I;SRU 在基地级修理,代码为 D;而 SSRU 为报废,代码为 X。

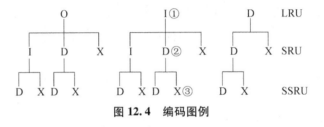

图 12.4　编码图例

确定产品的维修级别的过程如图 12.5 所示。图中没有考虑航线级修理问题,并假定外场可更换件的报废只在航线级。从图中看到,在航线级拆下的 LRU 要送到车间级,或

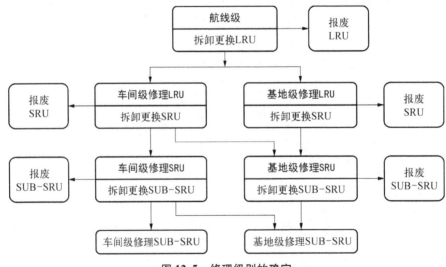

图 12.5　修理级别的确定

修理技能更高的基地级修理。一旦确定要在车间级修理 LRU,就要拆卸和更换 LRU 的子部件 SRU。然后要确定是报废 SRU,还是在本级修理 SRU,或将 SRU 送后方基地级修理。同理,基地级修理 LRU 时,也要拆卸和更换故障的 SRU,最后决定是废弃还是修理拆下的 SRU。对于 SRU 修理也可如此类推。应当注意的是,某些 SRU(或 SSRU)维修级别的确定要依赖于 LRU(或 SRU)的维修级别分析结果。例如,当报废 LRU(或 SRU)或送后方基地级修理 LRU(或 SRU)时,就不存在 LRU(或 SSRU)的车间级修理问题。根据分析结果,对所分析项目确定出可行的维修级别方案编码。

12.4　非经济性修理级别综合决策分析

非经济性修理级别分析从维修权限、维修能力、政策规范等方面对修理方案的规划加以约束,排除不可行的组合。相应地,也可能出现多种可选择的方案。为了能更加全面地评估非经济性分析的决策结果,决策最优方案,有必要建立一套适用于民用飞机修理级别方案规划的综合决策模型,从多维度考察现有方案对维修任务需求的适用性,为后续开展的维修任务分析提供最佳输入。综合决策模型建立的目的在于从多个确定可行的方案中,由决策函数确定评分最高的方案,即为最优方案,为维修人员提供决策依据。决策函数 D 为

$$D = f(F, I, E, W) \tag{12.1}$$

式中,F 为非经济性分析后确定的可行方案;I 为综合评价指标体系;E 为专家评分信息集;W 为指标综合权重。

近年来,层次分析法、熵权法、模糊综合评价方法及其衍生出的一些混合方法在综合评价问题中被广泛应用。传统的单一赋权法鲁棒性差,组合赋权法人为引入偏好系数,依然无法避免主观偏差。针对此问题,可采用基于集值迭代(set value iteration, SVI)-反熵(anti-entropy, AE)策略的民用飞机 LORA 综合决策模型实施二次规划组合赋权,采用可拓物元(matter-element extension, MEE)方法对备选方案加以评估,选定最佳的修理方案。

12.4.1　综合评价指标体系的建立

综合评价指标体系是备选修理级别方案的基本评价依据。非经济性修理级别分析是对不可行方案的过滤,而综合决策模型则是对可行方案实施全面评价,因此,参考已有的评价指标体系,选取 21 项非经济性指标作为修理级别方案综合评价要素标准,构建树状指标体系如图 12.6 所示。

综合评价指标体系将 LORA 相关因素自上而下分解为目标层 A(一级指标)、属性层 B(二级指标)、准则层 C(三级指标)及要素层 D(四级指标)四个层次。其中,目标层包含的方案适用性是指标体系所有要求的综合体现,旨在考量修理方案对维修任务的总体满足程度;非经济性要求构成属性层指标;继续细化下层指标,共同构成准则层;利用最佳工程判断法提炼准则层中指标的评价要素,形成要素层,对准则层指标的内在要求进行解释

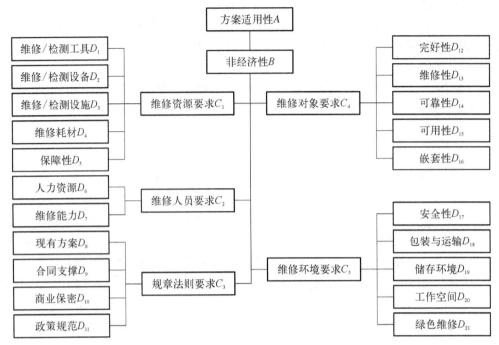

图 12.6　民机修理级别分析综合评价指标体系

和细化。

12.4.2　赋权方法

权重的确定方法在评价问题中尤为关键,其合理性和可操作性直接影响评估结果的可靠度。根据计算原理的不同,这些方法大致可以分为主观赋权法和客观赋权法两大类别:前者以专家主观判断为赋权基础,侧重反映价值量;后者根据数学处理评价对象变异程度和相关关系来赋权,侧重反映信息量。其中,层次分析法(analytical hierarchy process,AHP)在主观权重的计算中应用广泛,计算时必须通过一致性检验。集值迭代法可省略这一步骤,简化计算过程。经典熵权法计算客观权重时对指标灵敏度高,容易造成指标失效,基于熵权法改进的反熵权法可以有效削弱极端值产生的反差。组合赋权方法兼顾两类赋权方法的优点,但传统组合赋权方法指标权重受到偏好系数影响,稳定性差。因此,基于以上方式,参考组合赋权方式,根据图 12.6 建立的综合评价指标体系,设计基于改进赋权规则 SVI - AE 策略的民用飞机修理级别综合决策流程,首先通过集值迭代法计算各项指标的主观权重,再通过反熵权法得到客观权重,运用二次规划组合赋权模型得到综合权重,为各个方案适用度的综合评价值计算提供输入。

1. 集值迭代法计算主观权重

运用层次分析法计算主观权重时,判断矩阵必须通过一致性检验。在现实工程问题的评判中,由于专家知识局限性和偏好差异性,所给判断矩阵难以通过一致性检验。建立的民用飞机修理级别综合体系同级指标数量较多,逐一进行一致性检验存在计算量大的弊端,因此,基于简便易行的原则,使用集值迭代法确定主观权重。集值迭代法是一种基于"功能驱动"原理的主观赋权法,核心思想为根据指标在重要度评估中的被覆盖程度确定权重系数。假设评定指标集为 $X = \{x_1, x_2, \cdots, x_p\}$,参评专家集合为 $L = \{l_1, l_2, \cdots, l_q\}$,求解主观权重的步骤如下。

(1)选定正整数 $g(1 \leqslant g \leqslant p)$ 作为基本子集容量。在同级指标构成的集合 X 按重要度从大到小排序,每位专家遍历选取前 g 个、$2g$ 个、$\cdots$、sg 个指标构成子集,共迭代重复执行 s 步并记录。s 满足 $sg + r = p$ $(1 \leqslant r \leqslant g)$ 时停止选取动作。专家 $l_k (1 \leqslant k \leqslant q)$ 选取前 ξg $(1 \leqslant \xi \leqslant s)$ 个指标构成的子集合记作:

$$X_{\xi g}^{l_k} = \{x_1^{l_k}, x_2^{l_k}, \cdots, x_{\xi g}^{l_k}\} \subset X \tag{12.2}$$

(2)统计覆盖度。通过示性函数 $u_{\xi k}(x_j)$ $(1 \leqslant j \leqslant p)$ 来统计评价中指标 x_j 的覆盖程度:

$$u_{\xi k}(x_j) = \begin{cases} 1, & x_j \in X_{\xi k}^{l_k} \\ 0, & x_j \notin X_{\xi k}^{l_k} \end{cases} \tag{12.3}$$

(3)计算主观权重。设有函数 $f(x_j)$ 如式(12.4)所示,将其归一化处理。

$$f(x_j) = \sum_{l=1}^{q} u_{\xi k}(x_j) \tag{12.4}$$

权重系数 w_j 的计算方式为

$$w_j = \begin{cases} \dfrac{f(x_j)}{\sum\limits_{k=1}^{q} f(x_k)}, & \text{指标被选中} \\[4mm] \dfrac{f(x_j) + \dfrac{1}{2p}}{\sum\limits_{k=1}^{p} \left[f(x_j) + \dfrac{1}{2p} \right]}, & \text{指标未被选中} \end{cases} \tag{12.5}$$

2. 反熵法计算客观权重

熵权法引用热力学概念"熵"表征指标间的差异性。建立的指标数据集合可能出现取值为 0 或 1,两种情况下若采用熵权法计算客观权重,所得熵指均为 0,显然会遗漏重要信息,与实际情况不符。基于熵权法改进的反熵法削弱了对指标数据差异的敏感性,有效克服了传统熵权法权重分配时的缺陷。反熵值定义为

$$R_j = - \sum_{i=1}^{m} r_{ij}^* \ln(1 - r_{ij}^*) \tag{12.6}$$

式中,R_j 为反熵值;i 为评价对象序号,取值范围为 $i = 1, 2, \cdots, m$;j 为评价指标序号,取值范围为 $j = 1, 2, \cdots, n$;$r_{ij}^* = c_{ij} / \sum\limits_{i=1}^{m} c_{ij}$,$c_{ij}$ 为指标值,构成评价矩阵 C。

由各项指标的客观权重 u_j，进一步组成客观权重向量，u_j 的计算方式为

$$u_j = R_{ij} \Big/ \sum_{j=1}^{n} R_{ij} \tag{12.7}$$

12.4.3　民用飞机修理级别综合决策模型

民用飞机修理级别综合决策模型中的各项指标的专家评分与客观实际具有一定偏差，属于不完整的模糊信息。从信息的非完备性出发，形成了各类处理复杂系统的模糊理论。其中，基于物元可拓理论的评价方法是一种非统计数学方法，从可拓学出发，研究对象、特征及相关特征值构成的有序三元组模型。由于其对样本容量和分布规律没有限制、计算量小等优点，在各类综合决策模型中得到广泛的应用。可拓物元模型评估维修方案的基本思路为：根据专家意见将对象的评价分级并给出数据范围，通过计算参评对象指标与各等级集合的隶属度，考量其与该等级的符合程度。本节提出的综合决策指标体系具有多层次的结构特点，传统的单层次物元可拓方法不能满足模型的求解，需要改进为多层次的可拓物元综合决策模型。具体流程如图 12.7 所示。

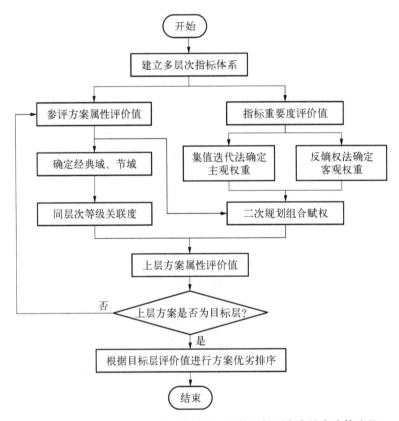

图 12.7　基于 SVIAE - MEE 的民用飞机修理级别方案综合决策流程

1. 单层次指标隶属度的求解

采用基于物元理论的以区间值代替点值评价方式，组织专家结合民用飞机修理级别

综合评价指标体系按照评分等级对指标进行评分。物元基本域如下所示：

$$R = (N, C, V) = \begin{bmatrix} R_1 \\ R_2 \\ \vdots \\ R_n \end{bmatrix} = \begin{bmatrix} N & c_1 & v_1 \\ & c_2 & v_2 \\ & \vdots & \vdots \\ & c_n & v_n \end{bmatrix} \tag{12.8}$$

式中，R 为物元；C 为 $C = [c_1, c_2, \cdots, c_n]$，为 n 个特征；V 为 $V = [v_1, v_2 \cdots, v_n]$ 为对应 C 的量值；R_j 为 R 的分物元。

定义距：

$$\rho(X, X_0) = \left| X - \frac{a+b}{2} \right| - \frac{1}{2}(b-a) \tag{12.9}$$

式中，$\rho(X, X_0)$ 为 X 到距离自己这一端区间 (a, b) 端点的距离。求解主要步骤如下。

（1）将参评对象划分为若干等级，通用的做法是分为 5 级，如表 12.4 所示。

表 12.4　民用飞机修理级别备选方案评分等级

评价等级	优秀	好	较好	尚可	一般
等级代号	Q_1	Q_2	Q_3	Q_4	Q_5

（2）确定修理级别综合评价的经典域：

$$R_{ej} = (N_{ej}, C, V_{eij}) = \begin{bmatrix} N_{ej} & c_1 & v_{e1j} \\ & c_2 & v_{e2j} \\ & \vdots & \vdots \\ & c_n & v_{enj} \end{bmatrix} = \begin{bmatrix} N_{ej} & c_1 & \langle a_{e1}, b_{e1j} \rangle \\ & c_2 & \langle a_{e2}, b_{e2j} \rangle \\ & \vdots & \vdots \\ & c_n & \langle a_{enj}, b_{enj} \rangle \end{bmatrix} \tag{12.10}$$

式中，R_{ej} 为第 j 个物元；N_{ej} 为划分的 j 个评价等级；c_n 为指标体系中第 n 个指标；v_{eij} 为经典域；a_{eij} 为经典域上限；b_{eij} 为经典域下限。

（3）确定修理级别综合评价的节域：

$$R_p = (N_p, C, V_{pi}) = \begin{bmatrix} N_p & c_1 & v_{p1} \\ & c_2 & v_{p2} \\ & \vdots & \vdots \\ & c_n & v_{pn} \end{bmatrix} = \begin{bmatrix} N_p & c_1 & \langle a_{p1}, b_{p1} \rangle \\ & c_2 & \langle a_{p2}, b_{p2} \rangle \\ & \vdots & \vdots \\ & c_n & \langle a_{pn}, b_{pn} \rangle \end{bmatrix} \tag{12.11}$$

式中，N_p 为待分析项全部等级；V_{pi} 为节域，即第 i 个指标在第 P 个评价方案下的量值域，$v_{eij} \subset v_{pi}$；a_{pi} 为节域上限；b_{pi} 为节域下限。

（4）确定修理级别综合评价的待评物元：

$$R_0 = (N_0, C, V) = \begin{bmatrix} N_0 & c_1 & v_1 \\ & c_2 & v_2 \\ & \vdots & \vdots \\ & c_n & v_n \end{bmatrix} = \begin{bmatrix} N_0 & c_1 & \langle a_1, b_1 \rangle \\ & c_2 & \langle a_2, b_2 \rangle \\ & \vdots & \vdots \\ & c_n & \langle a_n, b_n \rangle \end{bmatrix} \tag{12.12}$$

（5）求单层次隶属度。关联函数值的计算方式为

$$k_j(v_i) = \begin{cases} -\dfrac{\rho(v_i, v_{eij})}{|v_{eij}|}, & v_i \in v_{eij} \\ \dfrac{\rho(v_i, v_{eij})}{\rho(v_i, v_{pi}) - \rho(v_i, v_{eij})}, & v_i \notin v_{eij} \end{cases} \tag{12.13}$$

基于 SVI - AE 策略得到综合权重后，可以结合关联函数值确定各等级的隶属度为

$$k_j(P_0) = \sum_i w_{ij} k_j(v_i) \tag{12.14}$$

式中，$k_j(P_0)$ 表示 P_0 对于第 j 个等级的隶属度。

由于隶属度无法直观量化各方案的评分等级，需采用式（12.15）和式（12.16）的方式进一步处理数据，最终得到各参评方案对于指标属性的综合评价等级 k^*：

$$K_j(N_i) = \frac{k_j(N_i) - \min k_j(N_i)}{\max k_j(N_i) - \min k_j(N_i)} \tag{12.15}$$

$$k^* = \frac{\sum_j j \times K_j(N_i)}{\sum_j K_j(N_i)} \tag{12.16}$$

式中，k^* 是关于参评方案对参评等级的综合量化结果，即所对应 k^* 越大的方案效果越佳。

2. 多层次指标隶属度的求解

设指标体系共有 P 层，通过二次规划赋权模型计算指标体系最底层 P 层指标综合权重后，运用单层次物元模型可得各参评方案第 P 层指标属性对于第 j 个等级的隶属度和综合评价等级 $k^*(P)$。将各方案的 $k^*(P)$ 组成 $P-1$ 层指标的待评物元矩阵，结合 $P-1$ 层指标的综合权重，计算各参评方案关于 $P-1$ 层指标的隶属度及综合评价等级 $k^*(P-1)$，组成 $P-2$ 层指标的待评物元矩阵。以此类推，按照自下而上的顺序逐层迭代，最终推算出每种方案首层指标（目标层）与各个等级的隶属度。按此方法得到各方案的评估结果，实现对民用飞机维修要求优劣的比较，通过运用基于 SVIAE - MEE 计算方法将主观逻辑判断和客观计算推演相结合，使得模型更加具有条理性和科学性。

12.5 经济性修理级别分析

对非经济性分析结果处理之后，如果只有一个修理级别方案，则不必进行修理级别经

济性分析,但一般都有几个备选方案。在工程研制阶段,经济性信息逐步完善,可以展开定量的经济性分析,可以以方案成本最小化为目标,从纯经济性的角度对修理级别分析过程进行优化。经济性分析是一种收集、计算、选择与维修有关的维修保障费用,对不同维修级别的费用进行比较,以总费用最低为决策依据的选择维修级别的方法。通常采用修理级别分析费用模型来计算,研究与备选方案有关的寿命周期维修保障费用,还要通过敏感性分析对修理级别分析结果进行评价,并在此基础上有针对性地影响设计和调整修理方案,以获取更佳的修理方案。这种分析就是抓住修理活动中费用这个因素,通过分析来影响产品设计,并提出最佳的维修备选方案供维修决策,以取得最佳维修效益。进行经济性分析首先应研究影响修理级别的经济性要素,一般应考虑如下费用。

(1) 备件费用 C_{SP}。备件费用是对产品进行修理时所需备件的总费用。它由购置费用、库存费用及运输与包装费用构成。对可修产品的备件费用和报废产品备件费用应加以区别。

(2) 设施费用 C_F。设施费用是对产品进行修理时使用场所相关设施的费用(用该产品对设施的占用率进行分摊)。

(3) 人员费用 C_P。人员费用是指对产品进行修理时所需人员的全部费用(含人员的培训、劳务费用及工作空间费用)。

(4) 资料费用 C_f。资料费用是指对产品进行修理时所需文件资料的费用。

(5) 材料费用 C_M。材料费用是指对产品进行修理时消耗的材料费用(主要为其购置费,而不考虑其储存、运输费用)。

(6) 保障设备费用 C_{SE}。保障设备费用是指对产品进行修理时,所需全部保障设备的费用(含购置、其自身的维护及占用的空间费用)。一般由专用保障设备费用和通用设备费用构成。

(7) 送修产品的运输与包装费用 $C_{P\&T}$。运输与包装费用是指对产品进行修理时产品在不同级别之间运送的费用。

上述七类费用往往难以完全获得,这些经济性数据应当大量参考类似机型的相关数据。其中影响修理级别分析的主要费用因素是备件费用、设施费用、人员费用、材料费用和保障设备费用五类,其他的费用可以作为确定修理级别分析结果的参考。通过对备件费用、设施费用、人员费用、材料费用和保障设备费用五类费用进行分析得出经济性分析模型,并给出资料费用和送修产品的运输与包装费用的计算方法,当这两项费用较高时,则需要考虑这两项费用。经济性分析模型分为三个部分,首先是备件、设施等七类费用的计算方法;其次是在进行以上七类费用计算时所涉及的基本费用的计算方法;最后,通过上述计算,对修理方案的总费用进行比较和敏感性分析。

12.5.1 修理/报废分析

修理/报废分析通常直接根据非经济分析结果定性判断得出,主要考虑技术上是否可修得出是修理还是报废的决策。报废是指在故障发生地点,将拆卸下的故障件报废,更换新件。候选项目若是技术上不可修理的,此候选项目将被报废,不再继续进行 LORA 分析。候选项目若是技术上可修理的,继续进行 LORA 分析。这要根据报废换件与修理原件的效费比做出决策。此时需要收集候选项的修理总费用、购买新件费用等数据,当修理成本明显高于购买新件成本时,可以初步得出报废的决策。

当经济性信息逐步完善时,例如掌握候选项剩余寿命、维修周期、维修后的部件性能恢复情况等数据后,可以展开更加详细的修理/报废分析。例如,若符合下式则应报废:

$$\frac{T_{BF2}}{T_{BF1}}N < \frac{L + M}{P} \tag{12.17}$$

式中,T_{BF1} 为新件的平均故障间隔时间(h);T_{BF2} 为修复件的平均故障间隔时间(h);L 为修复所需的人力(折算为货币);M 为修复所需的器材费用;P 为新件单价;N 为预先确定的可接受因子,是一个百分数(50% ~ 80%),说明修复费用超过新件费用达到这个比值时,就做出报废决策。

对于具有耗损特性的产品可采用使用寿命代替平均故障间隔时间。这种更换性的修理工作一般是在航线级进行,但要考虑航线级备件储备的负担。

当考虑机队规模时,对于一个候选项目,通过比较修理成本和报废成本来决定是否修理或报废。计算模型如下:

报废成本=故障次数×候选项成本;

修理成本=投资成本+故障次数×每次修理成本;

寿命期内的故障次数=(机队规模×FH/架年×寿命期)/平均故障间隔时间。

根据计算模型,会得出三种结果:

(1)修理成本明显大于报废成本,则决策应该是"报废";

(2)报废成本明显大于修理成本,则决策应该是"修理";

(3)报废成本与修理成本接近,则需做以下工作:如果修理或报废总成本都很大,则综合考虑是否需要进一步做敏感性分析或不确定性分析;如果修理或报废总成本都很小,则采纳供应商的建议或选择费用较小的决策。

上述模型均没有考虑资金的时间价值,当产品的全寿命周期很长时,应基于全寿命周期费用或持有成本来决定是修理还是报废。就修理/报废而言,有效的决策分析应包括系统全寿命周期的费用比较和修理的有效性。修理和报废活动的费用包括固定费用和可变费用。固定费用包含维修设备费用、设施费用及技术手册费用等。可变费用包含材料费用、人员费用及每项维修工作相应的备件费用等。可变费用主要取决于产品的拆卸率。如果修理是100%有效的,即修复如新,那么拆卸率将保持不变,进而反映在可变费用上。因此,根据拆卸率建立总维修费用的模型并优化费用函数,如此便可使修理/报废决策分析具有成本效益。假设 λ_R 和 λ_D 分别表示修理和报废的年拆卸率。若修复如新,则 $\lambda_R = \lambda_D$,否则 $\lambda_R > \lambda_D$。

系统寿命周期内,执行修理工作的总维修费用的现值表示为 PV_R:

$$PV_R = FC_R + \sum_{t=1}^{N} \frac{\lambda_R \times VC_R}{(1 + r)^t} \tag{12.18}$$

式中,r 为年折现率;N 为系统的设计寿命;FC_R 为与修理活动有关的固定费用;VC_R 为与修理活动有关的可变费用。

系统寿命周期内,执行报废工作的总维修费用的现值表示为

$$PV_D = FC_D + \sum_{t=1}^{N} \frac{\lambda_D \times VC_D}{(1+r)^t} \tag{12.19}$$

式中,FC_D 为与报废活动有关的固定费用;VC_D 为与报废活动有关的可变费用。

比较式(12.18)和式(12.19),若下式满足,则选择修理工作:

$$FC_R + \sum_{t=1}^{N} \frac{\lambda_R \times VC_R}{(1+r)^t} < FC_D + \sum_{t=1}^{N} \frac{\lambda_D \times VC_D}{(1+r)^t} \tag{12.20}$$

已知,$\sum_{t=1}^{N} \frac{1}{(1+r)^t} = \frac{1-(1+r)^{-N}}{r}$,变换上式,可得

$$VC_R \times \lambda_R - VC_D \times \lambda_D < (FC_D - FC_R) \times \left[\frac{r}{1-(1+r)^{-N}} \right] \tag{12.21}$$

即当式(12.21)满足时,应选择修理工作。

对于单级维修,费用驱动因素为设施、人员、测试和维修设备、备件、技术文档资料等。对于两级以上维修,费用驱动因素除了单级维修的费用因素,还包括运输费用。

12.5.2 经济性分析模型

修理级别经济性分析模型实质是一个经济决策过程。如果完成某项维修任务,对维修级别没有任何优先考虑的因素时,则修理的经济性就是主要的决定因素。这时要分析各种与修理有关的费用,根据不同产品及其维修要求,建立各级修理费用的分解结构,并制定评价准则,才能获得正确的决策。

例如,建立的经济性分析模型可以通过对以上各种费用的计算,计算修理方案的总费用 C_T,C_T 是产品及其组成部分在各修理级别的费用之和,即

$$C_T = \sum_{i=1}^{G} C_i \tag{12.22}$$

式中,C_i 为产品或子产品在某一维修级别修理的费用,取值只能是 C_O、C_I 或 C_D,C_O 为航线级上某一产品的修理费用,C_I 为车间级上某一产品的修理费用,C_D 为基地级上某一产品的修理费用。

产品或子产品在某一维修级别的修理费用 C_i 由下式计算:

$$C_i = C_{SP} + C_F + C_P + C_f + C_M + C_{SE} + C_{P\&T} \tag{12.23}$$

当产品为报废时,C_{SP} 应用 C_{SD} 代替,且无 C_M 和 $C_{P\&T}$,其他费用根据实际情况取值。

在得到各方案的费用后,就可进行费用比较,以确定费用最低的修理方案及相应的修理级别。在进行费用比较时,要考虑保障设备共享问题,由于不同产品的修理共用一台保障设备,所以在进行费用比较时,要求将这些由于共享而引起多个产品的所有方案进行组

合后再作比较,以寻求最低费用的相关产品修理方案组合,这样也就同时得到了这些产品的最终修理级别。

案例:某 LRU 共有 15 个子件组组成,有故障的 LRU 将在航线级加以拆卸并更换,故障的子件可送往车间级或基地级进行修理。子件的修理是通过更换组合件完成的。换下的组合件修理或报废。试按照寿命周期费用最佳原则,确定各子件的修理或报废决策。

解:从给定条件可知维修级别仅考虑车间级和基地级,各级的寿命周期费用由表12.5 第一列的各项费用构成,基地级和车间级费用因管理体制不同略有区别。以子件1 为例,子件 1 的修理与报废的费用估算见表 12.5。

表 12.5 子件 1 的修理与报废的费用估算(元)

估 算 内 容	车间级修理	基地级修理	故障时报废
购置费用	10 200	10 200	96 000
维修劳力费用	12 240	18 360	无
成套备件费用	8 500	17 000	326 400
零备件费用	10 200	10 200	无
库存费用	3 740	5 440	65 280
专用测试和保障费用	60 000	12 000	无
运输与装卸费用	无	12 240	无
维修训练费用	4 500	900	无
维修设施费用	5 612	1 918	无
技术资料费用	6 100	6 100	无
报废处理费用	408	408	4 080
预计总费用	213 300	186 566	491 760

同理可求得其他子件的修理与报废的费用估算。从而得到 15 个子件的维修级别费用分析与决策数据,如表 12.6 所列。

表 12.6 所有子件的维修级别费用分析与决策数据(元)

子 件	维 修 策 略			决 策
	车间级修理	基地级修理	故障时报废	
1	213 300	186 566	491 760	基地级
2	130 800	82 622	75 440	报废
3	215 611	210 420	75 440	基地级
4	141 633	162 912	238 601	车间级
5	132 319	98 122	121 112	基地级
6	112 189	96 938	89 226	报废
7	125 611	142 206	157 982	车间级
8	99 812	131 413	145 662	车间级
9	128 460	79 007	66 080	报废
10	167 400	141 788	314 560	基地级
11	185 850	142 372	136 740	报废
12	135 611	122 453	111 502	报废

子　件	维　修　策　略			决　策
	车间级修理	基地级修理	故障时报废	
13	105 667	113 775	133 492	车间级
14	111 523	89 411	99 223	基地级
15	142 119	120 813	115 723	报废
总费用	2 147 905	1 920 808	2 679 555	基地级

　　根据表 12.6,可做出如下决策：子件 1 在基地级修理有利；子件 2 根本不需要修理,故障后即予报废；子件 4 在车间级修理有利,等。该表反映了对于每种子件应推荐的修理级别。此外,若将 15 个子件作为整体对待时,则总的决策是以基地级修理为佳。

12.6　基于智能算法的修理级别优化模型

　　当对复杂系统或部件进行修理级别分析时,涉及大量输入数据,需要进行综合分析。本节基于修理级别优化数学模型,探讨求解 LORA 问题的智能优化算法,以获得最佳修理决策。

　　现有文献中讨论了不同的多层、多级的 LORA 模型。这些模型无不涉及大量的决策变量,例如,对于一个包含 32 个部件的系统,所有可能组合(部件、修理和报废决策)的个数为 6.28×10^{10}。因此,通过传统优化方法如整数规划和分支定界等很难对 LORA 问题进行优化求解。而现代智能算法如粒子群算法、遗传算法在求解非常耗时的大规模组合问题时显示出了极高的效力。鉴于此,采用二进制粒子群算法或遗传算法,将其应用于 LORA 问题求解,并利用算例的比较分析,表明该算法能在可接受计算时间内求得最优解。

12.6.1　问题描述与假设

　　大多数复杂产品都采用模块化的设计,即设计成多个约定层次,而维修活动通常要在多个级别上进行,因而导致 LORA 问题较为复杂。修理级别分析方法可用于决定产品应修理还是报废,若修理,则找出执行修理活动的最佳场所。当某个系统发生故障,则隔离发生故障的单元件,并用一个可用的备件进行替换。换下来的单元件要么报废,要么进行修理。如果决定对一个单元件实施报废措施,则该单元件内的所有组件和部件也都应报废。报废通常基于以下两个原因：执行修理不经济；修理不可行。

　　如果确定某单元件(第一层项目)是可修的,下一步要做的就是确定在何处执行该修理活动。大多数情况下,原位修理是不可行的或不合要求的。因此需要将其移动至更高的级别上。然后,需要维修的组件(第二层项目)将被拆卸并用可用的备件进行更换。那些可修的组件可与单元件在同一场所进行修理,或者移至更高的级别。大多数情况下,修理通常由更换组件的某一或某些组成部件(第三层项目)来完成。这些换下来的部件将在其所属组件的位置进行修理或送至更高级别修理。显然,这些修理决策有着不同的经济影响。LORA 试图找到修理/报废决策和维修级别的最佳组合,使得总维修成本最小。

对于大多数民用飞机而言,维修分为三级实施,即航线级、车间级和基地级。模型假设系统包含三个层次,不失一般性,第一层项目称为单元件,第二层称为组件,第三层称为部件。每个项目有三种修理选项。这些假设是对所研究问题的维修级别和修理选项的最近似的表达。然而,复杂系统中的产品层次可能不止三层。为了简单起见,假设只有三个约定层次。对修理级别优化问题进行建模之前,要提出一些假设条件。这些假设条件是采访了保障方面的维修专家之后做出的,这些专家有着丰富的民用飞机维修经验。

假设条件如下。

(1)维修级别分为三级。不失一般性,假设 $e=1$ 代表航线级(基层级),$e=2$ 代表车间级(中继级),$e=3$ 代表基地级。

(2)研究的系统的层次分为三层。即假设 $v=1$ 代表航线可更换件,即系统内的单元件;$v=2$ 代表车间可更换件,即单元件内附属的组件;$v=3$ 代表车间可更换子件,即组件内附属的部件。

(3)每个部件至多有三种修理选项,即 $r=1$ 代表修理,$r=2$ 代表报废,$r=3$ 代表更换(移动)。

(4)在第一级即航线级,对 LRU 仅执行更换或报废活动,没有其他维修活动。

(5)在第二级即车间级,执行所有三种维修活动。

(6)在第三级即基地级,仅执行修理或报废的维修活动。

修理选项定义如下。

修理(r):待分析项目如单元件在当前级别上修理;则其附属的组件即较低层次的项目在该级别修理,或者送至较高级别上修理。

报废(d):待分析项目如组件从单元件上拆除,并用一个备件更换。拆除的项目包括所有附属的低层次的部件都要报废。就是说对这些项目不再执行维修活动。

更换(m):待分析项目如单元件在当前级别上由一个备件替换,并且,替换的单元件包括所有低层次的组件在内,送至较高维修级别留作进一步处理。

民用飞机层次、维修级别和决策间的匹配规则如图 12.8 所示。

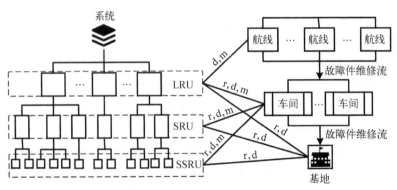

图 12.8　修理级别分析决策与层级匹配约束关系

12.6.2　优化模型建立

民用飞机属于高度复杂的产品,需要分析成千上万个部件。有必要考虑所有部件来对维修决策进行优化。因此建立一个民用飞机的三层三级的通用的数学规划模型。模型以固定成本和可变成本及年度失效次数作为输入参数,使所考虑对象的总维修成本最小。在最小化目标函数的同时,自动地考虑了修理/报废决策分析以及修理场所等方面的内容。

参考假设,建立民用飞机修理级别分析数学优化模型。通过最小化维修成本获得最优修理决策。

数学模型如下:

$$\min \sum_{(i,j,k)} \sum_{r=1}^{3} \sum_{e=1}^{3} \left[\mathrm{VC}_{r,e}(i,j,k)\lambda_{(i,j,k)} + \mathrm{FC}_{r,e}(i,j,k) \right] \times Z_{r,e}(i,j,k)$$

$$(12.24)$$

$$\mathrm{s.t.} \sum_{r=1}^{3} Z_{r,1}(i,j,k) = 1, \ \forall (i,j,k), \ r = 2,3 \tag{12.25}$$

$$\sum_{r=1}^{3} Z_{r,3}(i,j,k) \leqslant 1, \forall (i,j,k), r = 1,2 \tag{12.26}$$

$$Z_{3,e}(i,j,k) - \sum_{r=1}^{3} Z_{r,e+1}(i,j,k) = 0, \ \forall e, \ \forall (i,j,k) \tag{12.27}$$

$$Z_{r,e}(i,j,k) - Z_{r,e}(i,j,0) \geqslant 0, Z_{r,e}(i,j,0) - Z_{r,e}(i,0,0) \geqslant 0$$
$$\forall e, \ \forall (i,j,k), \ r = 2,3 \tag{12.28}$$

其中,e 表示可选择的修理级别数量,$e=1$ 表示航线,$e=2$ 表示车间,$e=3$ 表示基地;(i,j,k) 为有序数组,其中 i 表示属于第一层次的项目 i,j 表示附属在 i 上的属于第二层次的项目 j,k 表示附属在 j 上的属于第三层次的项目 k;r 为可选择的修理工作,$r=1$ 表示修理工作,$r=2$ 表示报废工作,$r=3$ 表示更换工作;$\mathrm{FC}_{r,e}(i,j,k)$ 为与项目 (i,j,k) 在 e 级维修基地选择 r 修理工作相关的固定费用;$\mathrm{VC}_{r,e}(i,j,k)$ 为与项目 (i,j,k) 在 e 级维修基地选择 r 修理工作相关的可变费用;$\lambda_{(i,j,k)}$ 为项目 (i,j,k) 整个寿命周期内平均每年维修任务需求次数。决策变量为

$$Z_{r,e}(i,j,k) = \begin{cases} 1, & \text{表示项目}(i,j,k)\text{在}e\text{级维修基地选择了修理工作}r \\ 0, & \text{其他} \end{cases}$$

$$(12.29)$$

式中四个约束的解释如下:第一个约束表示在航线,只能选择更换和报废工作;第二个约束表示在基地,只能选择修理和报废工作;第三个约束表示如果在 e 级维修基地选择了更换工作,那么在 $e+1$ 级维修基地必定选择一种修理工作,如果不是,那么在 $e+1$ 级维修基地没有修理工作;第四个约束表示如果一个项目在 e 级维修基地选择了报废工作或是更换工作,那么该项目下层单元在 e 级维修基地都选择了报废或是更换工作。

很明显,所建立的数学模型属于多变量、非线性的 NP 难解问题。因此,可以采用智能算法例如粒子群算法进行求解。

12.6.3 基于智能算法求解模型

遗传算法和粒子群算法都是求解组合优化问题的常用智能算法。这些算法在求解非常耗时的大规模组合问题时显示出了极高的效力,由于粒子群优化算法(particle swarm optimization, PSO)具有编码简单、速度快、通用性强等优点,所以将其应用于修理级别模型的优化,但是传统的连续型粒子群算法容易陷入局部最优点,达不到足够的精度,为了克服 PSO 容易陷入局部最优点的缺陷,利用二进制编码技术,保持粒子的多样性,提高全局搜索能力,从而实现了目标的优化求解。

采用二进制粒子群算法基本步骤如下。

步骤 1:初始化。随机产生 N 个粒子,包括每个粒子的随机位置和速度,随机位置每位设为 0 或 1。

步骤 2:计算每个粒子的适应度。

步骤 3:对每个粒子,将其适应值与其经历过的最好位置 P_i 作比较,如果较好,则将其作为当前的最好位置 P_i。

步骤 4:对每个粒子,将其适应值与全局所经历的最好位置 P_g 作比较,如果较好,则重新设置 P_g 的索引号。

步骤 5:根据公式更新每个粒子的速度和位置。采用俄罗斯轮盘赌形式根据速度具体数值,决定位置变化到 0 还是 1,并随机产生 M 个新粒子。

步骤 6:计算每个粒子的适应度,并按概率大小选择 N 个粒子。

步骤 7:如果达到指定的重复次数或达到指定的适应度值,则结束。否则,转步骤 2。

采用遗传算法基本步骤如图 12.9 所示,并描述如下:

(1) 随机产生一个解集(20 个解),并验证各种约束式;

(2) 通过邻域搜索改进解的适应度值,邻域解仅通过修改解的值为 1 或 0 获得,另外,直到验证了各种约束,才接受邻域解;

(3) 重复步骤 2,直到最佳适应度值没有改进;

(4) 用最佳邻域替换该解;

(5) 基于遗传算法的选择算子和交叉算子,选择两个解来产生新的染色体,当验证了约束式时,接受这些新的解;

(6) 利用变异算子,生成新的染色体;

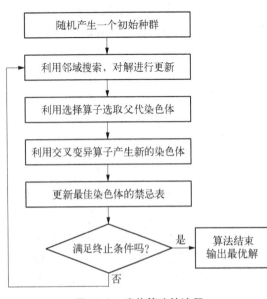

图 12.9 遗传算法的流程

（7）更新最佳染色体的禁忌表；

（8）重复步骤（2），直到最佳染色体没有改进。

这两种算法可在笔记本电脑上用 Matlab 编程实现。本例采用的二进制粒子群算法中参数设置如下：初始种群数为 $N=40$，新种群数 $M=20$，迭代的次数为 200，惯性权重 $\omega=1.8$，学习率 $c_1=2.0$，$c_2=2.0$，r_1 和 r_2 是 0 和 1 之间的随机数。而遗传算法中参数设置如下：初始种群数为 $N=80$，迭代的次数为 30，交叉概率 0.7，变异概率 0.4。目标函数是求解最小值问题，而遗传算法适合求适应度最大的个体，因此采用的适应度函数为

$$Fit(f(x)) = C_{\max} - f(x) \tag{12.30}$$

其中，$C_{\max}$ 表示 $f(x)$ 的最大值；$f(x)=\sum_{i=1}^{n}\sum_{r=1}^{3}\sum_{e=1}^{3}(\mathrm{VC}_{r,e,i}\lambda_i + \mathrm{FC}_{r,e,i})X_{r,e,i}$。

算法的终止准则是算法达到了预定义的连续迭代次数，或迭代过程获得的最佳解相同。

12.6.4　实例分析

研究对象为发动机，假设包含 10 个 SRU（M－01～M－10）和 22 个 SSRU（Part 1.1、Part 1.2、Part 2.1、Part 2.2、Part 2.3、Part 3.1、Part 3.2、Part 4.1、Part 4.2、Part 4.3、Part 5.1、Part 5.2、Part 6.1、Part 6.2、Part 7.1、Part 7.2、Part 7.3、Part 7.4、Part 7.5、Part 7.6、Part 8.1、Part 9.1），具体分解结构如图 12.10 所示。

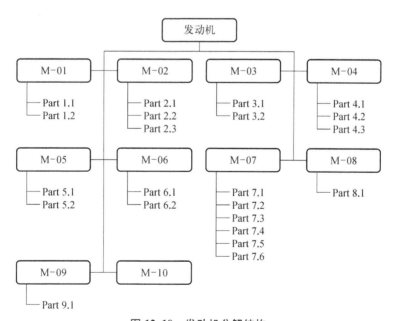

图 12.10　发动机分解结构

表 12.7 给出了所有项目在不同修理级别执行不同修理选项的可变成本和固定成本，以及平均每年的维修任务次数。

表 12.7 项目在不同级别上执行不同修理选项的固定成本和可变成本(单位:美元)

项目	VC e=2 修理 (r=1)	VC e=2 报废 (r=2)	VC e=2 更换 (r=3)	VC e=3 修理 (r=1)	VC e=3 报废 (r=2)	FC e=2 修理 (r=1)	FC e=2 报废 (r=2)	FC e=2 更换 (r=3)	FC e=3 修理 (r=1)	FC e=3 报废 (r=2)	$\lambda_{i,j,k}$
M-01	400	1 500	40	520	1 550	150	80	350	720	25	0.11
Part 1.1	400	900	10	300	902	700	20	350	720	25	0.067
Part 1.2	400	600	10	340	601	700	20	350	720	25	0.004 3
M-02	1 000	2 500	45	1 050	550	1 000	85	200	1 150	34	0.164
Part 2.1	300	1 600	20	250	501	1 000	85	50	1 150	34	0.068
Part 2.2	250	800	20	200	201	1 000	80	50	1 150	34	0.058
Part 2.3	150	700	20	100	201	1 000	80	50	1 150	34	0.038
M-03	1 000	3 000	60	1 100	2 020	150	90	900	1 250	40	0.041
Part 3.1	800	1 500	30	500	1 502	100	30	900	1 250	40	0.004
Part 3.2	300	500	10	300	501	120	30	900	1 250	40	0.037
M-04	900	1 000	20	950	1 050	200	64	1 000	1 900	40	0.199
Part 4.1	100	400	20	75	405	200	64	1 000	1 900	40	0.081
Part 4.2	75	300	10	60	302	200	34	1 000	1 900	40	0.066
Part 4.3	250	300	10	200	301	200	34	1 000	1 900	40	0.052
M-05	200	1 200	30	700	1 250	200	22	600	750	28	0.217
Part 5.1	500	1 000	20	400	401	200	22	600	750	28	0.109
Part 5.2	100	200	10	75	150	150	22	600	750	28	0.108
M-06	1 500	1 800	50	1 504	500	2 500	40	200	2 700	50	0.193
Part 6.1	500	1 200	40	450	240	2 500	40	50	2 700	50	0.066
Part 6.2	400	600	30	300	130	2 500	40	50	2 700	40	0.127
M-07	1 200	2 000	60	1 250	2 005	1 800	40	600	2 000	42	0.294
Part 7.1	400	600	50	300	604	1 800	40	600	2 000	42	0.063
Part 7.2	200	400	40	190	405	1 800	40	600	2 000	42	0.037
Part 7.3	300	350	30	300	351	1 800	40	600	2 000	42	0.037
Part 7.4	250	250	20	200	250	1 800	40	600	2 000	42	0.055
Part 7.5	100	200	10	100	202	1 800	40	600	2 000	42	0.04
Part 7.6	75	200	10	50	201	1 800	40	600	2 000	42	0.062
M-08	500	1 000	30	505	600	2 000	100	50	2 100	50	0.075
Part 8.1	500	1 000	30	505	500	2 000	46	40	2 100	50	0.075
M-09	500	2 000	50	600	2 050	1 200	30	200	1 250	31	0.036
Part 9.1	500	2 000	50	600	2 050	1 200	30	400	1 250	31	0.036
M-10	400	1 000	40	450	1 000	1 500	20	350	1 600	22	0.66

用 MATLAB 语言对二进制粒子群、遗传算法进行编译,并在电脑上实施该算法。表 12.8 为算法获得的最优解,两者算法结果一致。

表 12.8 二进制粒子群与遗传算法比较

算法	计算结果/美元	迭代次数	求解时间/s
二进制粒子群算法	4 216.27	200	<10
遗传算法	4 216.27	20	<7

表 12.9 为用模型计算得出的修理级别两层两级的决策结果。与传统规划方法相比,智能算法计算结果完全相同,说明所提出的 LORA 经济性分析模型对于两层两级的修理网络是同样适用的。

表 12.9　二进制粒子群和遗传算法求解结果

(i, j, k)	$Z_{1,2}(i, j, k)$	$Z_{2,2}(i, j, k)$	$Z_{3,2}(i, j, k)$	$Z_{1,3}(i, j, k)$	$Z_{2,3}(i, j, k)$
(1, 1, 0)	1	0	0	0	0
(1, 1, 1)	0	1	0	0	0
(1, 1, 2)	0	1	0	0	0
(1, 2, 0)	0	0	1	0	1
(1, 2, 1)	0	0	1	0	1
(1, 2, 2)	0	0	1	0	1
(1, 2, 3)	0	0	1	0	1
(1, 3, 0)	1	0	0	0	0
(1, 3, 1)	0	1	0	0	0
(1, 3, 2)	0	1	0	0	0
(1, 4, 0)	0	1	0	0	0
(1, 4, 1)	0	1	0	0	0
(1, 4, 2)	0	1	0	0	0
(1, 4, 3)	0	1	0	0	0
(1, 5, 0)	1	0	0	0	0
(1, 5, 1)	0	1	0	0	0
(1, 5, 2)	0	1	0	0	0
(1, 6, 0)	0	0	1	0	1
(1, 6, 1)	0	0	1	0	1
(1, 6, 2)	0	0	1	0	1
(1, 7, 0)	0	1	0	0	0
(1, 7, 1)	0	1	0	0	0
(1, 7, 2)	0	1	0	0	0
(1, 7, 3)	0	1	0	0	0
(1, 7, 4)	0	1	0	0	0
(1, 7, 5)	0	1	0	0	0
(1, 7, 6)	0	1	0	0	0
(1, 8, 0)	0	0	1	0	1
(1, 8, 1)	0	0	1	0	1
(1, 9, 0)	0	1	0	0	0
(1, 9, 1)	0	1	0	0	0
(1, 10, 0)	0	1	0	0	0

从表 12.9 可得出,只有项目 SRU1、SRU3、SRU5 选择了车间修理,其子项目若检查为故障件,在车间直接报废。项目 SRU2、SRU6、SRU8 在车间选择更换,其子项目送至基地进一步检查后若为故障件,报废处理。剩下的项目 SRU4、SRU7、SRU9、SRU10 及其子项目在车间若检查为故障件,直接整体报废。

本节在现有 LORA 研究的基础上,对 LORA 实例问题进行了建模,以最小化维修成本为目标,设计了二进制粒子群和遗传算法,对 LORA 问题进行了优化求解,获得最佳修理级别决策。利用该模型和算法,还可以对三级甚至更高级的修理网络和多层系统结构的修理决策进行优化。通过算例的比较分析,结果表明在合理的时间内可获得 LORA 问题的最优解,无论是遗传算法还是粒子群算法都是切实可行的。

思 考 题

(1) 民用飞机修理可划分为哪些级别和层次?
(2) 非经济性修理级别分析考虑哪些因素?
(3) 经济性修理级别分析考虑哪些因素?

民航故事——危险的最小离地速度试飞

摘自
《一个国家的起飞》
出版社:中信出版集团
作者:刘济美
出版时间:2018.8

飞机最小离地速度是指飞机不呈现任何危险特性,能够在离地后继续起飞的最小速度,是运输类飞机起飞极限性能达到的速度。最小离地速度试飞对运输类飞机起飞速度制定和起飞安全性评估具有非常重要的意义,同时也是商用飞机试飞难度最大的风险科目。国际试飞界将最小离地速度试飞比喻为"就像用刮胡刀刮脸"。飞机上安装的尾橇系统就是"刮胡刀",跑道就是"脸"。在整个试飞过程中,试飞员要保持飞机的尾橇触地姿态,一直持续到飞机脱离地面效应,飞机腾空后俯仰姿态还不能减小。这个过程就像"用刮胡刀刮脸"一样,飞机尾橇与地面甚至能摩擦出飞溅的火花,属于危险性与观赏性极高的试飞科目,对试飞员的试飞技巧以及对飞机的综合掌握程度都提出了挑战。

在 ARJ21-700 飞机首席试飞员赵鹏看来,最小离地速度试飞困难在于试飞员很难对飞机建立稳定的尾橇擦地姿态,在尾橇触地滑跑的过程中,飞机的仰角很大,试飞员几乎看不到跑道,很难保持飞机姿态和方向。更大的风险还在于,很容易导致低高度失速现象,如果出现这种情况,就是一场任何人都无法挽救的灾难,飞机会直接拍向地面,试飞员根本没有任何时间和空间来挽救飞机。如果试飞员手上的劲多一分,就会擦伤飞机的尾椎,而少一分,就不能达到考核的要求。即使是经验丰富的空客 A380 飞机试飞团队,在进行这项试飞的时候也曾遇到最糟糕的局面,A380 飞机的尾椎被擦坏了,耽误了整个项目的进度。

赵鹏说:"当我和我的试飞团队说,我们自己来'玩'这把'刮胡刀'的时候,所有人都摇着头告诉我,这是不可能完成的任务。事实上,我认为我们并不缺少技术,而是需要建立自信心,需要专注的精神,甚至是以秒计算每个动作的精准程度,我们不能依靠外籍试飞员来完成这项试飞,该是展现我们自己能力的时候。但是自信并不是盲目建立的,是通过科学的训练方法、严谨的技术评估来实现的。"

飞机设计师计算出的最大仰角姿态是 14.2°,在进行过渡性训练的时候,试飞员需要先从建立 10° 的仰角姿态开始,每次增加 0.5°,逐渐逼近理论计算的最大仰角。驾驶舱内安装着尾撬预触地的指示灯,适航条款要求尾撬从开始触地到飞机脱离地面效应起飞期间,尾部要有 50% 的时间必须保持与地面的接触,但是尾撬是会有反弹力的,这 50% 的时间很难精准控制,试飞员需要在驾驶舱里寻找这种"刮胡刀刮脸"的感觉。

2013 年 5 月 9 日,赵鹏作为 CAAC 的局方试飞员与申请人试飞员赵生在试飞院进行了中国首例按照 CCAR 25 适航标准执行的 ARJ21 - 700 飞机最小离地速度试飞,CAAC 与 FAA 的代表全程目击了试验的过程。目击了整个试飞过程后,FAA 审查代表看着磨损的尾撬和完美的试验数据说:"这是一次杰出的试飞。"在试飞过程中,ARJ21 - 700 飞机尾撬触地滑跑时的最大迎角达到了 13.8°,保持尾撬擦地姿态 16 s,飞机时刻面临冲出跑道的危险,在距离跑道 200 m 时起飞离地。摄影师拍下的 ARJ21 - 700 飞机尾撬擦地火花飞溅的照片也成为 ARJ21 项目试飞中最经典的瞬间。

2013 年 9 月 25 日至 28 日,国际试飞员协会第 57 届年会在美国加利福尼亚州阿纳海姆举行,全世界领域内的杰出试飞员与试飞工程师齐聚一起,交流试飞驾驶技术,分享航空安全的经验。来自美国军方以及航空工业部门的试飞员及试飞工程师代表向大会呈现了 30 多篇主题报告,交流世界试飞技术的发展和工业部门的最新成就。与以往不同的是,在这次国际试飞员大会上,出现了来自中国试飞员的声音,中国航空业的发展成为那次大会最热的话题。

中国 ARJ21 - 700 飞机的试飞员赵鹏作了题为"受几何限制类飞机最小离地速度试飞驾驶技术和风险控制"的大会交流报告,介绍了 ARJ21 - 700 飞机的最小离地速度试飞。在赵鹏结束演讲走回自己座位的时候,很多国家的试飞员都从座位上站起来和他握手,向他表示祝贺:"我们非常享受听你的演讲,这是中国对国际试飞安全的贡献。"在这个国际性的航空俱乐部里响起了中国试飞员的声音,在那一刻,不仅仅是试飞员赵鹏个人的成功,也标志着世界再次看到了来自中国商用航空领域的发展。

第13章
维修成本分析

本章主要介绍民用飞机维修成本的基本概念、构成及评估方法,概述直接维修成本分析在民用飞机设计中的分析流程和方法。

学习要点:

(1) 了解维修成本的基本概念和分类;

(2) 熟悉飞机维修成本分析方法;

(3) 掌握维修成本评估计算方法;

(4) 掌握直接维修成本分析流程。

坚持新发展理念是习近平新时代中国特色社会主义思想的重要内容,大力节约集约利用资源,重视资源利用的系统效率,是新发展理念的科学内涵之一。对于民机运输来说,安全和效益永远是民用飞机运输所追求的两大永恒主题,安全性是第一位的,因为没有安全性,一切都无从谈起。但是,如果不注重经济性,不考虑成本,企业就会缺乏商业竞争力。因此,在保证安全的基础上,最大限度地提升经济效益是民航企业发展的首要目标,维修成本的分析和控制就是体现民用飞机效益目标的一个重要方面和实现途径。

开创飞机设计和制造事业,是把我国建设成为民航强国的必由之路,而民航强国不仅仅表现在飞机的设计和制造能力上,更是体现在民用飞机的全寿命周期中,包括从设计制造到使用维修的各个阶段,飞机的效益目标也是其中重要的一个方面。而在安全的基础上实现效益最大化,其中维修成本的分析和控制是极其重要的一个关键技术。

维修成本的分析和控制,特别是直接维修成本的分析和控制,是民用飞机全寿命周期控制的一项重要内容,直接关系到民用飞机的运营经济性,同时直接关系到民用飞机的市场生命力。在国外航空发达国家,随着民用飞机设计制造的时间和经验的积累针对维修成本的分析和控制已经逐渐形成了一些成熟的技术方法,也为 DMC 的分析和计算提供了分析方法。国内由于国产民用飞机设计和制造时间较短,在维修成本分析和控制方面还没有形成成熟可靠的方法。随着国产民用飞机项目的推进,国内学术界和民航业界都开始探索和研究,民用飞机制造企业也开始了维修成本分析和控制方法的借鉴和摸索,为国产民用飞机项目提供支撑。

13.1　概　　述

对航空公司来说,安全是根本,效益是目的,这两方面缺一不可。提升效益一般有两种方法,一是提高票价,二是降低成本。但是,考虑到当前各航空公司纷纷打起价格战才能在激烈的竞争中获取些许优势的市场环境,靠提高票价的途径来增加利润无异于自掘坟墓。而若是着眼于成本的降低,不仅能直接为航空公司带来现实的利益,更能使航空公司在激烈的价格战中赢得更大的降价空间,获得顾客的青睐。所以,降低成本才是航空公司提高经济效益和争取竞争优势的根本途径。

在航空公司的整个成本构成当中,飞机的维修费用所占据的比例相对较大。特别是在国内,大多数的航空公司都背负着沉重的成本负担。在这些沉重的成本当中,飞机的维修成本占到了航空公司总成本的 20% 以上(图 13.1),维修的费用也达到了当初购机费用的 2/3,航空公司只能赚取到总成本 5%~10% 的微薄利润。降低飞机维修成本是航空公司扭亏为盈和提高利润的主要途径之一,也是摆在航空公司面前的一道难题。飞机维修成本中耗费资金最多的当属发动机的维修费用,它几乎占到了飞机维修成本的 50%(图 13.2)。因此,如何降低这部分的资金消耗至关重要。

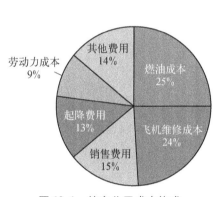

图 13.1　航空公司成本构成

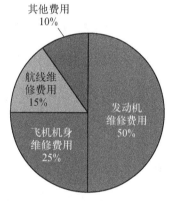

图 13.2　飞机维修成本构成

要降低成本,则必然要先分析成本的组成。飞机在使用和维护阶段的经济性评价标准是直接运营成本(direct operation cost, DOC)和间接运营成本(indirect operation cost, IOC)。由于 IOC 呈现整体非线性变化的不稳定状态,难以定量分析,因此 DOC 就成为飞机使用维护经济性分析的主要依据。DOC 一般包括购机成本、折旧成本、空勤组成本、燃油成本、着陆导航成本和维修成本等六个部分。其中维修成本只占直接运营成本的 10%~20%。虽然比例不大,但是维修成本却具有相当重要的地位。因为在占据了绝大多数直接运营成本的其他五个成本中,购机和折旧成本属于固定成本,是由飞机制造商制定的。同样,燃油和着陆导航成本也不受航空公司控制,且对每个航空公司来说,这几项成本一般都是相同的。至于空勤组成本,则受当前人才市场等因素变化的影响。所以从总体看来,这些成本都是航空公司无法控制或难以控制的。只有维修成本,才在较大程度上是由航空公司可控的。因此,各航空公司若想通过降低成本来提高经济效益和竞争力,就需要仔细分析维修成本的组成、影响因素等内容,寻找降低成本的根本方法。

13.2　民用飞机维修成本

13.2.1　维修成本

根据世界航空公司技术运营词汇表(world airline technical operations glossary,WATOG)国际标准,民用飞机维修成本的定义如下:维修成本由直接维修成本(direct maintenance cost, DMC)与间接维修成本(indirect maintenance cost, IMC)组成。其中,直接维修成本指的是在完成飞机或设备维修所需的工作中直接花费的人工时间和材料的费用。间接维修成本指的是在维修管理业务、航线航站维修保养、行政管理、记录管理、监督检查、工艺装备、检测设备、维修设施等方面花费的间接费用。

维修成本中,影响 IMC 的主要因素是运营商的保障水平,包括维修能力、库存备件和员工水平。这些因素对于不同的航空公司其表现是不同的,不是航空公司之间的共性,无法进行普遍的分析。而 DMC 与飞机的研制水平和维修设计水平息息相关,且可控的程度较大。因此,维修成本分析主要针对 DMC,并把 IMC 看作 DMC 的倍数,根据航空公司管理水平的不同,这个倍数为 50%~200%。

13.2.2　维修成本的影响因素

影响民用飞机维修成本的因素很多,概括起来主要有飞机本身的因素、飞机维修的因素、飞机使用和航空公司管理水平的因素四个方面(图 13.3)。

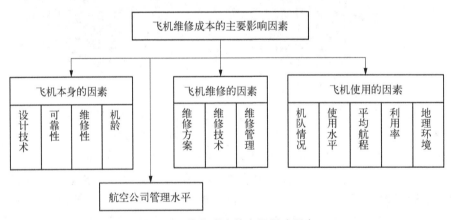

图 13.3　维修成本的主要影响因素

1. 飞机本身的因素

有研究表明,民用飞机 70% 的维修成本是在研制阶段决定的。研制过程中,不同的飞机制造商具有不同的技术背景,优秀的飞机制造商往往根据先前的经验和教训在新型飞机中采用新材料、新工艺和新技术,这必然带来不同飞机之间维修成本的不同。保证飞机固有可靠性是维修的重要目标之一,不同的可靠性代表着不同的维修间隔和维修任务,也导致不同的可靠性水平,也将花费不同的维修成本。维修性代表着飞机故障之后的可修复能力,它直接影响着维修工作的开展和维修任务的完成,固有维修性好的飞机必然大大降低维修成本。机龄也是一个重要因素,随着飞机的老龄化,机体的各类损伤尤其是结构损伤和腐蚀会加剧,这势必造成维修成本的增加。

2. 飞机维修的因素

为了更好地实施维修,飞机制造商必须向航空公司提供维修大纲、维修计划文件和通用工卡等,这些文件将详细说明一般情况下飞机需要进行哪些维修、什么时候维修和怎样维修。航空公司也会根据它们制定符合自身情况的维修方案,其中将明确规定不同维修项目的维修间隔和维修任务,其合理性将直接影响维修成本的高低。过长的维修间隔可能导致不能及时发现飞机系统和结构上的缺陷,从而使缺陷演变成超标的坏损和失效,造成修理成本大幅上升;过短的维修间隔会使检修的人工成本上升。然而,不同航空公司具有不同的维修技术人员、维修设施条件和航站维修能力。即使同等使用条件下同样飞机的同样维修方案,让不同人员来修,效果也是不一样的,有的可能时间很长,有的可能时间很短,这必然引起维修成本的差异。并且,有的航空公司没有足够的维修条件和维修能力,只能进行转包维修,在转包过程中,哪些项目转包,转包给谁,都会带来不同的维修成本。

3. 飞机使用的因素

机队的结构和规模对维修成本影响很大。如果在机队中有更多相同或相近的机型,那么飞机间的通用性就加强了,维修人员不需要过多的培训,维修技术会越来越熟练,在设备、人员管理方面也不需要更多的投入,而且器材库存的周转会更容易控制。飞行人员的使用水平对维修成本的影响也是不能忽视的。正确使用减推力起飞能够有效地延长发动机使用时间,良好的着陆技术及有效使用反推和跑道长度都会延长轮胎、机轮、刹车的使用时间,从而降低维修成本。平均航程和利用率是经常提到的维修成本影响因素。飞机利用率越高,每飞行小时直接维修成本就越低,因为每日、每周规定的检查项目相对减少,时间周期拉长。如果平均航段时间大大低于飞机设计的经济航程,随着平均航段飞行小时的降低,单位小时维修成本会急剧增加。

地理环境对维修成本的影响也不小。以发动机为例,长期处于潮湿环境会使铝合金叶片韧性降低,改变间隙特性并使金属颗粒与基体之间的界面变脆,扩大裂纹增长率,从而降低寿命,增加维修成本;空气中的盐粒、灰尘及污染物都会降低发动机的性能,缩短发动机的在翼时间。

飞机运行中产生的直接维修成本可以分为两种:一种是与飞机起落相关的成本,如起落架、制动装置、襟翼系统的维修成本,称为循环性成本(cyclic cost, CC);另一种是与飞行小时数有关的成本,如小时使用消耗、定期零部件的更换等,称为小时性成本(hourly cost, HC)。

如果 CC 和 HC 都统一以每飞行小时为单位,则形成式(13.1)所示的一条双曲线。

$$DMC = HC + \frac{CC}{T} \tag{13.1}$$

其中,DMC 指每飞行小时直接维修成本;T 指平均航段时间,单位为飞行小时。

总之,飞机本身、飞机维修及飞机使用这三方面对维修成本的影响都非常大。维修成本的产生依赖飞机这一载体,飞机制造商通过设计和制造使维修成本成为飞机的一种固有属性,综合体现了飞机的维修性和经济性;维修成本又是通过维修活动表现出来的,通过不同的维修大纲、维修计划文件和工卡等来规范维修活动可以获得表现形式不同的维修成本;而维修成本与实际条件和实际环境下的使用又是息息相关的,使维修成本在固有属性和表现形式的基础上又具有了一种使用属性。因此,飞机本身、飞机维修和飞机使用这些影响因素就是维修成本固有属性、表现形式和使用属性的具体体现。这些具体的体现为控制维修成本提供了可能的途径,同时也因为涉及飞机从设计到使用的全寿命过程,使得维修成本的控制与分析成为一个贯穿全寿命的过程,并且需要飞机制造方和使用方的长期共同努力。

4. 航空公司管理因素

航空公司的管理水平决定了其对人力资源、飞机资源及设备资源的利用率,这使得航空公司必须建立一套严格有效的控制管理机制,最大限度提高对以上三种资源的利用率。通过科学计算,使飞机的非服务时间达到最小,即尽量缩短飞机在地面停放的时间,最大化飞机的利用率能帮助降低维修成本。还应优化人力资源,提高人员办事效率,建立有效用工激励机制,减少不必要的高人工成本。对于维修工具来说,应最大化其利用率,尽量不重复购买工具、闲置工具。

13.2.3　直接维修成本

维修成本分为 DMC 和 IMC,而 DMC 可以再细分。依据不同的标准,有两种划分方法,分别是按照维修级别划分和按照飞机系统划分。

在维修成本中,直接维修成本主要受飞机的设计水平和使用情况的制约,而 IMC 与航空公司管理水平有非常大的关系。假设不同航空公司拥有同一型号飞机,由于航空公司之间管理水平的差异,则该机型的 IMC 会有很大的不同。因此,航空界在分析和比较维修成本中,主要考虑直接维修成本。

1. 按维修级别划分 DMC

维修成本产生于维修活动,因此不同的维修活动也对应着不同的维修成本。按照维修形式的不同,维修活动可以划分为原位维修(on-aircraft maintenance)和离位维修(off-aircraft maintenance)。故而其产生的成本就称为原位维修成本和离位维修成本。同时,原位维修又可具体分为航线检、定检和其他维修;离位维修的工作内容主要包括部附件和发动机的修理。因此,维修成本又可相应地具体分类下去(图 13.4)。值得提出的是,在维修的过程中也必然会因为一些附加活动诸如:清洁和喷漆、航材存储和运输等,产生相应的费用。但是这些费用并不能归结到直接维修成本中去,而是作为间接维修成本来计算的。

按照维修级别,DMC 可以分为原位维修的成本和离位维修的成本。原位维修(on-aircraft maintenance)是指计划性维修中的一般目视检查、详细目视检查以及对时控件和发生故障的零部件所进行的测试、拆卸、更换和修理等维修工作。原位维修成本包括:航线维修成本、A 检维修成本、C 检维修成本、结构检维修成本和其他检修成本。离位维修（off-aircraft maintenance）是指在车间内，对零部件或发动机进行的测试、修理和翻修工作。离位维修成本包括部附件修理成本和发动机修理成本。通常也有习惯将原位维修成本和部附件修理成本合起来称作机体维修成本，进而将 DMC 分为机体维修成本和发动机维修成本两部分。

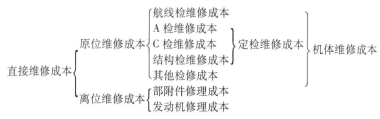

图 13.4　按维修级别划分 DMC

2. 按飞机系统划分 DMC

飞机的维修活动都是针对飞机的不同系统和部位展开，因此若是按照维修活动对应的系统（即 ATA 章节）的不同，也可以相应地划分直接维修成本（表 13.1）。在 ATA 章节中，主要将飞机系统分为机体系统与动力装置系统。其中：第 5、21~57 章归为机体系统维修成本（airframe maintenance costs），71~80 章归为动力装置系统维修成本（powerplant maintenance costs）。同时，无论是机体维修成本还是动力装置维修成本都包括与之有关的原位维修成本和离位维修成本，这些成本又分别由人工时费和材料费组成（表 13.2）。值得注意的是：第 5 章中的维修检查费用主要包括与机体航线维修有关的费用，而第 50 章的标准施工费用主要包括结构检查中无法归集到某个章节的维修费用。

表 13.1　B733CL 型飞机直接维修成本统计表（单位：美元/飞行小时）

章节	项　目	系统人工时费			系统材料费			系　统
		原位	离位	合计	原位	离位	合计	
5	维修检查	6.960	0.000	6.690	1.979	0.000	1.979	8.939
21	空调	0.227	4.647	4.874	1.212	2.424	3.636	8.510
22	自动飞行	0.043	3.996	4.039	0.517	2.583	3.099	7.138
23	通信	0.205	2.929	3.134	0.172	0.172	0.344	3.478
24	电源	0.115	2.435	2.550	2.400	4.801	7.201	9.751
25	内饰/设备	1.142	19.160	20.302	1.707	0.845	2.561	22.863
26	防火	0.047	0.417	0.464	0.271	0.014	0.285	0.749
27	飞行操纵	0.671	7.966	8.637	2.641	5.281	7.922	16.559
28	燃油	0.154	1.134	1.288	0.188	0.063	0.251	1.539
29	液压	0.308	1.853	2.161	0.255	0.085	0.340	2.501
30	防冰/防雨	0.077	0.914	0.991	0.506	0.337	0.843	1.834
31	指示/记录	0.098	0.971	1.069	0.367	0.024	0.391	1.460
32	起落架	0.359	11.992	12.351	12.534	14.745	27.279	39.630
33	灯光	0.453	3.185	3.638	0.255	0.426	0.681	4.319

章节	项 目	系统人工时费			系统材料费			系 统
		原位	离位	合计	原位	离位	合计	
34	导航	0.175	11.549	11.724	0.316	2.693	3.009	14.733
35	氧气	0.064	1.240	1.304	0.236	0.393	0.628	1.932
36	气源	0.115	0.780	0.895	0.950	0.317	1.267	2.162
38	水和废水	0.064	0.490	0.554	0.068	0.258	0.326	0.880
49	APU	0.103	5.135	5.238	1.136	7.577	8.713	13.951
50	标准施工/结构	3.853	0.000	3.853	0.000	0.000	0.000	3.853
52	舱门	0.693	3.815	4.508	0.068	0.709	0.777	5.285
53	机身	3.291	0.000	3.291	2.042	0.000	2.042	5.333
54	短舱/吊舱	0.657	0.000	0.657	0.730	0.000	0.730	1.387
55	安定面	0.436	1.277	1.713	0.068	0.302	0.370	2.083
56	窗	0.960	0.000	0.960	4.280	0.000	4.280	5.240
57	机翼	1.206	3.822	5.028	0.068	1.071	1.139	6.167
	机身系统(5~57)	22.560	89.876	112.436	35.010	45.214	80.224	192.660
	发动机(71~80)	1.440	33.631	35.070	2.000	108.269	110.269	145.340
	整机(5~80)	24.000	123.507	147.506	37.010	153.483	190.493	338.000

表 13.2　两种 DMC 划分方法之间的联系

机体系统（第5章~57章）	航线维修(机体)	原位	人工时	所有机体系统原位人工时
	A检(机体)			
	C检(机体)		材料	所有机体系统原位维修材料费
	结构检			
	其他定检(机体)*			
	部附件修理(机体)	离位	人工时	所有机体系统离位人工时
			材料	所有系统离位维修材料费
发动机系统（第71~80章）	航线维修(发动机)	原位	人工时	所有发动机系统原位人工时
	A检(发动机)			
	C检(发动机)		材料	所有发动机系统原位维修材料费
	其他定检(发动机)*			
	部附件修理(发动机)	离位	人工时	所有发动机系统离位人工时
	发动机修理		材料	所有发动机系统离位维修材料费

* 指那些不放在 A 检、C 检或结构检中,单独进行时间控制(日历时间\飞行小时\飞行循环)的维修工作。

维修成本的产生离不开维修活动的进行,且维修活动安排是否合理对维修成本也有极大的影响。机务维修一直都是航空公司的重点花钱对象之一,其费用已经占到了航空公司总成本的15%。另据资料统计,国内飞机维修的费用在同等条件下比国外航空公司要高2~3倍。

机体维修成本有四个组成部分,分别是:航线检维修成本、定检维修成本、其他维修成本和部附件维修成本。这四个部分各有特点,在评估时需根据其具体条件选取合适的评估方法。

13.3 成本评估方法

13.3.1 基本方法

费用估算的基本的方法有工程估算法、参数模型法、类比估算法、专家判断法和仿真模型法等。

1. 工程估算法

工程估算法是一种自下而上累加的方法。它的思路是将飞机维修阶段的各费用项目分解到最基本的费用单元,再逐项估计每项费用单元的费用,自下而上累加求得产品费用估算值。

运用工程估算法进行估算时,首先应根据费用估算的具体目的和要求,将该项目分解为最基本的费用单元。但无论怎样细分,都应当遵循以下几点原则。

(1) 必须完整考虑系统的一切费用。工程估算法是通过累加分解出的每项基本费用单元的预测费用来对整体费用进行预测的,若在划分基本费用单元时就不能完整考虑该费用所涉及的各个方面,那么预测出来的整体费用也便没了意义。

(2) 各项费用必须有严格的定义,划分出的基本费用单元要能完整的涵盖整体的费用,且彼此之间要相对孤立,不能有交叉重叠之处,防止费用的重复计算或漏算。

(3) 划分出的费用项目分解结构应该与该项目的结构及公司的账务保持一致。

(4) 应明确哪些费用是非再现费用,哪些为再现费用。

显然,要想估算准确,就必须对产品系统有全面详尽的了解,并能准确细致地划分基本费用单元。因此工程估算方法工作量比较大,常常需要进行非常繁杂地计算。但是,使用这种方法不仅能得到项目整体的精确费用估算结果,而且对于具体的费用单元也能有明确的估算结果。这对于全面把握费用项目有很大的帮助,因此,它仍是目前用得较多的评估方法之一。若能将各项目适当编码并规范化,通过计算机进行估算,解放人工计算的繁重过程,工程估算法将更加方便和理想。

工程估算法的优点有:工程估算法在计算过程中考虑了所有的费用项目,也明确了所有费用的流向,因此所估计的维修成本比较详细、准确。

工程估算法的缺点有:这种评估算法需要把每个系统的费用累加,因此工作量比较大,更适合计算机估算。

2. 参数模型法

参数模型法的主要思路是把维修费用看作因变量,其影响因素看作自变量,然后建立函数关系进行评估。因此若要运用这种方法,首先要找到费用的主要影响因素,也就是要建立函数的主要参数。再根据同类或相似产品的已知数据建立模型进行预测。

这种方法要求估算人员能详细了解要估算的维修费用模型,准确地抓住函数的自变量,并建立正确的关系模型。同时,在建模的时候还要大量的可靠数据才能使费用估算较为准确。此外,它还适用于确定费用的主导因素和进行费用敏感度分析。但是,参数模型法也有如下局限性。

(1)按某一个公司的历史数据建立的模型一般只能应用于此公司的新产品预测,不能直接套用于其他公司。也就是说,其他公司若想利用此模型,必须要了解清楚这个模型的产生背景、各变量的定义、产品特点及该产品的研制费是否适合使用该模型来估算等条件,然后重新进行参数估算,才能应用。

(2)需求数据多,估算精度较差。使用此种方法评估费用需要大量可靠的历史数据,这些数据要全面包含建模所需的参数。而并不是所有的历史数据都能完全满足现在的建模要求,因此若使用这些数据来建模,则必然会造成估算结果的较大误差。

参数模型法是先确定影响维修成本的主要因素(参数),再利用某种函数关系把维修成本和影响维修成本的因素联系起来。

参数模型法的步骤如下。

(1)根据航空公司维修数据确定维修成本构成如图13.5所示,需要根据每一项成本项目确定其关键影响因素及函数关系进行估算。

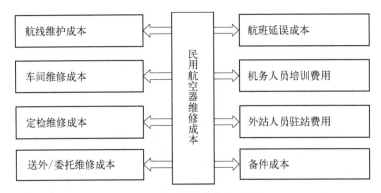

图 13.5　维修成本构成图

航线维护成本:航线维护成本也被称为人工时成本,是航线时维修人员的工时费用。

车间维修成本:在车间维修航线可更换件所产生的费用。

定检维修成本:是指航空公司或维修单位在执行维修方案(MRS)中的所有定期任务时所产生的消耗的材料费用以及工时费用。

送外/委托维修成本:当航空公司或维修单位不具备维修能力时委托或送外维修所产生的费用。

航班延误成本:是指因为维修原因所造成的航班不能正常执行所造成的经济损失,据统计,这种延误占到总航班延误的30%~40%。

备件成本:是指消耗件成本、机队的初始供应成本、周转件所需的库存费用和保存消耗件。

(2)确定影响维修成本的参数。参数确定的原则:在充分分析维修成本的前提下确定适当的成本参数;该参数充分反映维修成本;该参数有利于维修成本影响因素的分析,比较容易与实际影响因素联系;该参数容易获取。

（3）数据收集及处理。参数模型法中所建立的数学模型的精度和可信度由历史数据的正确性和可靠性决定，所以必须对所收集到的数据进行预处理。① 数据的修正。因为有时所收集的数据时间跨度相当大，并且由于很多客观原因使得这些数据没有统一的标准，因此在使用前为了方便进行数据的再处理，必须要对数据进行标准化。② 数据的聚类分析。航空公司或维修单位在实际管理过程中并没有严格按照设定的数据参数进行审核、统计，所以可能存在数据的重叠和遗漏，因此要对数据进行清理和聚类。

（4）分析数据与维修成本之间的关系，得出估算表达式。这个过程就是建模过程，用一个函数把维修成本与数据之间的关系表达出来。

（5）评估分析。为了确保所建立的模型有较高的精度能应用于实际预测，把预测值进行分析，也称为进度检查，查看预测出来的值是否满足要求。

（6）进行回归分析。

3. 类比估算法

类比估算法是通过将要评估的新系统与其他系统进行类比，找出与之相似的系统，再根据其已知数据建立估算模型。估计时不仅要考虑彼此之间参数的异同和时间、条件上的差别，还要考虑涨价等因素，以便随时做出修正。这种方法多适用于产品研制的早期，可以在开发初期便提供产品开发费较为详细的概算。其缺点是不适用于全新或使用条件不同的系统，局限较大。

4. 专家判断法

专家判断法的思想是由专家根据经验判断估算，或由几个专家分别估算后加以综合确定。它要求估算者拥有关于系统和系统部件的综合知识。由于是根据专家经验进行判断，预测精度不高，所以一般在无法获得充足数据的情况下，或者维修费用与其影响因素之间的关系模型难以确定的情况下才使用这种方法。有时也联合类比估算法共同使用，以提高预算精度。

5. 仿真模型法

仿真模型估算法的主要思路是采用仿真语言对要评估的系统进行仿真，每次仿真都代表计划的一种可能结果。在进行若干次类似的仿真之后，就可以得到若干结果，也就是系统的统计数据，包括成功的概率和计划成本等。这种方法主要用来估算大型配套工程的相关费用。

13.3.2　常用评估方法

随着理论的不断发展，研究者又在基本评估方法的基础上提出了一些精度更高、使用效果更好的评估方法。其中最具代表性的就是偏最小二乘回归法、神经网络法和灰色理论。

1. 偏最小二乘回归法

偏最小二乘回归法是一种新型的小样本多元统计数据分析方法。借助于主成分提取和典型成分相关关系分析的方法，偏最小二乘回归法有效地提取了系统中解释性最强的信息，从而克服变量多重相关性在系统建模中的不良影响，使多元数据分析变得极为便利。因此，偏最小二乘回归法主要适用于多因变量对多自变量的线性回归模型，且一般具有很好的稳定性、较小的拟合误差,预测的精度和范围也比较高。

2. 神经网络法

神经网络法一般分为误差逆传播(back propagation,BP)神经网络法和径向基函数(radial basis function,RBF)网络法两种。BP 神经网络法是利用费用影响因素经一定计算后得出费用。它需要用充足的样本去进行训练,完成后便可作为估计新型号费用的一种有效工具。而 RBF 网络法则是先利用函数局部逼近,再调整相应的权值,进而进行有效的估算。这两种神经网络法各有优劣,虽然相对于 BP 神经网络法来说,RBF 网络法存在局部极小和收敛速度慢等缺点,但在逼近能力、分类能力及学习速度方面又相对优于BP 神经网络法。

3. 灰色理论

灰色理论是对既含有已知信息又含有不确定信息的系统进行预测,也就是对在一定范围内变化的、与时间有关的灰色过程进行预测。一般来说,灰色理论评估的是随机性较大费用项目,不过虽然费用项目数据序列在显示上是随机的,但对于一个系统的费用维修项目,其必然也存在着某种联系。因此,所收集的数据序列也具备潜在规律。使用灰色理论进行评估就是通过灰色生成对原始数据进行处理,使数据间的规律显现出来,以便进行评估与预测。

因为灰色理论不要求样本具有规范的分布,而是将杂乱无章的原始数据整理成规律性较强的生成数列再作研究,因此,灰色理论建立的是生成数据的灰色系统理论模型(grey model,GM),模型估算得到的结果是一次或多次生成后得到的数据序列的预测值。所以,想要得到原始数据序列的预测值,就要进行数据的逆生成处理,即进行累减生成。

4. 分析对比法

所谓分析对比法,就一定要以一定的案例数量作为基础,而且用来对比的案例必须要有一定的参考价值,即与新机型有一定的相似程度,才具有可比性。根据相似机型的各项参数,对 DMC 进行统计、研究,来对新机型的 DMC 进行预测。这种方法的精准度或者可靠性主要取决于以往案例的数量和与新机型的相似度,这两个条件缺一不可。如果没有一个庞大的数据库、大量的数据和经验,预测出的结果肯定会与实际值有很大偏差;假设已经有了一个关于旧案例的数据库,而数据库里面的旧案例与新机型的相似度都不高,那么这些案例的利用参考价值就显得很低,再多也于事无补,预测出的结果也不是人们想要的。

5. 经验公式法

经验公式法是寻找 DMC 和飞机各个系统部件之间的关系,需要大量的数据作为依托,利用飞机的一些重要参数,建立数学模型。主要包括三种方法:ATA 方法、AEA 方法、NASA 方法。

1) ATA 方法

1967 年美国航空运输协会提出的 ATA 方法是国际公认的一种 DOC 计算方法,其中包括了维修成本部分。该方法是以 DC-3 飞机的运营数据为基础建立的数学模型,模型的输入主要是新型飞机的重要设计参数。具体模型如下:

$$\begin{cases} \text{Labor\_Airframe} = (\text{KFH}_a \cdot t_f + \text{KFC}_a) \cdot RL \cdot M^{0.5}/t_f & (13.2) \\ \text{KFC}_a = 0.05 \cdot W_a/1\,000 + 6 - 630/(W_a/1\,000 + 120) & (13.3) \\ \text{KFH}_a = 0.59 \cdot \text{KFC}_a & (13.4) \end{cases}$$

$$\begin{cases} \text{Material\_Airframe} = (\text{CFH}_a \cdot t_f + \text{CFC}_a)/t_f & (13.5) \\ \text{CFH}_a = 3.08 \cdot C_a & (13.6) \\ \text{CFC}_a = 6.24 \cdot C_a & (13.7) \end{cases}$$

$$\begin{cases} \text{Labor\_Engine} = (\text{KFH}_e \cdot t_f + \text{KFC}_e) \cdot RL/t_f & (13.8) \\ \text{KFH}_e = (0.6 + 0.027 \cdot T/1\,000) \cdot N_e & (13.9) \\ \text{KFC}_e = (0.3 + 0.03 \cdot T/1\,000) \cdot N_e & (13.10) \end{cases}$$

$$\begin{cases} \text{Material\_Engine} = (\text{CFH}_e \cdot t_f + \text{CFC}_e)/t_f & (13.11) \\ \text{CFH}_e = 2.5 \cdot N_e \cdot 10 \cdot C_e & (13.12) \\ \text{CFC}_e = 2 \cdot N_e \cdot 10 \cdot C_e & (13.13) \end{cases}$$

$$\text{DMC} = \text{Labor\_Airframe} + \text{Material\_Airframe} + \text{Labor\_Engine} + \text{Material\_Engine} \quad (13.14)$$

其中,DMC 指总的平均直接维修成本,单位为美元/飞行小时;Labor_Airframe 和 Material_Airframe 分别指机体的平均人工时成本和材料成本;Labor_Engine 和 Material_Engine 分别指发动机的平均人工时成本和材料成本;KFH_a 和 KFC_a 分别指每飞行小时和每飞行循环的机体人工时成本;CFH_a 和 CFC_a 分别指每飞行小时和每飞行循环的机体材料成本;KFH_e 和 KFC_e 分别指每飞行小时和每飞行循环的发动机人工时成本;CFH_e 和 CFC_e 分别指每飞行小时和每飞行循环的发动机材料成本;t_f 指飞行时间,单位为小时;RI 指人工时费率,单位为美元/人工时;M 指马赫数;W_a 指机体重量,单位为磅;C_a 和 C_e 分别指机体价格和发动机价格,单位为百万美元;T 指最大起飞推力,单位为磅;N_e 指发动机数量,单位为台。

2）AEA 方法

AEA 方法是 1989 年欧洲航空公司协会提出的一种 DOC 计算方法,该方法提出之后得到了广泛的应用。它也是以飞机实际运营数据为基础,根据飞机设计参数建立的数学模型。数学模型分为中短程飞机和远程飞机两个类别,每个类别又分别按照涡桨发动机、涡扇发动机和涡喷发动机建立不同的模型。以中短程涡喷发动机数学模型为例,具体方法如下:

$$\text{Labor\_Airframe} = \left[\left(0.09 W_{af} + 6.7 \cdot \frac{350}{W_{af} + 75} \right) \cdot \frac{0.8 + 0.068(t - 0.25)}{t} \right] \cdot R \quad (13.15)$$

$$\text{Material\_Airframe} = \frac{4.2 + 2.2(t - 0.25)}{t} \cdot C_a \quad (13.16)$$

$$\text{Engine} = N_e \cdot (L_t + M_t) \cdot (t_f + 1.3)/(t_f + 0.25) \quad (13.17)$$

$$L_t = 0.21 \cdot R \cdot C_1 \cdot C_3 \cdot (1 + T)^{0.4} \quad (13.18)$$

$$M_t = 2.56 \cdot (1+T)^{0.8} \cdot C_1 \cdot (C_2+C_3) \tag{13.19}$$

$$\text{DMC} = \text{Labor\_Airframe} + \text{Material\_Airframe} + \text{Engine} \tag{13.20}$$

其中,DMC 指总的平均直接维修成本,单位为美元/轮挡小时;Labor_Airframe 和 Material_Airframe 分别指机体的平均人工时成本和材料成本;Engine 指发动机的平均维修成本;W_{af} 是机体劳务计价重量,一般算作机体重量的 1.2 倍,单位为磅;t 指轮挡时间,t_f 指飞行时间,单位为小时且 $t=t_f+0.25$;R 指人工时费率,单位为美元/人工时;C_a 指机体价格,单位为百万美元;L_t 和 M_t 分别指每飞行小时和每飞行循环的发动机维修成本;T 指最大起飞推力,单位为磅;C_1、C_2 和 C_3 是三个计算因子,且有

$$C_1 = 1.27 - 0.2 \cdot \text{BPR}^{0.2} \tag{13.21}$$

$$C_2 = 0.4 \cdot (\text{OAPR}/20)^{1.3} + 0.4 \tag{13.22}$$

$$C_3 = 0.032 \cdot n_c + K \tag{13.23}$$

其中,BPR 是涵道比;OAPR 是增压比;n_c 是压气机级数;K 是与轴数相关的经验值,1 轴取 0.5,2 轴取 0.57,3 轴取 0.64。

3) NASA 方法

NASA 模型针对 ATA 章节划分的系统,对每个系统的维修费用进行回归分析。维修费用分为机体系统和推力系统两大部分。具体模型如下:

$$\text{TripTime} = t_f + 0.25 \tag{13.24}$$

$$W_a = \text{OEM} - N_e \times \text{EW} \tag{13.25}$$

$$\left\{ \begin{aligned} \text{Labor\_Airframe} &= \left[1.26 + 1.774 \times \frac{W_a}{100\,000} - 0.107\,1 \times \left(\frac{W_a}{100\,000} \right)^2 \right] \times \text{TripTime} \\ &\quad + \left[1.614 + 0.722\,7 \times \frac{W_a}{100\,000} + 0.120\,4 \times \left(\frac{W_a}{100\,000} \right)^2 \right] \\ \text{Materia\_Airframe} &= \left[12.39 + 29.8 \times \frac{W_a}{100\,000} + 0.180\,6 \times \left(\frac{W_a}{100\,000} \right)^2 \right] \times \text{TripTime} \\ &\quad + \left[15.2 + 97.33 \times \frac{W_a}{100\,000} - 2.862 \times \left(\frac{W_a}{100\,000} \right)^2 \right] \end{aligned} \right. \tag{13.26}$$

$$\left\{ \begin{aligned} \text{Labor\_Engine} &= \left[\left(0.645 + 0.05 \times \frac{T}{100\,000} \right) \times \left(0.566 + \frac{0.434}{\text{TripTime}} \right) \right] \times \text{TripTime} \times N_e \\ \text{Material\_Engine} &= \left[25 + \left(0.05 \times \frac{T}{100\,000} \right) \times \left(0.62 + \frac{0.38}{\text{TripTime}} \right) \right] \times \text{TripTime} \times N_e \end{aligned} \right. \tag{13.27}$$

$$DMC = Labor\_Airframe \times RL + Material\_Airframe + Labor\_Engine \times RL \\ + Material\_Engine \tag{13.28}$$

其中, t_f 是飞行时间,单位为小时; TripTime 是轮挡小时; W_a 是机体重量,单位为磅; OEM 是使用空重,单位为磅; EW 是发动机重量,单位为磅; N_e 是发动机数量,单位为台; RL 是人工时费率,单位为美元/人工时。

13.4　直接维修成本分析与控制

13.4.1　维修任务与等级

1. 维修任务

维修任务简单地可分为计划维修任务及非计划维修任务,可以通过对计划维修任务及非计划维修任务的优化来降低直接维修成本。

1) 勤务

勤务工作指消耗品的补充及废物的处置,以保持飞机处于运营状态。勤务工作范畴较广,包括燃油供给、客舱清洁、厨房供给等。虽然勤务工作与维修工作基本同时开展,但勤务工作通常由非维修人员执行。勤务工作产生的成本不计入直接维修成本。

2) 计划维修

由于计划维修任务会产生一定的人工、航材、耗材及地面设备成本,所以在进行产品设计时尽量避免引入计划维修任务。计划维修任务的目的是保持某个项目的运行状态,通过周期性的检查、检测、更换、校准、清洁等手段,预防故障发生。如果无法避免计划维修任务的产生,则须考虑降低任务的频次,并使用 MSG-3 分析方法来定义合理有效的维修间隔。为保证飞机固有的安全性与可靠性,计划维修任务须能有效检查出各类故障或退化情况。

计划维修任务所产生的维修成本高低取决于任务的复杂程度。计划维修任务的间隔不是一成不变的,通常可通过设计改进及运营数据分析来延长维修间隔。

运营人对计划维修任务通常按照字母检查(letter check)或者阶段检查(phase check)来进行控制。短间隔的维修任务(例如航线检查)包括对轮胎、刹车的检查,对液体泄漏的检查、勤务、起落架减震支柱检查、迎角传感器检查等。较长间隔的维修任务(例如A检)包括对起落架、发动机、舵面、油量的检查等。长间隔的维修任务(例如C检)包括内饰翻新、发动机孔探、腐蚀防控、飞控舵面详细检查等。结构检查任务(通常在D检执行)需要进行大量的接近工作,包括内饰板、座椅、行李架、厨房、厕所等的拆除,大型部件的支撑结构可能需要拆除该部件才能进行检查,结构检查亦可能会引入结构件的加强甚至更换工作。

3) 非计划维修

系统部件的故障可以通过提升可靠性降低发生的频次,但是故障通常难以消除。当部件故障对飞机运行安全没有不利影响时,该部件故障可以是允许的。非计划维修是指在空勤人员或地勤人员发现故障后,通过更换或修理等措施将飞机恢复至运营状态。部件的可靠性及维修性特征对非计划维修成本有十分重要的影响。

4）维修保留

对于运营人来说,不同的维修设施或设备决定了其不同的维修能力。如果故障发生在运营人不具备维修能力或维修能力不足的地点,在故障可保留的情况下(依据最低设备清单),运营人通常更愿意将故障推迟至其具备维修能力的地点进行修复。

由于飞机的冗余设计特性,很多故障发生后可以延后维修,即可进行保留。冗余设计可提升飞机的签派可靠性及系统级的平均故障间隔时间。但是冗余设计通常会增加设备数量,使系统本身变得更为复杂。通常冗余度越高,制造及维修成本越高。考虑到设备冗余带来的影响,飞机设计时应综合权衡签派可靠性、平均故障间隔时间、维修成本及安全性,以确定最佳的冗余度水平。

2. 维修等级

在产品设计时,应将维修级别纳入考虑范畴,结构、系统或部附件应尽量在可接受的最低维修级别进行维修。通常情况下维修等级分为三级。

（1）1级——由运营人使用有限的设备或设施完成。运营人使用非常有限的设施进行维修,此级别的任务无需使用专用的诊断设备,专用的工具或测量设备,通过简单的目视检查、操作或功能检查即可完成确认。

（2）2级——由修理机构完成。由适航管理当局授权的维修机构进行的维修,常用的维修设施必须可用,是否缺乏部分专用工具及测试设备,这些专用工具或测试设备通常是由于能力欠缺或采购成本与使用频次不匹配而不进行配置。

（3）3级——由供应商或其授权机构完成。需要将部件返回给供应商或其授权机构进行的维修,该级别维修所需的工装设备、人员要求等超出了级别2的范围。

当设备需要返回给设备的供应商(或其授权机构时),供应商通常应说明在此级别维修的必要性,并给出完成修复所需要的最长时间(周转时间)。该时间指的是供应商或其授权机构从收到故障件至将可用件返回至运营人所经历的时间。

13.4.2　面向维修成本的设计考虑

直接维修成本评估与可靠性评估、维修性评估及安全性评估同时开展,直接维修成本是飞机设计、开发与取证阶段重要的技术指标之一。在飞机设计过程中,要想体现出在维修成本方面的先进性,须综合考虑故障隔离、可达性、标准化设计、模块化设计、冗余设计、可修理性、可测试性等多个方面,即产品的维修性设计、人为因素考虑及可靠性设计等,如图13.6所示。

1. 维修工时因素

维护或修理所需的人工时是重要的成本因素,对于维护、修理时间影响,设计时须着重考虑以下方面:

（1）设备安装,允许快速接近,可快速进行测试、勤务、拆装与检查等维修工作;

（2）产品设计时应尽量允许两个或多个维修人员同时工作,这样可以缩短维修工时,提升签派能力;

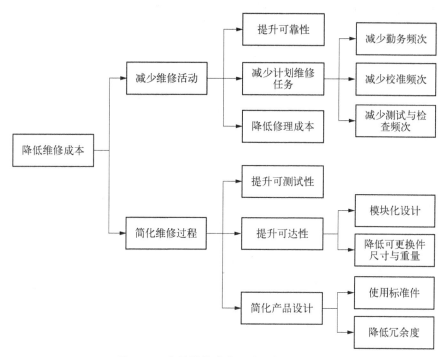

图 13.6　直接维修成本设计目标实现手段

（3）在执行维修任务时，应能够避免拆除或断开其他设备或系统；

（4）维修工作应尽量与行业基准相似，这样可以简化维修培训工作，并可有效降低人工时；

（5）设计时应尽量纳入利于维修工作的相关设计特点，例如便于电路板更换的内置机械手柄等；

（6）部附件的拆装须在最低可接受维修级别上进行，高价值部件不可因为低价值子部件的故障而报废，长寿命部件不可因为短寿命子部件故障而报废。

2. 备件因素

产品设计时，备件是十分重要的考虑因素之一。一是由于民用飞机备件采购价格高，二是备件的存储、过时处理、退化、检查等储备成本高，所以在进行产品设计时要综合考虑更换频次、修理周转时间、部件价格、模块化、使用寿命、签派要求、测试性及通用性等备件因素。

3. 排故因素

正确对系统进行排故，准确定位故障部件所需的时间，对飞机停场时间及维修成本有着十分重要的影响。故障隔离所需的时间应通过设计专业间的配合得到定量控制。设备的设计应允许迅速简单地将故障隔离至故障部件，以降低无故障发现率（no fault found, NFF）。

故障隔离时间须与设备的修理频次保持一致，即维修频次高的项目所需的故障隔离时间应低于维修频次低的项目。

机组关注信息与维修人员关注信息之间是有区别的，例如某些功能丧失对飞行机组重要,而哪个 LRU 故障或如何进行修理对维修人员来说更重要。

在飞机运行各阶段,电子或机械故障通过各种形式进行反馈,这些反馈形式也可理解为电子或机械故障的探测方法,例如磨损指示、灯光/音响指示、发动机指示与机组告警系统(engine indication and unit alarm system, EICAS)信息、机载维修系统信息(onboard maintenance system, OMS)等。故障反馈形式通常分为两类:

(1) 自动反馈,即飞机系统自动反馈,无须任何人工干预;

(2) 人工干预反馈,即需要通过人工干预才能探测到故障,例如,作动器泄漏需要维修人员检查才能发现。

故障指示可告知机组人员某个功能已丧失或降级。对维修人员来说,故障指示应尽可能地告知维修人员可能故障的部件,而不是简单的某个功能丧失。这样维修人员可以决策应该更换哪个部件以排除故障。

4. 地面支持设备因素

在飞机设计过程中,要尽量避免引入专用的工作或设备。专用地面设备的使用可减少维修时间,提升排故效率,但会带来以下不利影响:

(1) 地面支援设备在维修现场不一定可用,而且价格昂贵;

(2) 专用 GSE 通常仅适用于某一特定机型;

(3) 地面支持设备通常非机载设备,因此运营人需将设备存储在各维修基地。

5. 冗余设计因素

考虑到设备冗余带来的影响,飞机设计时应综合权衡签派可靠性、平均故障间隔时间、维修成本及安全性,以确定最佳的冗余度水平。冗余度越高,制造与维修成本越高。因此,当冗余与否对安全性没有影响时,需将以下因素纳入考虑范畴,以确定是否有必要进行冗余设计:

(1) 高冗余度的优点是签派可靠性高;

(2) 高冗余度的缺点是制造成本高、质量增加、油耗增加、系统复杂性高、故障定位复杂、维修成本高。

13.4.3 DMC 分析与控制流程

1. 直接维修成本分析概述

直接维修成本是飞机、系统及部件在设计时的定量目标与要求。DMC 需通过市场与销售、可靠性、维修性、安全性、采购及设计等多专业合作来实现控制与监控,进而满足设计目标与要求。对于新研制飞机来说,在项目初期,成本通常按照 ATA 章节或系统进行分配,并随着研制工作的开展逐步细化至部件级别。对交付运营后的设计更改来说,成本目标通常使用基于现有设计的降低百分比来表示。在进行维修成本预计时,设计人员应说明不同设计方案间的技术差异,维修工程师应能够识别出不同设计方案间维修成本的差异。

DMC 分析是基于产品设计的不断更新、细化及运营数据采集的长期迭代的工作过程。为提升飞机的市场竞争力,直接维修成本在全寿命周期需要进行监控与优化。在飞机投入运营后,需要对飞机设计的各项参数进行评估,以判断是否满足设计目标与要求,并为未来机型的研制建立基准。图 13.7 概要图解了飞机全寿命周期内典型的 DMC 工作点。

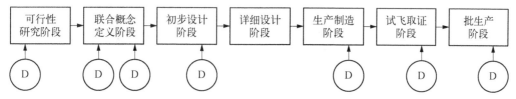

图 13.7 DMC 工作在全寿命周期典型分布点

在可行性研究阶段,须依据市场要求、客户需求、对标机型或竞争机型直接维修成本数据、初步或总体设计方案、其他相关设计指标等,确定直接维修成本目标值,并将 DMC 目标值纳入设计目标与要求。

在联合概念定义阶段,须依据对标机型或竞争机型直接维修成本数据、初步或总体设计方案,将 DMC 目标值初步分配至 ATA 章节或工作包层级,确定 ATA 或工作包层级的设计要求。在设计进入下一阶段时,需要确认整机 DMC 及各系统或工作包 DMC 状态是否满足要求。

初步设计阶段是飞机 DMC 把控的关键阶段,须基于飞机工程与设计的输入,详细、深入地对 DMC 进行分析与控制,确保 DMC 满足设计目标与要求。

在生产制造阶段及试飞取证阶段,须依据可靠性分析数据、备件信息、技术出版物数据等不断完善 DMC 数据。

在批量生产阶段,须通过持续的飞机在役数据搜集与分析,解决服役过程中的 DMC 问题,不断优化改进 DMC,以确保市场竞争性。

2. DMC 分析与控制主要工作流程

DMC 的分析与控制是通过以维修成本为变量进行目标管理来实现的,它包括对 DMC 本身的分析和对飞机设计、维修、使用的控制。DMC 分析与控制分为目标设立、DMC 分配、DMC 预计、DMC 控制、DMC 监控五个部分。

DMC 全寿命周期总体工作流程如图 13.8 所示。

DMC 目标设定与分配工作流程如图 13.9 所示。

对于新研飞机来说,目标设置与分配工作主要考虑以下方面。

(1)对客户数据进行分析,建立对标机型参数。

(2)对飞机进行高阶分解,至 ATA、系统、结构或工作分解结构(work breakdown structure,WBS)级别。

(3)基于对标机型设立预估目标,建立新研飞机基准参数。例如,材料成本与人工成本比对标机型低 20%。成本目标的设置应与可靠性目标的设置同时开展。当依据对标机型设立目标后,所有系统或 ATA 章节都可下调相同的比例,形成各系统目标。同样,所有部件的维修成本目标亦可下调相同比例,形成部件维修成本目标。

(4)基于对标机型设立初步目标后,即可对新研飞机的设计方案进行成本评估,进一步判断 DMC 目标是否能够实现。如果能够实现,经过多轮次评估迭代,确定最终合理的

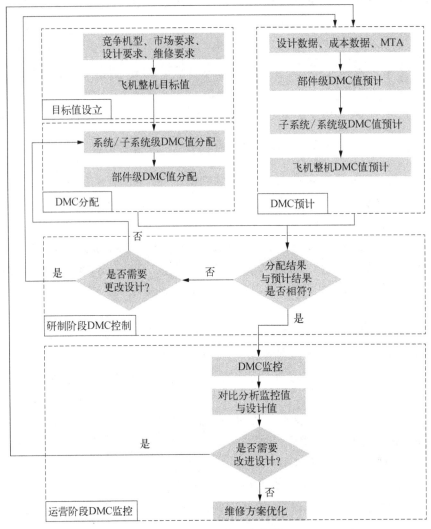

图 13.8　DMC 工作流程

数值。

（5）建立最终目标值后,将该目标值分配至各系统或工作包。当某系统或工作包的设计不能满足其目标时,该系统或工作包的剩余目标须被其他系统或工作包吸收,以确保飞机级目标满足要求。

（6）针对与对标机型设计方案相差较大的新设计方案,都需要对维修人工时、材料成本及其他成本进行详细分析,综合考虑故障隔离、可达性、标准化、模块化、冗余度、可修理性、测试性等方面。新式的民用飞机设计通常原位维修成本较低,大部分成本集中在离位维修上,为能在离位维修成本上实现较好竞争性,所有系统或工作包的 DMC 目标必须进行深入、详尽的审查,并持续监控。

（7）新的设计方案可能会导致成本的重新分配,随着设计深入,成本的分配与评估须动态、同步进行。

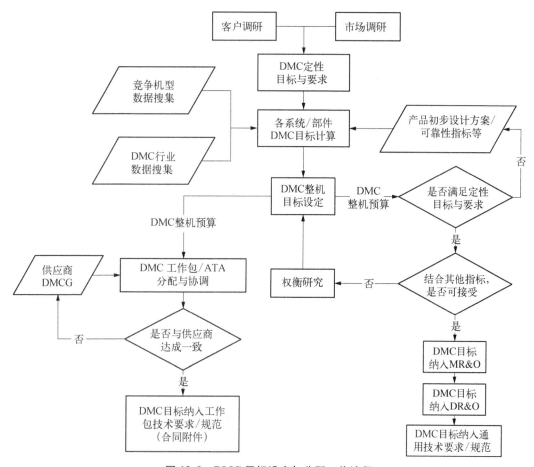

图 13.9　DMC 目标设定与分配工作流程

（8）根据是否向原设备生产厂家规定设计目标与要求，按需将 DMC 从系统或工作包级别进一步分解至子系统或航线可更换单元级别。

（9）为使得 DMC 分析工作更加合理有效，飞机的主制造商应建有包含行业各类预案数据的基准数据库。

成本分配与评估过程属于定量设计技术，目的是让设计目标与要求真正地体现在产品上。维修成本分配前须考虑以下方面：

（1）为保证 DMC 分析工作的有效性，DMC 在系统及 LRU 层级的分配工作需要在各级别设计初期就开始执行；

（2）DMC 分析工作在 DMC 分配前执行；

（3）在逐级分配时，如果在不同运营人之间可能产生较大的维修成本偏差，须考虑不同分配基准。

DMC 预计与控制工作流程如图 13.10 所示。DMC 预计以飞机设计数据、工程数据、备件数据等为基础，利用 DMC 预计方法对维修工程预分析得出的各维修任务执行所需的成本进行计算，并定期比较预计结果与分配值（系统或工作包级）及整机目标（整机级）之间的差异。当预计结果超出分配值或整机目标时，须制定相应的恢复方案与计划，以确保

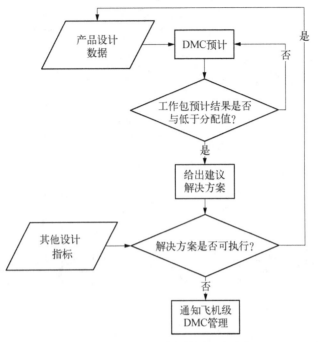

图 13.10 DMC 预计与控制工作流程

飞机设计满足 DMC 目标与要求。

在整个产品设计过程中,DMC 须作为研发设计的关键绩效指标(KPI)进行全面的监控与管理,以确保产品设计的 DMC 属性符合目标与要求,如图 13.11 所示。

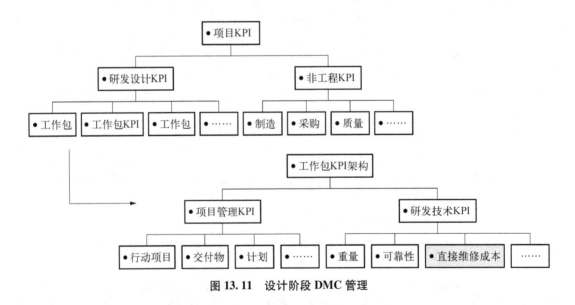

图 13.11 设计阶段 DMC 管理

DMC 监控工作流程如图 13.12 所示。在产品投入使用阶段,DMC 依然要作为产品的关键绩效指标进行监控与管理。

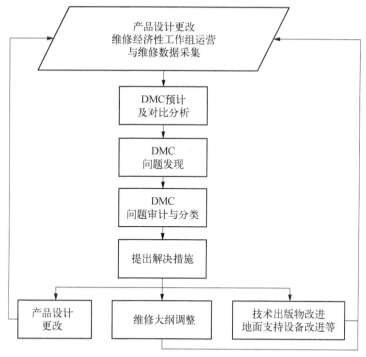

图 13. 12　DMC 监控工作流程

3. 直接维修成本分析与控制工作要素

通常情况下,主制造商在产品研发过程中须合理地、有规划地定义在全寿命周期各阶段主制造商及供应商须完成的具体工作。

1) 直接维修成本

直接维修成本是直接花费在飞机上的人工时和材料费用。DMC 包括计划维修成本和非计划维修成本,DMC 分解如图 13. 13 所示。DMC 不包括在维修管理业务、航线航站维修保养、行政管理、记录管理、监督检查、工艺装备、检测设备、维修设施等方面的间接维修人工时和材料费用。

DMC 值往往是针对机队的平均水平,以美元/飞行小时为单位,与材料成本、人工成本、维修频次、装机数量直接相关。"频次"用日历时或飞行循环表示,需要转化为飞行小时。DMC 分析需以可靠性预测、维修大纲、平均修理或返修成本等为输入,并注明对航材价格等所作的任何假设。

维修活动成本通常分为以下两类。

(1) 计划维修成本。原位计划维修成本,指原位执行相关操作检查、功能检查、校准、更换等所花费的人工和材料成本;离位计划维修成本,指按计划返回车间或修理机构进行维修所产生的人工和材料成本。

(2) 非计划维修成本,包括原位非计划维修成本和离位非计划维修成本。

供应商应在建议阶段提供计划维修成本和非计划维修成本的初步分解(包括大修),以说明技术要求文件中的 DMC 担保值的合理性。对于计划维修成本和非计划维修成本,

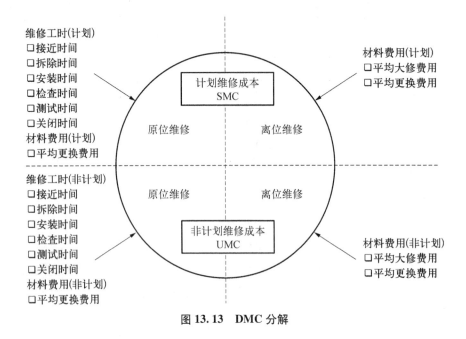

维修工时(计划)
□接近时间
□拆除时间
□安装时间
□检查时间
□测试时间
□关闭时间
材料费用(计划)
□平均更换费用

材料费用(计划)
□平均大修费用
□平均更换费用

计划维修成本
SMC

原位维修　　　离位维修

原位维修　　　离位维修

非计划维修成本
UMC

维修工时(非计划)
□接近时间
□拆除时间
□安装时间
□检查时间
□测试时间
□关闭时间
材料费用(非计划)
□平均更换费用

材料费用(非计划)
□平均大修费用
□平均更换费用

图 13.13　DMC 分解

初步分解应至少包括：LRU 描述、零件号、装机数量、工时、材料成本等。

为更好地管理 DMC，所有系统或 LRU 的 DMC 状态都需独立控制。每个供应商都需要对所供给的 LRU 或者系统进行 DMC 担保。如果只是单个部件的供应商，仅需对 MTBF 及平均修理成本进行担保。

2）维修性分析

维修性分析的目的是审查飞机结构、系统及设备设计能够在不影响飞机性能及安全性的前提下，以最低地面支持设备使用需求、在最少时间内、以最低的价格完成相关的维修任务。

在进行可更换单元更换任务分析及计划或非计划维修任务分析时得到的成本和工时数据可用来计算 DMC，该部分工作依据 S3000L 标准也可称为维修任务分析。故障模式与影响分析用于进行故障率的分析。对于新机型来说，在研制阶段，至少须完成以下分析工作：

（1）可更换单元更换任务分析；

（2）计划及非计划维修任务分析；

（3）直接维修成本分析。

供应商须向主制造商提供部件及系统 DMC 担保，所有 DMC 担保及 DMC 计算方法通常定义在技术要求文件中。主制造商与供应商须在合同签署前对技术要求文件达成一致，技术要求文件通常以合同附件的形式存在。技术要求中规定的 DMC 担保在首架飞机交付运营后开始生效，并在全寿命周期内进行监控。如果投入运营后，监控数据显示实际 DMC 超过担保值，须在规定时间内进行纠正。

3）整机维修成本

在直接维修成本方面，主制造商的目标是尽量降低整机 DMC，以维持机型的市场竞争性,主制造商通常须向客户担保 DMC 的整机目标值。

为使整机 DMC 受控在目标内,所有结构、系统及部件都需要定义相应目标。供应商须向主制造商提供包括结构、系统及部件 DMC 担保、平均修理成本担保、平均大修成本担保。

4)计划维修成本

计划维修成本指在执行计划维修时产生的人工和材料成本。计划维修成本不包括在执行计划维修任务时发现故障后的处理成本。大部分原位计划维修成本仅包括人工时成本,部件大修则是主要的离位维修成本。离位维修成本可由单个数值表示,包括人工成本和材料成本等。

5)非计划维修成本

非计划维修成本包括在失效修复过程中花费的所有人工和材料成本,也包括执行计划维修过程中产生的非例行成本,以成本每飞行小时表示。非计划维修成本也包括原位和离位成本。

通常原位非计划维修成本包括所有 LRU 更换所花费的人工时,亦包括故障诊断及系统测试所花费的时间。当原位修理可行时,非计划维修成本还包括可能产生的材料成本。部件修理通常需在车间或授权修理机构完成,因此离位非计划维修成本须包括车间修理所花费的人工时和材料成本。失效部附件的更换属于非计划原位维修人工成本,部件修理成本属于非计划离位维修成本。

(1)非计划原位维修成本。非计划原位维修成本指非计划维修,包括更换、检查、结构或系统修理及计划维修过程中对故障或失效的处理等,所花费的人工和材料成本。

(2)非计划离位维修成本。非计划离位维修成本指在车间或修理机构中对部件测试、修理、恢复等所花费的成本。

6)平均修理成本

平均修理成本指非计划维修时,运营人花费在部件修理上的平均人工及材料成本。在产品设计过程中,如果 DMC 担保不可用,部件供应商通常须对部件的平均修理成本进行担保。如果可靠性担保值未达标,为保证 DMC 担保达标,平均修理成本呈比例下调,直至可靠性担保达标。

7)平均大修成本

平均大修成本指部附件计划性大修或恢复时所花费的人工和材料成本。在产品设计过程中,供应商通常需要对平均大修成本进行担保。如果担保的计划维修间隔未达标,平均大修成本呈比例下调,直至计划维修间隔担保达标。

4. 权衡研究时的 DMC 考虑

权衡研究用来评估飞机系统或部件的概念设计是否合理,DMC 是直接运营成本的重要组成部分,而进行权衡研究时须着重考虑新、旧概念设计对直接运营成本的影响。权衡研究不仅仅在初步设计阶段进行,也在详细设计阶段进行。

5. 服务通告发布时的 DMC 考虑

飞机交付运营后如果发生设计更改,主要通过"服务通告"告知运营人执行。设计更改通常是对可靠性、质量、燃油效率、维修成本等的改进与优化。DMC 经常用于决策是否将更改落实至在役飞机。

思 考 题

(1) 维修成本如何定义与分析?
(2) 民用飞机维修成本的构成包括哪些内容?
(3) 维修成本在民用飞机运营成本中的地位和作用是什么?
(4) 直接维修成本为何成为民用飞机经济性衡量的一个指标?
(5) 维修成本评估的方法有哪些?(查阅相关资料针对一种进行分析)
(6) 民用飞机全寿命周期直接维修成本分析和控制路程是什么?

民航故事——追梦大飞机:十年一剑 C919 的取证之路

摘自
北青网: https://baijiahao. baidu. com/s? id=1745646906990574564&wfr=spider&for=pc

任何一款商用飞机想要进入市场运营,获得型号合格证是最为关键、难度最大的环节,这是保证飞机安全性的最基本的要求。2010 年,中国商飞正式向中国民航局提出 C919 大型客机型号合格证申请,同年,中国民航局授权民航上海航空器适航审定中心对 C919 大型客机开展全面、严格的适航审查工作。

从 2010 年到 2022 年 9 月,12 年的时间,C919 飞机完成取证前全部试验试飞任务,充分验证了飞机的安全性。我国民机适航管理起步较晚。1987 年,当时中美两国正在合作研制麦道 82 飞机,我国才开始依法开展适航审定工作。然而,随着后来麦道项目的终止,我国的适航体系建设也一度中断。图 13.14 所示为 C919 试飞机。

图 13.14 2022 年 7 月 18 日在陕西省蒲城县拍摄的 C919 大飞机的
试飞机(新华社记者 丁汀 摄)

2003 年, ARJ21 型号审查组成立, 全国民航超过 1/3 的适航审定人员投入到 ARJ21 的型号审定工作, 这也是中国民航对运输类飞机型号合格审查的第一支"国家队"。

中国商飞适航中心和民航局审定中心完成长达 12 年的适航历程之后, ARJ21 成为中国民航局颁布《运输类飞机适航标准》以来, 第一个根据该标准进行适航审定的飞机。它的取证过程, 帮助我国建立了一套完整的适航审查体系, 然而, 相比 ARJ21, C919 载客量要大得多, 此外, 一些新技术的应用, 也让 C919 的审定过程出现了更多的新的难题。

面对困难, 无路可退, 只有迎难而上。12 年的时间里, C919 先后投入 6 架试飞机和两架地面试验机, 通过试验室试验、地面试验、飞行试验等十种验证方式, 完成了超千次的试验任务, 表明 C919 大型客机符合相关适航规章要求。在型号合格审定委员会的最终会议上, 审查组给出了 12 年来对于 C919 审查的最终结论, 建议颁发 C919 型号合格证。

C919 飞机取得型号合格证, 意味着拿到了进入民用航空市场的"准入证"。它标志着我国具备按照国际通行适航标准进行大型客机研制和适航审定的能力, 具有里程碑意义。

参考文献

白杰,2013.运输类飞机适航要求解读(第4卷):动力装置[M].北京:航空工业出版社.

柏文华,2014.民用飞机维修大纲制定的关键技术及方法研究[D].南京:南京航空航天大学.

柏文华,左洪福,吴静敏,等,2011.一种民用飞机结构维修大纲的制定方法[J].飞机设计,31(5): 46-50.

曹岳松,2008.基于可靠性的某型飞机维修技术研究及管理系统开发[D].辽宁:东北大学.

常士基,2002.现代民用航空维修工程管理[M].太原:陕西科学技术出版社.

陈杰,唐平一,刘一鸣,2022.维修工程分析相关方法在综合保障中的应用[J].航空动力,28(5): 69-73.

陈渭民,2003.雷电学原理[M].北京:气象出版社.

陈学楚,1998.维修基础理论[M].北京:科学出版社.

陈卓,2018.面向维修任务的机务人员优化配置研究[D].天津:中国民航大学.

党利杰,2011.基于MSG-3的飞机维修辅助系统设计与开发[D].成都:电子科技大学.

邓琬怡,2020.多层多级民用飞机修理级别分析模型研究[D].天津:中国民航大学.

丁宁,赵彬,刘志强,等,2013.复合材料层合板雷击烧蚀损伤模拟[J].航空学报,34(2):301-308.

丁朱寅,2012.SFAR88适航限制项目与持续适航文件制定方法研究[J].民用飞机设计与研究(S1): 57-60.

段泽民,曹凯风,程振革,等,2000.飞机雷电防护试验与波形[J].高电压技术,26(4):61-63.

《飞机设计手册》总编委会,2000.飞机设计手册第10册:结构设计[M].北京:航空工业出版社.

菲利普·德·弗洛里奥,2013.适航性:航空器合格审定导论[M].赵越让,孙有朝,等,译.上海:上海交 通大学出版社.

冯振宇,2013.运输类飞机适航要求解读:结构[M].北京:航空工业出版社.

付尚琛,周颖慧,石立华,等,2015.碳纤维增强复合材料雷击损伤实验及电-热耦合仿真[J].复合材料学 报,32(1):250-259.

庚桂平,2013.S3000L《后勤保障分析国际程序规范》介绍[J].航空标准化与质量(3):49-53.

关博,2017.基于MSG-3的军用飞机区域评估方法研究[D].天津:中国民航大学.

郭涛,2019.民用航空发动机反推同步锁维修间隔确定方法研究[D].天津:中国民航大学.

国防科工委军标出版发行部,1997.修理级别分析:GJB 2961-97[S].

国际航空运输协会,2002.国际航空运输2002年度行业报告[R].北京:国际航空运输协会.

韩文军,2005.MSG-3维修理念在维修工程管理中的应用(中)[J].航空维修与工程(4):19-22.

航空工业部科学技术情报研究所,1986.航空发动机全寿命费用分析和估算[R].北京:航空工业部科学 技术情报研究所.

何钟武,肖朝云,姬长法,2007.以可靠性为中心的维修[M].北京:中国宇航出版社.

侯安生,平本红,薛萍,2018.航空装备维修保障发展研究[J].航空维修与工程(10):20-24.

姬长法,蒋平,2019.基于 S3000L 的维修工程分析技术研究[J].航空维修与工程(9):64－69.

贾宝惠,陈明浩,卢翔,2013.基于语言评价矩阵的 L/HIRF 防护区域敏感度评级[J].制造业自动化,35(7):76－78.

贾宝惠,刘东山,2011.飞机高强度辐射场(HIRF)防护分析[J].航空制造技术,8:86－89.

贾宝惠,刘彦波,卢翔,等,2018.低利用率下民机结构维修间隔确定模型[J].航空学报,39(1):220－230.

贾宝惠,魏晓飞,卢翔,2013.基于模糊层次分析法的民机区域评级研究[J].中国民航大学学报,2:36－38.

贾宝惠,许飞,卢翔,2013.基于矩阵法的民机非金属结构环境损伤评级方法研究[J].航空维修与工程(3):37－39.

蒋庆喜,徐志锋,王勇,2015.面向特殊事件的维修任务确定方法研究[J].航空维修与工程(9):102－104.

雷少华,2016.电气线路互联系统区域检查间隔评估模型研究[D].天津:中国民航大学.

李慧萍,2013.基于 FAHP 的民机结构环境损伤维修间隔确定技术研究[D].天津:中国民航大学.

李耀华,刘泽,2016.基于改善因子的系统部件维修间隔优化方法[J].机械工程与自动化,4:6－8.

李勇,2009.ASD 综合保障标准化启示[J].航空标准化与质量(5):9－11+23.

林桂平,2015.飞机燃油系统适航限制项目制定方法的研究和分析[J].科技视界(26):110－111.

凌云霞,2009.ASD 及其航空航天标准[J].航空标准化与质量(6):47－49.

刘成,王勇,蒋庆喜,等,2016.应用 S4000P 制订民用飞机区域检查任务方法探究[J].航空维修与工程(5):59－61.

刘东山,2019.MSG－3 系统重要维修项目选择研究[J].科技资讯,17(30):73－75.

刘涛,2015.基于 LSAFMECA 的民机燃油系统故障模式研究[D].天津:中国民航大学.

刘泽,2016.民机系统维修间隔优化方法研究[D].天津:中国民航大学.

刘志强,岳珠峰,王富生,等,2015.不同防护形式复合材料板雷击损伤分区特性[J].复合材料学报,32(1):284－294.

柳丛,2014.民用飞机 EWIS 增强型区域分析程序 EZAP 的方法研究[J].航空维修与工程(3):52－55.

马麟龙,2015.民机型号研制中的维修任务分析(MTA)研究[J].中国民航大学学报,33(3):23－27.

马小骏,苏茂根,王勇,等,2017.民用飞机直接维修成本分析与控制[M].北京:科学出版社.

满学东,2014.民机结构偶然损伤综合指标等级评定方法研究[D].天津:中国民航大学.

毛鹏,2020.基于维修的民用航空器部件可靠性管理研究[J].内燃机与配件(5):176－178.

毛文懿,李涛,贾洪,2016.运输类飞机燃油系统点火源防护相关适航限制研究[J].民用飞机设计与研究(2):61－65.

倪凯,2002.航空发动机维修成本评估与分析[D].南京:南京航空航天大学.

戚燕杰,吕志刚,宋笔锋,2007.现代大飞机的维修设计(一)[C].深圳:大型飞机关键技术高层论坛暨中国航空学会 2007 年学术年会.

秦恒飞,2016.飞机强度设计思想的演变概述[J].科技视界(12):20－24.

曲建东,2019.基于 S3000L 标准的民用直升机维修任务分析技术研究[J].直升机技术(3):42－47.

沈阳武,彭晓涛,施通勤,等,2012.基于最优组合权重的电能质量灰色综合评价方法[J].电力系统自动化,36(10):67－69.

施剑玮,2016.民机结构适航限制项目制定方法的探讨[J].民用飞机设计与研究(4):17－19+23.

石向阳,龙江,王波,2013.基于 CBR 确定通用飞机系统维修间隔方法研究[J].机械设计与制造,5:

213－215.

苏文正,2016.雷击对复合材料结构的力学和电热性能影响分析[D].天津:中国民航大学.

孙荣荣,2016.基于可靠性的民机系统维修间隔确定方法研究[D].天津:中国民航大学.

孙伟,2008.民用飞机结构维修任务确定方法研究[D].南京:南京航空航天大学.

唐庭均,2020.航线维修任务多资源优化配置研究[D].天津:中国民航大学.

王彬文,陈先民,苏运来,等,2021.中国航空工业疲劳与结构完整性研究进展与展望[J].航空学报,42(5):6－44.

王富生,2016.飞机复合材料结构雷击损伤评估和防护设计[M].北京:科学出版社.

王磊,2007.基于可靠性的确定民机维修间隔的模型法研究[D].南京:南京航空航天大学.

王淼,2009.航空维修工程可靠性分析方法研究及应用[D].厦门:厦门大学.

王鹏,2013.运输类飞机适航要求解读:使用限制资料和电气线路互联系统[M].北京:航空工业出版社.

王勤超,2013.民用飞机区域 MSG－3 分析方法介绍[J].科技信息(18):487－489.

王英明,2003.航空公司怎样保持较低的维修成本[J].适航与维修(149):53－54.

王远达,梁永胜,王宏伟,2009.飞机结构的耐久性与损伤容限设计[J].飞机设计,29(1):37－43.

王志立,李海军,杨海涛,2020.2019 年国内民航飞机运行情况及典型技术问题分析[J].航空维修与工程(5):15－17.

魏书有,2013.飞机燃油箱可燃性暴露评估研究[D].天津:中国民航大学.

吴昊,2009.民用飞机规划维修技术理论及应用研究[D].南京:南京航空航天大学.

吴昊,2011.民用飞机系统部件维修间隔确定方法研究[J].飞机设计,31(6):58－60.

吴昊,左洪福,孙伟,2008.基于改进 AHP 的民机结构偶然损伤检查间隔的研究[J].飞机设计,28:57－61.

吴丽娜,2011.候选审定维修要求产生过程研究[J].科学技术与工程,11(29):7313－7316.

吴学良,边振海,2004.浅谈 MSG 维修思想与工程实践[J].航空维修与工程(1):28－30.

吴正勇,2000.飞机设计手册(21 分册)[M].北京:航空工业出版社.

吴志恩,2011.飞机复合材料构件的防雷击保护[J].航空制造技术(15):88－91.

夏哲,2015.基于 S3000L 的 MTA 方法在民用飞机领域的应用研究[J].航空维修与工程(5):61－64.

夏哲,罗辉,2015.民用飞机维修工程分析方法研究[J].科技创新导报,12(21):82－85.

谢宝良,黄铭媛,2009.审定维修要求(CMR)的产生过程及审查初探[J].中国民航大学学报,27(2):18－22.

徐超群,闫国华,2012.航空维修管理[M].北京:中国民航出版社.

徐志锋,2012.民用飞机维修间隔优化调整方法研究[J].航空维修与工程,4:58－60.

薛军,2014.民机维修大纲结构疲劳损伤评估方法研究[D].天津:中国民航大学.

闫芳,2013.运输类飞机适航要求解读:设备[M].北京:航空工业出版社.

杨海滨,2011.民用飞机结构疲劳损伤维修决策与评估技术研究[D].南京:南京航空航天大学.

杨建忠,2013.运输类飞机适航要求解读:设计与构造[M].北京:航空工业出版社.

杨鹏飞,2021.数智新技术在民用航空维修中的应用[J].科技与创新(10):60－62,64.

尹俊杰,李曙林,杨哲,等,2018.含紧固件复合材料层压板雷击后损伤及力学性能退化试验[J].复合材料学报,35(5):1131－1138.

尤嘉,2007.基于 CBR 的民机维修大纲辅助决策系统研究[D].南京:南京航空航天大学.

袁锴,曾照洋,周扬,等,2016.民用飞机结构件维修间隔计算方法研究[J].飞机设计,36(3):36－42.

张吉军,2000. 模糊层次分析法(FAHP)[J]. 模糊系统与数学,14(2):80-88.

张军朋,2017. MSG-3维修思想浅析[J]. 中文科技期刊数据库(文摘版)工程技术,26:00308.

张瑞华,刘卫华,刘春阳,等,2020. 运输类飞机燃油箱可燃性适航符合性方法[J]. 航空动力学报,35(5):1099-1108.

张宇鑫,2013. 民机区域检查间隔确定技术研究[D]. 天津:中国民航大学.

张振良,张金玲,殷允强,等,2010. 模糊集理论与方法[M]. 武汉:武汉大学出版社.

中国民用航空局,1996. 审定维修要求:AC-25.1529-1[S].

中国民用航空局,2006. 维修审查委员会和维修审查委员会报告[R]. 上海:中国民用空总局飞行标准司.

中国民用航空局,2011. 运输类飞机适航标准:CCAR-25-R4[S].

中国民用航空局,2016. 运输类飞机持续适航与安全改进规定:CCAR-26[S].

中国民用航空局,2016. 运输类飞机适航标准:CCAR-25-R4[S].

中国民用航空局,2018. 航空器的持续适航文件:AC-91-011R2[S].

中国民用航空总局,1999. 维修审查委员会和维修大纲:AC-121-02R1[Z].

中国人民解放军总后勤部,国防科学技术工业委员会,1992. 装备预防性维修大纲的制定要求与方法:GJB 1378-92[S].

中国人民解放军总装备部,2006. 故障模式、影响及危害性分析指南:GJB/Z 1391-2006[S].

周宇霞,杨宾华,2019. 损伤与特殊事件分析在民用飞机中的应用研究[J]. 航空工程进展,10(6):780-786.

庄林涛,2013. MSG-3维修理念在维修工程管理中的应用分析[D]. 厦门:厦门大学.

左洪福,蔡景,吴昊,等,2011. 航空维修工程学[M]. 北京:科学出版社.

中国航空工业集团公司,2017. 2017—2036年民用飞机中国市场预测年报[R]. 北京:中国航空工业集团公司.

AEA, 1989. Short-medium range aircraft AEA requirments[S].

Air Transport Association, 2018. Operator/manufacturer scheduled maintenance development:ATA MSG-3[S].

Airbus Industrie, 1999. Maintenance engineering training manual[Z].

Airbus Industrie, 2001. A320 maintenance program development policy and procedures handbook[Z].

Airbus Industrie, 2006. A380 scheduled maintenance development policy and procedures handbook[Z].

American Airlines, 1978. A new method for estimating current and future transport aircraft operating economics:NASA CR-145190[Z].

ASD/AIA, 2014. S3000L:International procedure specification for logistic support analysis[S].

ASD/AIA, 2018. S4000P:International specification for developing and continuously improving preventive maintenance[S].

ASD/AIA, 2018. SX00i:International guide for the use of the S-Series integrated logistic support(ILS) specification[S].

ASD/AIA, 2019. S5000F:International specification for in-service data feedback[S].

ASD/AIA, 2020. S6000T:International specification for training analysis and design[S].

ATA, 1967. Standard method of estimating comparative direct operatings costs of turbine powered transport airplanes[R]. Washington:Air Transport Association of America.

ATA, 2005. The ATA common support data dictionary(CSDD)[R]. Washington:The Air Transport

Association.

Chen X, Ren H, Liu J, 2013. Intelligent structural rating system based on backpropagation network[J]. Journal of Aircraft, 50(3): 947 - 951.

Díaz-Ramírez J, Huertas J I, Trigos F, 2014. Aircraft maintenance-routing-and crew scheduling planning for airlines with a single fleet and a single maintenance and crew base [J]. Computers & Industrial Engineering, 75(3): 68 - 78.

Eskandari H, Geiger C D, Bird R, 2010. Handling uncertainty in evolutionary multi-objective optimization: SPGA[C]. New York: IEEE Press, 4130 - 4137.

Federal Aviation Administration, 1985. Protection of airplane fuel systems against fuel vapor ignition due to lightning: FAA AC20 - 53A[S].

Federal Aviation Administration, 2007. B787 scheduled maintenance requirements development policy and procedures handbook[Z].

Federal Aviation Administration, 2011. Aircraft electrical and electronic system lightning protection[Z].

French DGAC-member of the Joint Aviation Authorities, 2002. Maintenance review board report A318/A319/A320/A321 maintenance program[Z].

Gavranis A, Kozanidis G, 2015. An exact solution algorithm for maximizing the fleet availability of a unit of aircraft subject to flight and maintenance requirements[J]. European Journal of Operational Research, 242(2): 631 - 643.

Guerra C J, Camargo C E, Nielson J T, 2015. Aircraft support equipment technology insertion plan improves aircraft availability[C]. National Harbor: IEEE AUTOTESTCON.

Jarboui B, Damak N, Siarry P, et al, 2012. A combinatorial particle swarm optimization for solving multi-mode resource-constrained project scheduling problems[J]. Applied Mathematics and Computation, 195(1): 299 - 308.

Jia B H, Li H P, Lu X, 2013. Study on fuzzy comprehension evaluation for environmental deterioration rating of aircraft [J]. Advances in Information Sciences and Service Sciences, 5(5): 596 - 602.

Jia B H, Zhang Y X, Lu X, 2014. Research on zonal inspection intervals of civil aircraft based on improved FAHP[J]. TELKOMNIKA Indonesian Journal of Electrical Engineering, 12(1): 129 - 134.

Liebeck R H, 1995. Advanced subsonic airplane design and economic studies[R]. United States: McDonnell-Douglas Corporation.

Lightning Technologies Inc, 1989. Aircraft lightning protection handbook: DOT/FAA/CT - 89/22[Z].

Majumder L, Rao S S, 2014. Interval-based optimization of aircraft wings under landing loads[J]. Computers and Structures, 87(3 - 4): 225 - 235.

Poubeau J, 1989. Direct maintenance costs-art or science[M]. France: Airbus Industrie.

Saranga H, Kumar U D, 2006. Optimization of aircraft maintenance/support infrastructure using genetic algorithms-level of repair analysis[J]. Annals of Operations Research, 143(1): 91 - 106.

Sherritt D B, 2005. Enhanced zonal analysis procedures [S]. Canada Aircraft Maintenance and Manufacturing.

Society of Automotive Engineers, 1999. Aircraft lightning environment and related test waveforms: SAE ARP 5412[S].

Society of Automotive Engineers, 1999. Aircraft lightning zoning: SAE ARP 5414[S].

Society of Automotive Engineers, 1999. Certification of aircraft electrical/electronic systems for the indirect effects of lightning：SAE ARP 5413[S].

Society of Automotive Engineers, 2002. Aircraft lightning direct effects certification：SAE ARP 5577[S].

Society of Automotive Engineers, 2002. User's manual for certification of aircraft electrical/electronic systems for the indirect effects of lightning：SAE ARP 5415A[S].

Society of Automotive Engineers, 2005. Aircraft lightning test methods：SAE ARP 5416[S].

Sun Y C, 2002. Management of civil aviation engine maintenance cost[C]. Melbourne：Proceedings of the 3rd International Conference on Quality and Reliabilituy.

Sánchez-Herguedas A, Mena-Nieto A, Rodrigo-Muñoz F, 2021. A new analytical method to optimise the preventive maintenance interval by using a semi-Markov process and z-transform with an application to marine diesel engines[J]. Reliability Engineering and System Safety, 207：107394.

Verma R S, 1987. The use of cost estimating relationship versus accounting models for estimating maintenance and repair costs：A methodology demonstration：AD－A186－923[Z].

Xu A, Qiao X, 2010. On the optimizing maintenance intervals of transport vehicles[C]. Chengdu：American Society of Civil Engineers.

Yang Z X, Yang G B, 2012. Optimization of aircraft maintenance plan based on genetic algorithm[J]. Physics Procedia, 33(1)：580－586.

缩略词

英文缩写	英文全称	中　文
AC	advisory circular	咨询通告
AD	accidental damage	偶然损伤
AD	airworthiness dirctive	适航指令
AE	anti-entropy	反熵
ALI	airworthiness limitation item	适航限制项目
ALS	airworthiness limitation section	适航限制章节
ALT	average leg time	平均航段时间
AMM	aircraft maintenance manual	飞机维修手册
AMP	airworthiness maintenance program	承运人维修方案
AOT	all operators telegram	所有营运人电报
APU	auxiliary power unit	辅助动力装置
AR	augmented reality	增强现实
ASD	Aerospace and Defense Industry Association of Europe	欧洲航空航天与防务工业协会
ATA	Air Transport Association of American	美国航空运输协会
BP	back propagation	误差逆传播
CAAC	Civil Aviation Administration of China	中国民用航空局
CBR	case-based reasoning	基于案例推理
CC	cyclic cost	循环性成本
CCAR	Chinese Civil Aviation Regulations	中国民航规章
CCMR	candidate certification maintenance requirements	候选审定维修要求
CDCCL	critical design configuration control limitation	关键设计构型控制限制项目
CFRP	carbon fibre reinforced plastics	碳纤维复合材料
CMCC	certification maintenance coordination committee	审定维修协调委员会
CMM	component maintenance manual	部件维修手册
CMR	certification maintenance requirement	审定维修要求
DA	disposal	报废分析
DET	detailed inspection	详细目视检查
DFM	design for maintenance	面向维修的设计
DIS	disposal	报废
DMC	direct maintenance cost	直接维修成本
DOC	direct operation cost	直接运营成本

英文缩写	英文全称	中文
DSEA	damage and special events analysis	损伤与特殊事件分析
EASA	European Aviation Safety Agency	欧洲航空安全局
ED	environmental deterioration	环境损伤
EDR	environmental deterioration rating	结构环境损伤评级
EICAS	engine indication and unit alarm system	发动机指示与机组告警系统
ETOPS	extended operation with two-engine airplanes	双发动机延程操作标准
EWIS	electrical wiring interconnection system	电气线路互联系统
EZAP	enhanced zonal analysis procedure	增强区域分析
FAA	federal aviation administration	美国联邦航空局
FAHP	fuzzy analytic hierarchy process	模糊层次分析法
FAR	Federal Aviation Regulation	联邦航空规章
FC	flight cycle	飞行循环
FD	fatigue damage	疲劳损伤
FEET	flammability exposure evaluate time	可燃性暴露评估时间
FH	flight hour	飞行小时
FHA	functional hazard analysis	功能危险性评估
FIM	fault isolation manual	故障隔离手册
FMEA	failure mode and effect analysis	故障模式和影响分析
FMECA	failure mode, effects and criticality analysis	故障模式、影响和危害性分析
FMES	failure mode and effect synthesis	失效模式与影响综合
FNC	functional check	功能检查
FRM	flammability reduction measures	降低可燃性措施
FTA	fault tree analysis	故障树分析
GE	general electric	通用电气
GM	grey model	灰色模型
GNN	generalized nearest neighbor	广义近邻匹配法
GSE	ground support equipment	地面支援设备
GVI	general visual inspection	一般目视检查
HC	hourly cost	小时性成本
HIRF	high intensity radiation field	高强辐射场
ICA	instructions for continued airworthiness	持续适航文件
ICAO	International Civil Aviation Organization	国际民航组织
ILS	integrated logistics support	综合后勤保障
IOC	indirect operation cost	间接运营成本
IPV	inside the pressure vessel	增压区内部
ISC	Industry Steering Committee	工业指导委员会
ISMO	in-service maintenance optimization	在役维修优化
IWG	industry working group	工业工作小组
L/HIRF	lightning/high intensity radiated fields	闪电/高强度辐射场

英文缩写	英文全称	中 文
LCC	life cycle cost	寿命周期成本
LHSI	L/HIRF significant item	L/HIRF 重要项目
LMP	line maintainable part	航线可维修件
LORA	level of repair analysis	修理级别分析
LRI	line replaceable item	航线可更换项
LROA	logistics related operations analysis	保障相关使用任务分析
LRU	line replaceable unit	航线可更换件
LSA FMEA	LSA related failure modes effects analysis	后勤保障分析-故障模式影响分析
ME	maintenance engineering	维修工程
MEA	maintenance engineering analysis	维修工程分析
MEE	matter-element extension	可拓物元
MET	mission elapsed time	平均任务时长
MIDOT	maintenance interval determination and optimization tool	维修间隔确定与优化工具
MLDT	mean logistics delay time	平均保障延误时间
MMEL	master minimum equipment list	主最低设备清单
MP	maintenance program	维修方案
MPD	maintenance plan document	维修计划文件
MRB	maintenance review board	维修审查委员会
MRBR	maintenance review board report	维修审查委员会报告
MRBRP	maintenance review board report proposal	维修大纲建议书
MS	maintenance schedule	维修计划
MSG	maintenance steering group	维修指导小组
MSI	maintenance significant item	重要维修项目
MTA	maintenance task analysis	维修任务分析
MTBF	mean time between failures	平均故障间隔时间
MTBUR	mean time between unscheduled removals	平均非计划拆换时间
MTTF	mean time to failure	平均无故障工作时间
MTTR	mean time to repair	平均修复时间
NFF	no fault found	降低无故障发现率
NN	nearest neighbor	最近邻法
OA	obsolescence analysis	过时产品分析
ODBC	open data base connectivity	开放数据库互连
OEM	original equipment manufacturer	原始设备制造商
OMS	onboard maintenance system	机载维修系统信息
OPVE	outside the pressure vessel exposed	增压区外不受保护
OPVP	outside the pressure vessel protected	增压区外部受保护
PBL	performance-based logistics	基于性能的后勤保障

英文缩写	英文全称	中 文
PHM	prognostics and health management	故障预测与健康管理
PLCS	product live cycle support	产品生命周期支持
PPH	policy and procedures handbook	政策与程序手册
PSE	principal structural elements	主要结构元件
PSO	particle swarm optimization	粒子群优化算法
RAT	ram air turbine	冲压空气涡轮
RBF	radial basis function	径向基函数
RCM	rehability-centered maintenance	以可靠性为中心的维修
RST	restoration	恢复
SAE	Society of Automotive Engineers	美国车辆工程协会
SB	service bulletin	服务通告
SDI	special detailed inspection	特殊详细检查
SIL	service information letter	服务信函
SMA	scheduled maintenance analysis	计划维修分析
SNS	standard number system	标准编码体系
SPSS	statistical product and service solutions	统计产品与服务解决方案
SQL	structured query language	结构化查询语言
SRM	structural repair manual	结构修理手册
SRU	shop replaceable unit	车间可更换件
SSA	software support analysis	软件保障分析
SSA	system safety assessment	系统安全性评估
SSI	structural significant item	重要结构项目
SSRU	sub-shop replaceable unit	车间可更换子件
stand-alone GVI	stand-alone general visual inspection	单独一般目视检查
STC	supplementary model certificate	补充型号合格证
SVI	set value iteration	集值迭代
TC	type certificate	型号合格证
TSA	trouble shooting analysis	排故任务分析
UFWP	upper for ward pylon	某型飞机的前上部吊架
VR	virtual reality	虚拟现实
WATOG	world airline technical operations glossary	世界航空公司技术运营词汇表
WBS	work breakdown structure	结构或工作分解结构
WG	working group	工作组